石油の隠された貌

La face cachée du pétrole

エリック・ローラン 著
Eric Laurent
神尾賢二 訳

緑風出版

LA FACE CACHÉE DU PÉTROLE
by Éric LAURENT

This book is published in Japan by arrangement with PLON
through le Bureau des Copyrights Français, Tokyo.

日本語版のための前書き

二〇〇六年三月に出版されると同時に、本書に対して非常に好意的な支持が寄せられたことに、私は驚いている。石油についてすでに一般的に認められている事実を、ある意味でくつがえしながら書くという作業は容易ではない。石油が豊富で安価であるとする主張や数字をやみくもに繰り返している国際石油資本、産油国、多くの専門家ジャーナリストが、彼らに異議を唱えるような話を好むわけが無い。数十年間、石油の世界は歪められた情報が支配してきた。しかし、この一年間を通して私は、問題意識を無くさせ、世論を意のままに操ろうとする彼らの戦略に攻撃を加える強烈な現象を観測することができた。

今、ラジカルな変化が起きている。一人一人が事の重大さの前に明晰さを増し、政治責任者から発せられる甘い言葉に対して、より懐疑的になってきた。石油がますます希少で高価なものになり、これから私たちは、全世界的に危険で不確実な流れの中に生きていかなければならないことが分かってきた。ところが、こうした逼迫する危機とは裏腹に、石油の主役である国際石油資本と産油国は相も変わらぬ秘密の戦略を弄して平然としている。彼らは当然、現状の反映と称して生産水準と確認埋蔵量の数字をマスコミに大量に流し込む。しかしこれらのデータのどれ一つをとっても真実のものは無い。「これほど曖昧な情報をもとに金を出す投資家は世界中どこを探してもいないだろう」。世界の石油埋蔵量の状態とその減少の規模を正確に測定する唯一の方法は、各油田の生産量を一つ一つ調べるしかない。地球上で毎日消費される八千五百万バレルの石油の八十パーセントから八十五パーセントが二百五十ヵ所の油田で生産されている。これらの油田の圧倒的多数から、こうした情報を手に入れるのは不可能なことである。

ただはっきりしているのは、新しく発見される鉱床の数が数十年来、減少していることだ。最新のものでも、一九六七年から一九六九年の間にアラスカの一部と西シベリアと北海で発見された大規模鉱床である。メキシコ、カントレルの「スーパー巨大」鉱床の発見に至っては一九七六年にまで遡る。それ以降、技術革新のお蔭で一八五九年にドレーク大佐が行なった地下二十メートルの掘削に要したのと同じ費用で地下十二キロメートルの掘削が可能になった。

原油価格の高騰で、サウジアラビア、イラン、ロシア、ベネズエラの四つの主要産油国の経済的立場と政治的影響力が強まった。二〇〇二年には二百十億ドルであったベネズエラの歳入は、二〇〇六年には五百億ドルに増加した。同じ時期、イランの歳入も百九十億ドルから六百億ドルに向上した。

これら各国政府は、多様な戦略を展開しつつ、公然と反米的そして時に反西洋的な政策のために石油を武器として利用している。サウジのオイルダラーはイスラム過激派やしばしばテロ組織の資金援助にも使われている。イランは地域的ヘゲモニーの確立をめざし、その領土に軍事介入が起きた場合は石油供給を打ち切るという脅しをかけている。ベネズエラは石油という恵みを、南米大陸におけるアメリカの影響力を抑え、自国の影響力を拡大するために利用している。モスクワはいよいよ石油とガスの外交を展開し始めた。これによって、ウクライナなどの不従順な旧衛星国を再びひざまずかせ、中国と日本を中心にしたアジア外交に割り込もうと考えている。

ヨーロッパへのパイプライン計画は、地域諸国家に対する圧力手段と、八十年代の終わりにレーガン政権が発令した貿易封鎖措置をなし崩しにするチャンスをロシアに与えることになるだろう。この四つの産油国にはもう一つの共通点がある。現在進行するグローバリゼーションの埒外にとどまろうとする意思である。ある専門家はこう言う。「地球的規模の資本主義が非資本主義的空間の創生を促す要求を生む」。これら石油を持てる国々は、世界経済の大海の真ん中に浮かぶ小島のような存在である。そして、現在現出しつつある資源戦争に、重く、無視できない敵対的役割を果たす登場人物でもある。

二〇〇七年一月九日

エリック・ローラン

石油の隠された貌

オプティミストとペシミストの違いは
ペシミストの方がより良い情報を得ていることにある。
——クレール・ブース・リュス——

謝辞

ジャック・グラヴロー、シャルル・ユルジェヴィッツ、ファビアンヌ・ル・ビアン、シャオヤ・リー、ニコラ・サルキス、アントン・ブランデ、クリスチャン・パリの諸氏、そしていつもの事ながら著者の悪筆を解読してくれたクララに感謝の意を表する。

目次　石油の隠された貌

はじめに

二〇〇六年一月三十一日、原油価格が一バレル当たり六八・二五ドルに達し、小売価格が年の始め以来十二パーセントも上昇した時、石油輸出国機構（訳注1）（OPEC）加盟国十一ヵ国の理事がウィーンで会議を開き、簡単なコミュニケを発表した。それは、石油の需要が激増しているにもかかわらず現時点での生産レベルは変更しない、という決定であった。「現状維持」を正当化した理由説明はいかにももっともらしかった。原油価格が高騰することによって、記録的な利潤が生じることは間違いなかった。

しかし、真相は正反対のところにあった。OPEC加盟国がこれまで通りの生産水準を維持することにしたのは、極めて過大評価されているが実際には急激に落ち込んでいる各産油国の埋蔵量と供給量が、今後も増える見通しが立たなかったからなのだ。世界一の産油国サウジアラビアの埋蔵量もその例外ではなかった。

この事実は巧妙に隠蔽された。産油国、石油企業、石油消費国政府はこの情報だけは持っていたが、これによって世界に衝撃の波が拡がり、各国の経済と世論に影響を及ぼすことを危惧し、事実をひた隠しにした。

ＯＰＥＣが凋落するようなことがあれば、他の多くの産油国にも影響する。埋蔵量の枯渇と石油消費の未曾有の増大が同時に起きるという最悪のシナリオも無いとは限らない。

私たちの生活は今後、「喧騒と憤怒溢れる」ドラマの終幕にさしかかろうとしている。この物語はほぼ一世紀前に始まったが、劇場の扉は常に閉ざされてきた。

石油の世界は一貫して、不透明と情報の隠蔽に支配されてきた。石油という一次産品が、その戦略的役割、採掘経費の僅少さ、生み出す利益の膨大さという要因から、権力の重要な持ち札であり続けてきたことを、われわれはあまりに知らなさすぎる。

石油は人類にこれまでにない発展を保証し、繁栄を築いてくれた。その一方、消費者市民は石油に関する最低限の情報や真実を知るすべを持たない。

本書は、三十年以上にわたる経験と出会いの集大成であり、大衆の目を巧妙にそらしてきたいくつかの秘密のヴェールを剥がす試みである。二十世紀に起きた大きな紛争の過程で、石油がいかにその中心的役割を果したか。筆者はそれを七十年代の初めの非常に早い時期から感じていた。

本書でも述べるが、一九七二年と一九七四年に筆者は二人の人物と出会った。一人は元ナチの高官で、もう一人はチャーチルの右腕として英国の首相を務めた人物である。この二人が、第二次世界大戦で石油が果たした決定的な役割について明らかにしてくれた。

そんな中、一九七三年に最初の石油ショックが起き、そこではしなくも露見したのは、力と特権を奪われてしまうのではないかと動揺し、不安にさいなまれ、猜疑心に震え上がる欧米諸国の姿であった。産油国はあたかも天下を取ったかのようであった。だがそれは、欧米が味わった恐怖と変わらない、根拠の無い束の間の幻想であった。一九七五年の筆者の処女出版（原注1）はイラク、リビア、アルジェリアの石油国有化の仕掛人の一人を取材した成果である。

それからの数年間、筆者はOPECの会議に参加し、人脈を形成し、この「大博打」の主役たちとの知己を得た。企業の会長、投資家、カダフィやサダム・フセイン、イランのシャーなどの国家元首たち、さらにシャー放逐を画策し、第二次石油ショックを誘発させようとしていた亡命中のホメイニ師（訳注2）にも、ノーフル・ル・シャトー（訳注3）の小さな館で会った。

こうした取材相手の一人がある時ぽつりと洩らした。「石油の世界はまさにどろどろの欲望の色をしている。人間の本性の最も暗い部分を、さらにまた黒く染める暗黒の世界だ。石油は、欲望をかきたて、情熱を煽り、裏切り、殺し合い、破廉恥きわまりない権謀術数を生む」。この言葉には確かに根拠があった。その後の過程で、筆者はそれをしかと確かめることができた。

原油価格の高騰ではなく、石油の欠乏に備える必要がある今、石油をめぐるこうした動きは私の心をとらえて離さない。

ある株ディーラーが言った。二十世紀の初め、まだ独立していなかったイランとイラクは、開発コンソーシアムに比類なき利益をもたらす巨大な石油採掘租界以外の何物でもなかった。二〇〇三年にイラクで起きたアメリカの軍事介入と油田利権の獲得、そこにも同じ論理が成立する。

この調査で明らかになったことの一つは、ブッシュとチェイニーが就任すると同時に、テロリストの脅威やアルカイダに代表される勢力のことよりも、アメリカ合衆国のエネルギー確保とイラクに転がっているチャンスの獲得に専念したことである。

二〇〇六年二月

原注1：ニコラ・サルキス、エリック・ローラン共著『アラブ影響下の石油』

訳注1：一九五九年二月、国際石油資本（メジャー）が関係産油国政府の了承なく一方的に中東の原油価格を引き下

げたこと（アラビアンライトで、二・〇八ドル／バレルから一・九〇ドル／バレルに引き下げ）に対抗し、同年四月、アラブ連盟第一回アラブ石油会議（於：カイロ）は、原油価格改訂につき石油会社の産油国政府に対する事前協議を求める決議を採択した。翌一九六〇年八月、メジャーは原油価格を一方的に再値下げした（アラビアンライトで、一バレル当たり一・九〇ドルから一・八〇ドルに引き下げ）。これを受けて、イラン、イラク、クウェート、サウジアラビア、ベネズエラの五ヵ国は一九六〇年九月十四日、バグダッドにおいてOPEC（石油輸出国機構）を設立した。その目的は、加盟国の石油政策の調整及び一元化、加盟国の利益を個別及び全体的に守るための手段の決定、国際石油市場における価格の安定を確保するための手段を講じること、そして産油国の利益のための着実な収入の確保、消費国に対する石油の効率的、経済的かつ安定的な供給、及び石油産業における投資に対する公正な資本の見返りの確保であった。加盟国はイラン、イラク、クウェート、サウジアラビア、ベネズエラ、カタール、インドネシア、リビア、アラブ首長国連邦（UAE、元のアブダビ）、アルジェリア、ナイジェリアの十一ヵ国（エクアドルは一九九三年一月に脱退、ガボンは一九九五年一月に脱退）に及んだ。

総会の定足数は加盟国の四分の三以上、投票権は一国一票、議決は手続事項を除き全会一致による。定例総会は年二回開催、臨時総会は加盟国の要請に基づき、事務局長が総会議長（二〇〇七年四月現在、議長はアラブ首長国連邦のハミリ・エネルギー大臣）と協議し、かつ加盟国の単純多数の同意を得た上で召集される。事務局はウィーンに設置。

訳注２：ホメイニ師。一九〇〇年ホメインの宗教家の一族に生まれる。正式名アヤトラ・セイド・ルッホラー・ムサヴィ・ホメイニ。六十年代にパーレビ国王の西欧的近代化政策「白色革命」への反体制活動で逮捕投獄され、国外追放となりトルコ、イラクシーア派の聖地ナジャフとカルバラを経てフランスに亡命した。民主主義はイランに適したシステムではなく預言者アラーの教えに従った宗教的権威が国を統治すべきであると説いた。また西欧近代文明を「絶対悪」と規定し、イスラエル国家をイラン及びイスラム世界に対する恒久的脅威であり、ワシントン―テルアビブ―テヘランの枢軸であるとした。

訳注３：ノーフル・ル・シャトー。パリ郊外ヴェルサイユの西にある町。ここに一九七八年から一年間ホメイニ師が

亡命していた。フランス政府はホメイニ師の「事故死」をほのめかしたが、シャーは「それは殉教者をつくることになる」と断ったと言われている。

第一章　現実と対決しない世界

一九七三年の第一次石油ショックの時、私は世界が現実との対決を好まないことに気がついた。あれは、数日間に何もかもがひっくり返ったような騒ぎだった。十月十四日、ウィーンでのＯＰＥＣ（石油輸出国機構）加盟国と石油企業間の交渉が決裂した。十月十六日にはペルシャ湾岸六ヵ国、サウジアラビア、イラン、イラク、アブダビ、カタール、クウェートが一方的に原油の「公示価格」（原注1）（訳注1）を一バレル当たり二ドルから三・六五ドルに引き上げることを決定した。

一歩引いて見ると、この値上げ幅は大きなものではないように思われたが、クウェート・シティーでの会議でこれが決定された時、サウジアラビアの石油相シェイク・ヤマニ（訳注2）は同僚にこう洩らした。「私は長い間この日を待っていた（原注2）」。その十日前、ユダヤ教の祭りヨム・キプール（訳注3）もたけなわの頃、エジプト軍とシリア軍がヘブライ人国家を攻撃、ここに第四次中東戦争が勃発した。

十月十七日、戦闘が激化する中、ＯＰＥＣに加盟するアラブ産油国の代表が外国船の出港停止措置を決定し、石油生産を五パーセント削減することを決めた。アラビア語のみで書かれた最終共同声明は「この割合（五パーセント）は、数ヵ月前にさかのぼった時点から効力を発し、イスラエル人が一九六七年に占拠したアラブ領土から完全撤退し、パレスチナ人の法的権利を認めるまで毎月適用される」と明記した。

歴史の奇妙な皮肉とでも言おうか、一見したところ直接には何の関係も無い二つの事柄が、なぜかぶつかり合ってしまうことがある。一方的値上げは、産油国と巨大石油企業との間の長く困難な交渉の結果生じたものであったが、出港停止措置はOAPEC(原注3)の事務総長の言によれば「西洋の世論に対してイスラエル問題について警鐘を鳴らすためにだけ(原注4)」発効したのであった。したがって、石油を値上げしたいという意志とは何ら関係がない。しかし、さらに原油価格を引き上げるためのより確実な方法が出てくる。

十月十九日、出港停止措置の効果が現われる。世界一の石油輸出国サウジアラビアが、産油量の十パーセント削減、そしてイスラエルを支援するアメリカとオランダへの禁輸措置を発表した。オランダを対象に選んだのは、おそらく中東からの石油の大部分がロッテルダム港に陸揚げされている事実による。オランダの港にタンカーが入れなくなれば、ヨーロッパへのプレッシャーが強まる。(原注5)

石油不足は一度も起きていない

欧米諸国は何十年もの間、大量の安価な石油のお蔭で太平の眠りを貪ってきた。石油は私たち欧米人に繁栄をもたらしたが、それが私たちを横柄で物の見えない人間にしてしまった。第一次世界大戦後、自動車、トラックは世界全体で二百万台しか存在していなかった。一九五〇年代半ばになると自動車の数は一億を超え、禁輸措置の際には三億台、そのうち二億台をアメリカが占めた。それまで誰も関心を持たなかった産油国が、数日の間に世界経済の担保を差し押さえ、その屋台骨を揺さぶったのである。これだけは忘れてはならない記憶だ。しかも、大部分が仕組まれた、誤れる記憶として。一九七三年の石油ショックとその結果には、実に見事に仕組まれた巨大な欺瞞の相当な部分が現われている。それは、事実を一つ一つ検証して行くことによって明らかになる。

十月十九日、サウジ王国とその他のアラブ諸国が禁輸措置を決定したまさにその時、リチャード・ニクソン大統領はイスラエルに二十二億ドルの軍事供与を行なうという公式声明を発表した(原注6)。開戦二日後の十月八日、アメリカ合衆国大統領はすぐさま、イスラエルに軍事物資を輸送するために未登録のエル・アル航空(訳注4)の飛行機がアメリカ合衆国領土内に着陸できる許可を与えた。ツァハル(訳注5)が地上戦で攻勢に転じ、依然として停戦協定が結ばれない中で、イスラエルを後方支援すれば、産油国の怒りを買い、態度をさらに硬化させる恐れがあった。ところがそんなことはなく、禁輸措置は三ヵ月に及んだ後、それが正確にはどれぐらいの時間続いたのか、どれほど厳正に適用されたのか、そしてなぜ終わらせることになったのかも、何一つ釈然としない、混沌状態のまま終息した。産油国には最低の政治的収穫もなかった(原注7)。

当時まだ駆け出しのジャーナリストだった筆者は、この出来事に強い関心を抱いた。そしてこの間、産油国とアメリカに頻繁に取材に出かけた。様々な事が起きていた。ところが不思議なことに、メディアは何も言わないのだ。戦《いくさ》の先頭に立っていたはずのサウジアラビアが、中でも一番大人しくなっていた。統治者ファイサル国王は、石油を政治的武器として利用することからつねに距離をおき、孤立を避けるために諸決定に顔だけは出していたが、その発言はどちらともつかない曖昧なものだった。石油危機の一ヵ月前の一九七三年九月、彼は「アメリカが単純に政治的撤回を行ないイスラエルが態度で示せば、それがかなり影響して石油武器の使用を緩和させるであろう」（原注8）と声明した。ホワイトハウスもペンタゴンも国務省も、このような要求を真面目に受け取るわけがなく、ワシントンではこの声明に関して何の反響も無かった。サウジアラビアの石油相シェイク・ヤマニによると、ヘンリー・キッシンジャーはファイサルの発した脅し文句を最小限に割り引いてニクソンに伝えたという。キッシンジャーは正しかったと言えるかもしれない。

サウジアラビアは、独立系業者と投機家を使って石油をこっそり積み出し「ボイコット対象国」に売っており、実際には禁輸措置を履行しておらず、多くの石油関連業者に喜ばれていたのだ。真実と伝説には、大きな隔たりがある。あの一九七三年、石油不足は実はただの一度も起きなかったのである。

むしろ、石油消費国を席巻したヒステリー状況の方がひどかった。それまでの数十年間、一バレル当たりの値段は有難いことに一ドルか二ドルあたりに留まっていた（原注9）。富裕階層は歴史始まって以来、ほとんど体裁だけの値段で手に入れた原料のお蔭で、前例のない高い生活水準と経済発展を実現した。このどうしようもない現実がパニック騒動を余計に見苦しいものにした。

アメリカの東部から西海岸まで、ガソリンスタンドには自動車がエンジンかけっぱなし、エアコンつけっぱなしで長蛇の列を作る。買おうとするガソリンの量よりも、現に消費している量の方が多いくらいだ。それまで目盛りがぎりぎりゼロを示すまで平気で走っていたアメリカ人は、今や満タンにしないと安心できなくなり、これ以後「ガス欠」の不安と隣り合わせに生活する。この年、ヨーロッパと同様の寒波に襲われたアメリカでは非常用備蓄が増大し、かくして石油需要が世界的に増加した。需要過多に耐えられるだけの超過準備は大量にあったが、それでも需要幅の伸びは大きく、備蓄はすぐに底をつき、原油価格をめぐって強い緊張が走った。

この石油欠乏の恐怖と、一バレル五ドルに到達していた「気が遠くなるほどの」高値に消費者は不安をつのらせ、以前のような適正価格に回復するのを心待ちにした。

巧妙に隠蔽された一つの真実

一九七三年の石油危機は、安い石油と世界の石油輸出の八割を抑えていた石油企業専制時代の終焉を告げた。貿易封鎖がさらに強化された時、いわゆる「セブンシスターズ」(訳注6)つまり、エクソン、シェル、テキサコ、モービル、BP、シェブロン、ガルフのメジャー七社は記録的利益を計上した。例えば、エクソンのそれは前年比八十パーセント増であった。この利幅は、こうした企業が保有していたストックに相当な付加価値が付いて生じたものである。

消費者は、石油企業が産油国と裏で手を組んでいたのではないかと疑った。これはそもそも、大企業が分け前も払わずにわが世の春を謳歌していた数十年の後、石油利権の大部分が彼らの手からごっそりすり抜け、長い年月馬鹿にしていた産油国の手中に収まるのを見せつけられた、というお話ではなかったのか。ところがさにあらずで、消費者が抱いた疑惑はあながち無根拠だとは言えないのである。舞台裏の完璧な秘密の世界で産油国と石油メジャーは、そこまでやるか、ともいうべき同盟関係を結んでいたのだ。今日に至るまで、巧妙に隠蔽されてきたこの真相については続く章で明らかにしよう。この協定がなければ、「石油ショック」は決して起こらなかったのだから。

価格についてもまさに同様の現象があった。一九七三年の終わり、一バレルの価格は二ヵ月で五・二〇ドルから一一・六五ドルに上がった。ところが、たとえ価格の引き上げが、あれ以来とても良い教訓になったとは言うものの、ずっと言われてきた説とは反対に、最終的に四倍まで吊り上がったのは産油国が断行した短期的貿易封鎖のなせる業であったとは言えない。

先進工業国を支配したヒステリー状態と欠乏の恐怖が物価の急上昇を誘発した。消費者とは所詮、現実を見ようとしないわがままで自分勝手な幼児のようなもので、危機の拡大を煽るものだ。(原注10)

何とも傑作な状況になる。役人は、将来を見据えて有効な対策を講じる能力もやる気も無いくせに、ライフスタイルと消費のあり方に最低限のリミットを設けましょう、と言い出した。大衆におもねる彼らは、石油消費の節約と称して高速道路の制限速度を落としたが、結果は交通事故の犠牲者の数が二十三パーセント減っただけだった。会社、オフィスでの省エネ対策も義務化された。昔、フランス第四共和制時代に重職にあったアンリ・カイユがこれにぴったりのシニカルな箴言を残している。「政治的決定がなくては解決できないような複雑な問題など存在しない(訳注7)」。

「石油漬けのアメリカ」

イギリスの作家、ダヴェンポートとクックの二人が、すでに一九二三年に実に的確な指摘をしている。「ある尺度で測れば、アメリカは石油漬けになっていると言えないだろうか？　とにかく、アメリカは石油がなければ何もできない。アメリカ人の十人に一人が自動車を所有し、残りの九人が自動車を買うために貯金している」（原注11）

それから五十年、アメリカは危機的状況を観測するのに格好の舞台を用意してくれた。セントラルパークを見下ろすニューヨークのホテルの部屋から見る真っ暗な夜の深遠、そこにはマンハッタンを煌々と照らす摩天楼のイルミネーションが輝いていたはずだった。アメリカは、第二次世界大戦後初めて欠乏なるものを経験した。十一月二十七日、リチャード・ニクソンは石油の価格、生産、配給の統制を予定した緊急事態を発令するが、これが逆効果となり混乱は増す。ゼネラルモーターズ、フォード、クライスラーの三大自動車メーカーの本社と工場がある北部の工業都市デトロイトの光景は悲惨であった。デトロイト空港から街の中心部に走る高速道路の照明は落とされ、道路の右側にそびえる巨大な電光掲示板だけが明るく夜空に突き立って、その日の生産台数を示していた。当然、販売台数は底なしに下落していた。

全世界に従業員数八十万人以上を有するゼネラルモーターズは数十年間、恐慌や戦争などものともせず、多国籍企業のパワーの象徴となってきた世界一の大企業である。しかしこの一九七三年の冬、街の中心に建つ暗く巨大な高層ビルに陣取ったゼネラルモーターズ最高司令部にとっては、危機は深刻かつ持続的な様相を呈していた。

この巨大企業は、ライバルのフォードやクライスラーと同じく、自動車産業だけでなく他業種にも参入していた。自動車各社は、アメリカ人のライフスタイルと順風満帆な経済成長のシンボル的存在であった。だが現実には、これら自動車産業はすでに衰退期に入っていた。オートマチック変速装置が開発された一九四八年以降は、バンパーの厚みを変えたことと、クロームメッキの色を変えたこと以外は何のイノベーションもしていない。ゼネラルモーターズのある幹部は私に、シボレーとキャディラックの生産コストの差は五百ドル以下であると洩らした。ところが、販売価格では両者の間に一万ドルの差がある。どこの特権階級も同じで、こうした出費はステータスシンボルとして頑に維持され、保守主義が生き続ける。一九七三年の石油ショックは、消費者に押し付けてきたデラックスなデザインの車の死を宣告したようなものであった。言うなれば、一つの時代が終わったのだ。だからと言って世界の終わりが来たわけではない。まだ先がある。アメリカのガソリン価格は、一九七三年には一ガロン当たり三八・五セントであったのに対し、翌一九七四年六月には五五・一セントに上昇した。(原注12)アメリカの人口は世界の総人口の六パーセントにすぎないが、世界のエネルギーの総生産量の三十三パーセントを一国のみで消費している。

すべての元凶はOPEC

一九七三年、リチャード・ニクソンがテレビに登場した。憔悴し、言葉を詰まらせながら話す演説の中身にその胸中が表われていた。「合衆国は……」彼は声明文を読み上げる。「……第二次世界大戦中にすら経験しなかったような前例の無い最も厳しいエネルギー統制に直面せざるを得ないであろう」。この文言は強く響き、所轄責任者はこぞって、すべての罪はOPEC、特にアラブ加盟国にある、と指摘した。

上院で演説した外交委員会委員長のフルブライト議員は、議員の中でも最も個性的な人物だったが

「今日の世界では、アラブ産油国には、取るに足らない軍事力しか無い。彼らは、猛獣ひしめくジャングルの中の哀れなガゼルのようなものだ。われわれは友人として彼らにそのことを繰り返し言い聞かせねばならない。もし彼らが、本当に先進工業大国の経済的、社会的均衡を脅かすなら、彼ら自身が恐ろしい危険を冒すことになるであろう（原注13）」と述べた。

警告が何を意味するかは明白だった。ところが産油国の方は、欧米諸国相手に軍事力を試したいなどとは夢にも思っていなかった。そんな気も無ければ手段も無い。それでも、発展途上国がわが欧米諸国の自由と繁栄を危険にさらしている、と強調するキャンペーンが効果的に展開された。メディアでは有無を言わさず、OPECは自分たちの法を押しつける「カルテル」だとされ、専門家の誰一人として一九六〇年の創設からテヘラン協定が調印された一九七一年までの間に、OPECが原油価格をただの一度も、一セントたりとも値上げできるような状態にはなかったことは口にしなかった。しかもこの危機の間、原油価格は絶対値としては下がり続けていたのだ。

続いて、OPECは新たな財源となったオイルダラーによって途方もないパワーを手に入れた、と言われた。一九七四年、OPEC加盟国は一千四百億ドルを懐に入れ、そのうち六百億ドルがアラブ国家の収入となった。イギリスの週刊誌『エコノミスト』に「OPEC剰余金」で世界経済の主要部分のどこを買収するのに何分、何時間、何日かかるか、といった長い特集記事が掲載されたことがあった。『レクスプレス』誌も負けじと「OPEC剰余金」で世界中の上場企業全部を買収するのに十五・六年、中央銀行の金塊を買うのに一オンス八五〇ドルで三・二年、パリのシャンゼリゼ通り全体を買うのに十日、エッフェル塔本社ならわずか八分、と書き立てた（原注14）。

ここでも真実が入る余地は少ししか無い。OPECの経済力に関する数字を別の形で解釈しようとする者はいなかった。この六百億ドルという金額は驚異的なものに見えた。日本の国家歳入の十四パーセント、一九七四年度初頭の時点で三千億ドル以上と評価された多国籍企業の総資本の十八パーセント、アメリカ合衆国の国家歳入の四・三パーセント、ドイツ連邦共和国の輸出総額の三分の一に相当するのだから。

これに幻惑されたのは欧米人だけではない。一九七四年の初頭、アルジェでアルジェリアの石油相ベライド・アブデサラムに取材したことを思い出す。この独裁政党生え抜きの教条主義者は、アラブ諸国の石油収入が世界的な平等化をもたらし、そのおかげでアルジェリアも徹底した工業化が継続できると言った。アブデサラムは、石油武器による新たな打撃を避けるべく、欧米諸国がその工業生産力の二十五パーセントを第三世界に移譲することを受け入れるように迫る、といった世界経済の新秩序を画策する開発途上国指導者もいるという。そしてこれは、決して非現実的な計画ではなく、すでに想像の範疇を超えた話である、と。私は、農業発展こそより良い選択ではないのかと質した。彼はドライに答えた。「石油があれば食糧は全て輸入できる」(原注15)。

彼の同僚でイラン人のアムゼガールが、より精密で現実的な方法で(OPECの)経済力の波及状態を分析し「すべて脆弱」と確信した。さて、結果やいかに。四年後の一九七八年、インフレとドルの下落と、OPEC加盟のアラブ諸国の大部分が輸入した工業製品と食糧の九〇%の高価格との相乗効果で、OPEC余剰金が日向の雪のように解けて流れてしまった。これに世界は唖然とした。イラクや、他ならぬアルジェリアなど、いくつかの国は痛々しいほど資本が不足し、きわめて屈辱的ではあるが、割高の借款を国際市場に求めた。そうこうするうちに恐怖は消え去り、先進国は再び前進を開始した。成長を取り戻した先進国は、成長によって経済的、社会的問題は解決でき、それに限りがあるとか、それ自体が問題を生み出すなどとは一瞬たりとも想像しなかった。

シャーの復讐

もう一つの驚くべき現実がそれまでの考え方を根底から揺るがしたが、当時は誰も的確な結論を引き出せないでいた。一バレルが一ドルだった一九六九年、世界の石油消費は一日当たり四千五百万バレルに達していた。一九六九年から一九七八年の間に、原油価格が十四回にわたって値上げされたにもかかわらず、世界の石油需要は一日当たり四千五百万から六千五百万バレルへと伸び、つまり十年間で四十四パーセント増加した。

専門家の度重なるご託宣とは裏腹に、石油価格の急騰で消費にブレーキがかかることはなかったが、アメリカ人銀行家のマシュー・R・シモンズによれば、多分消費者は、彼らが買う石油から生まれる製品の本当の価値がどんなものかをいずれ思い知らされることになる。(原注16)依然として、真実は隠されていた……あるいは黙殺されていた。

一九七五年、シャーは石油の「大博打」の鍵を握る人物になった。アラブ世界からは嫌われ、恐れられ、西洋からは言い寄られ、シャーは周囲の関心を一身に集めながら運命への逆襲を楽しんでいた。彼は、歩んできた人生のどの辺りが石油ゲームと結びついているかを洞察せぬまま、過去には決着がついていると考えていた。

私は彼に三度取材した。一度目は一九七三年にテヘラン郊外の宮殿でだった。宮殿内の儀式たるや、一九二一年に英国の後押しを受けて権力を掌握し、五年後に王座に就いた、読み書きもできない元コサックの守備隊長の一人息子への最大級の盲目的服従を表わすものだった。彼の父はレザー・シャーを名乗り、偉大なる王の中の王、全知全能、神の代理人、宇宙の中心として君臨し、パーレビ王朝を打ち建てた。その唯一人の継承者がその息子であった。

この男の内面をより良く理解するためには、一枚の写真を検証して書かれたリシャルド・カプシンスキー（訳注8）の辛らつな批評を読むべきだ。

「一九二六年に撮影されたこの父と子の写真を見れば、誰にでも手に取るようにわかる。父は四十八歳、息子は八歳。二人はあらゆる意味で驚くほどに対照的である。腰に手をやり、無愛想で高圧的な顔つきで立つ父親は巨躯頑健、だがその横に直立不動で立っているのは父親の腰にも届かない小柄な、色白でひ弱な、不安げな表情をした、いかにもおとなしい少年である。二人とも同じ軍服、同じ帽子、同じ軍靴、同じベルトを身につけ、ボタンの数も同じ十四個だ。息子が細部に至るまで自分に似ていて欲しかった父は、これほど根本的に違っていても、せめて服装だけでもと二人のアイデンティティーを示したかったのだ。この父の願いを息子は理解した。生まれつきひ弱で引っ込み思案であったが、自分をこの無慈悲な暴君の父親に似せるべく懸命に努力した。それからは、少年の内部で異なる二つの性格が成長し、同居するようになる。彼自身の生まれつきの性格と、野心をバネにして、父の見本を自らに適応させた性格である。それから幾星霜、すべてを支配下に治めた彼はシャーとなり、おのずと（時には意識的に）パパと同じ行動をとるようになり、その治世の最終局面ではただひたすら権威にすがったのであった(原注17)」

私が会った頃は、まさしく彼の時代が終局に近づいており、イランにそれらしい現実が生まれていたにもかかわらず、誰もそのことが想像できないでいた。一九七四年、イラン王国はセブンシスターズを受け入れ、戦略目的でアメリカ側につき自国の安全を確保する。一九七一年にイギリス軍が湾岸首長国から撤兵し、イラクとソ連との友好条約が締結され、バグダッドへの近代軍備の搬送が継続されると、リチャード・ニクソンとヘンリー・キッシンジャーはシャーに武器を供与した。イランは、アメリカの図式からすれば、きわめて忠誠な「湾岸の憲兵」となるはずであった。サウジアラビアは弱すぎたし、イラクは危険すぎた。

一九七四年の二度目の取材で、シャーは彼の依頼でハドソン協会（米国防省に近い調査研究機関でその分析は全面的に公平性がある）が提出した、イランが早急に先進工業国の仲間入りを果たし、六年以内に世界で五、六番目の国力を持つことになるだろう、と予測した報告について延々と喋った。彼は言葉や表現に詰まると短い沈黙をはさみつつも、磨きのかかったフランス語で話した。悲しそうな眼差しと大きな鼻、時に憂鬱そうに、そうすれば威厳がさらに増し、相手に自分の背の低さを忘れさせるかのごとく、ことさら硬直した姿勢を保っていた。私たちは金箔の壮麗な調度品が置かれた広大な客間に座っていた。侍従たちは部屋の後方に控えて、直立不動でかしこまっていた。

一九七一年以来、彼はアメリカ人との関係を断ち切らない範囲内で絶えず値上げを推奨しながら、石油の領域で非常に巧みに立ち回っていた。彼は西洋の繁栄を確かなものにした最初の油田がペルシャで発見されたこと、そして共同開発を行なった英国イラン・コンソーシアム（訳注9）が優先権を保持していることを忘れてはいなかった。彼は、あたかも復讐か、でなければ少なくとも過去の清算を望んでいるかのように、イランの急速な近代化について語った。私は彼の話を聴きながら、目の前にいるこの男は妄想家なのかそれとも自分に向かって話している夢想家なのかどちらなのだろう、と考えていた。石油は実際、彼にとって最悪の贈り物であった。すべての望みを叶えてくれ、現実を自分の思い通りに従わせ、自分の国を進歩発展の道に強く導いてくれる魔法の杖のようなものと思っているのだ。彼は、農業改革や女性の権利改革が達成され、三千五百万のイラン人はもうすぐヨーロッパの金持ちのような生活を手に入れるだろう、と言った。しかも彼は、敬虔な回教徒のように「神の思し召しがあれば」とはつけ加えなかった。

彼が作り上げようとしたイランは、近代的で非宗教的国家だった。それが彼の凋落を招いた。イラン人は大多数が敬虔な回教徒であり、中世から抜け出ていない。回教徒の民の誰一人として、宗教を無視しイラン国土の最大地主であるシーア派の反啓蒙主義聖職者と対立するシャーを許しはしないだろう。イラクにあるシーア派の聖地ナジャフ（訳注10）（カリフ・アリの墓がある）に亡命中のアヤトラ・ホメイニの魂が聖職者の説教に憑依《ひょうい》し、人々の心に火を点け、パーレビ王朝の打倒を呼びかけている。シャーは肩をすくめる。恨みつらみのホメイニが何とわめこうが誰が聞くものか？

CIAが動き出す

この一家ではすべて国外追放で肩がつけられてきた……その背後にはつねに石油があった。第二次世界大戦の初め、父国王はナチスへの賛同を表明する。ヒットラーにとってシャーは早くも重要な駒となった。支配者シャーはヒットラー・ドイツを崇拝し、大英帝国とロシアを嫌悪していた。これは都合が良かった。イランの隣国アゼルバイジャンの石油はモスクワが抑えていたが、ヒットラーはこれに触手を伸ばしていた。これによってドイツ軍の補給が確保でき、イギリス軍の補給路を断ち切ることができる。イランの石油は女王陛下の大英帝国艦隊の燃料供給源であった。ドイツ軍の高官が王宮に招かれることになった。しかし一九四一年八月、全てがストップし、レザー・シャーの思惑ははずれる。ドイツ軍によるソ連侵攻の二ヵ月後、アバダンの大精油所と赤軍の補給路を防衛するため、そしてシャーを退けるため、イギリス軍とソ連軍がイランに侵攻したのである。

イギリスは、二十二歳になっていた息子を王座に就かせ、父国王を南アフリカに追放した。しかし十二年後の一九五三年八月十七日、全く同じ月に今度は息子が追放の憂き目を見る。イランの政治の舞台では二年この方、ある男が主役を演じていた。民衆の信望をカリスマ的に高めていた首相モハメド・モサデク(訳注11)である。七十歳を越えたこの男はその奇行で知られ、しばしばパジャマ姿で公衆の面前に現われたりして、常識では考えられないような行動をとった。彼は、一九五四年にBP(原注18)となりイランの石油を搾取していた英国イラン・コンソーシアムの油田を国有化することを要求した。この政治方針に反対派は硬化するか？　モサデクは議会を通して投票を行ない英国系巨大企業の油田の即時没収の是非を問うた。彼は「石油に関わるわれわれの責務は未来世代から課せられているものだ。わが国の発展を組織するのに必要な量だけを汲み出すべきであり、それ以外は全てわれらが国土に残しておかねばならない。それは明日の世代のものだからだ（原注19）」と述べている。こうした話に業を煮やしたシャーは沈黙を破り、彼を激しく攻撃した。シャーが国を逃れた一九五三年八月十七日には、すでにモサデク政権転覆のクーデター計画が準備されていた。

どこの国もイランの石油不買政策をとり、このボイコット作戦の打撃を受けてイランは窒息寸前となった。このとき最大の利益を上げたのがアメリカの石油会社アラムコ（訳注12）で、その産油量は年間二千八百万トンから四千万トンに増大した。

この対立の最前線にいたイギリスの政策責任者はモサデクを尊重した。当時は外務大臣で後に首相となったアントニー・イーデンは、モサデクのことを親愛の情を込めて「モッシー爺さん」と呼んでいたと筆者に教えてくれた。彼はこうも言った。「われわれは彼を転覆させようなどとは一度も考えなかった。彼の情報はアメリカに渡した（原注20）」。これは信用していいのだろうか？　いずれにせよ、ＣＩＡが動き出す。

作戦を指揮した人物の名はカーミット・ルーズベルト。セオドア・ルーズベルト元大統領の孫で、フランクリン・ルーズベルトの従兄弟である。彼は中東からペルシャ湾一帯の秘密諜報活動を指揮し、すでに一年前の一九五二年にエジプトのファルク政権転覆に関与していた。シャーの帰還は恥辱的で血なまぐさいものだった。モサデクは投獄され、五千人以上が銃殺された。

権威を失墜させた男が宮殿に帰ってきた。あれ以来、彼は政治的に精神分裂病になったと私は思う。

彼の努力と政策のすべては、最高の関係を保ちながらもアメリカ合衆国の監督下から自由になるためであった。彼の王座への復権には石油に関わるカードを新たに配りなおす仕事が伴っていた。BPとシェルは、イランの石油採掘権をそれぞれ四十パーセントと十四パーセント押さえており多数派を維持していた。しかし米政府の後押しを受けてエクソン、ソコニ、テキサコ、ガルフ、シェブロンの各社は各々八パーセントの採掘権を貰う。この新協定がペルシャ湾におけるアメリカ企業の立場を強化した。これ以降、(アメリカ企業による) 産油量を一九三八年の十四パーセントから五十五パーセントまで高めたのであった。

シャーに三度会って話を聴いた筆者であるが、その話し方と話題の中に何か自分を納得させようとする思いのような、不安げな眼差しに浮かび上がる隠れた苦しみのようなものがあった。彼は専制君主、あるいは独裁者だったかもしれない。だが、おそらく彼にはその役割を果たすだけの精神的用意が無かったのではないか。

「一バレル一ドルで百万バレル」

最後の取材は一九七五年、彼がサンモリッツの別荘で冬のバカンスを過ごしていた時であった。一帯はスイス警察とボディーガードがしっかり固め、立ち入り禁止になっていた。私は、すぐそばにあるホテルの大きなサロンで王宮の廷吏たち、西欧のビジネスマンたち、どちらもへつらうのが仕事だが、これら十数人の輩と一緒に二時間近く待たされた。サロンは静まり返り、時折小声の短い会話が交わされる。何人かの支配者や独裁者に取材した私の経験では、廷臣たちには二つの典型的な特徴が確認できる。

連中は始終不安な目つきをしていて、ひそひそと話す。

　入り口には衛兵が立っていた。突然あたりが騒然となる。ついにシャーのお出ましだ。家来たちはぜんまい仕掛けのように飛び上がり、王様が通るとからくり人形のようにお辞儀する。王様はスキーウエア、厚手のアノラックと黒のスキーパンツ姿だ。彼は一瞬私たちの方を振り返ったが、何のそぶりも合図もせず自分の部屋に戻っていった。また待たされる。そして四十五分後、案内されて彼のスイートルームに入ると、タートルネックのセーターに着替えたシャーが待っていた。彼は世界中から注目されていることを非常に心地よく思っていて、これがイギリス人ジャーナリスト、アントニー・サンプソンにオフレコのインタビュー内容を暴露されて受けた深い傷の痛みを和らげていたと思う。それは「われわれはソ連が不意打ち的に侵攻するまで一独立国家であった(原注21)。それなのにあなた方イギリス人はわが父を追放した。さらにブリティッシュ・ペトローリアムなる会社が傀儡人形を置いたという知らせが入った。言いかえればイランという国家の中にもう一つの国家ができたようなものだ(原注22)」という内容であった。

　窓の外を見ると、小さな雪片が羽毛のように風に吹かれて舞っていた。彼の秘書官はソファーの端に静かに腰掛けて、膝の上に書類を載せたままじっと動かずにいた。シャーは、若い頃スイスのジュネーブとチューリッヒの大学で学んだフランス語を話すのが好きだった。彼の判断は荒っぽくなっており、これ以降は物事を高みから傲慢に扱うようになる。彼はふと静かな口調でこう言った。

「十年以内にわれわれはあなた方、イギリス人やドイツ人と同じ生活水準に達するだろう」

　私は答える。

「しかし閣下、それには何世紀も必要としました。十年という時間が現実的なものとお考えですか?」

秘書官はソファーでもじもじした。ずばり切り込んだ私の質問を楽しむかのような表情がシャーの目にちらと見てとれた。彼はきっぱりと言った。

「確かだ」

それから彼は、欧米の盲目性について話した。欧米は安価な石油の時代が終わったことをいずれ思い知ることになるであろう。そして、

「忘れないでいただきたい。石油は高貴な産物だ。真に高貴な産物なのだ」

彼は高貴という言葉を繰り返し使った。そしてこの言葉に考えを呼び起こされたのか、しばらく沈黙した。

「あなた方の幸福な生活を維持、満足させるためになぜ産油国は無駄使いをさせられるのかね? われわれの未来世代のことを考える時、決して一日八百万バレル以上生産してはならないのだ」

この最後の言葉を発したシャーは、まさしく老ナショナリスト指導者モサデクと同じ道を辿っていた。一日八百万バレルという数字は、それまでの経過を辿ってみた場合、とても大量なものに思えた。事実、それまでイランには一日当たり産油量が四百万から六百万バレルを上回る能力は一度たりともなかったし、次章で説明するように、この国の埋蔵量の実態からもこれはきわめて疑わしかった。

シャーはインタビューのために一時間あけてくれたが、それも経過してしまった。彼は明らかに他のことを考えていて、我慢の限界をさりげなく示すように机の端を何度も指で叩いていた。私は立ち上

がり、いとまを告げる前にずばりたずねた。

「閣下、十年以内に先進国の仲間入りができるといかに証明できるのですか?」

秘書官は突如ソファーにのけぞってしまった。この質問に怒るべきか興じるべきか、イランの支配者は束の間迷いを見せた。私がじっと待っていると、彼は座り直し、体を寄せて言った。

「なぜならですね、ムッシュー・ローラン。私は運命なるものも、人間大衆の命が輪廻に支配されているとも信じていないからです」

そして彼はこんな予言的な言葉をつけ加えた。

「すべては変わる。すべては逆転し得る」

そこで初めて家来の存在を思い出したのか、ゆったりとした口調のイラン語で何か命じた。

「今、その例を話して聞かせよう」

ある種、笑い話でも始めそうな感じで、厳しかった口調が俄然、柔らかくなった。それは確かこんな話だった。

「一九六九年のこと、私はアイゼンハワー元大統領の葬儀に出席するためにアメリカを訪れた。当時、石油はふんだんにあった。この上なくふんだんにね。しかも信じられないくらい安かった。一バレルが一ドルだった。私はホワイトハウスでニクソン大統領とゆっくり会った。横にはキッシンジャー国務長官が控えていた。私は言った。『大統領、貴国はイランの石油を十分に買っていないと私は思いますよ。そこで、両国にとってきわめて有益になる提案をさせていただきたい。私には、毎日石油を百万バレル、しかも価格は一バレルで一ドル、為替レートが将来いくらになるかを問わず、向こう十年にわたってこの値段で貴国に売る用意があります。そうすれば戦略備蓄を廃坑にストックし、軍事衝突や取引の中断の際の防衛策になります。異存がなければ今すぐにでも契約書に調印する用意があります』」

シャーは唖然として聞いている私を横目で見ていた。

「ニクソンは考えさせて欲しいと言い、私は返答がないままテヘランに戻った。一週間後、大統領の親書をあずかったアメリカ大使が私に会いたいと申し入れてきた。それは申し出の拒否を法的根拠において正当化するためのものだった。合衆国政府は軍事的要請以外の石油の購入には関与しない。これは民間企業との間で交わす商業的取引に属する項目である、と。もっと有利に石油を手に入れることを考えたキッシンジャーが私の企画を潰したのが本当のところだと思う。彼の主導で去年（一九七五年）ＩＥＡ(原注23)が創設され、先進工業国が戦略備蓄できるようになったが、あれは私の提案の延長だ。その後起きた突発事件を鑑みるに、私もあのような協定に調印しないで良かった。だが、四年後には世界が根底から変わり、原油価格が上がるなどと誰が想像できたかね？　だから、何だって起こり得るのだ。違うかね(原注24)」

「シャー体制は安泰だ」

これが彼との最後の取材になった。ホメイニとイスラム革命がシャーを放逐した時、彼が最後に言った言葉を度々考え直した。「すべては起こり得る」。権力の座にある者は盲目だ。なぜなら、彼らは自らの壮大な計画を誰かに奪われるなどとは決して考えようとしないが、ところがどうして、油断も隙もない。シャーは単に現実に足元をすくわれただけだ。イランの軍事予算は気が遠くなるほどに拡大した。

一九六四年に二億四千百万ドル、一九七四年に四十億ドル、一九七七年に百億ドル。

ニクソンとキッシンジャーはシャーの「要求することすべて」(訳注13)に同意すべきであると決断した。同年、ペンタゴンに属する軍事情報機関のアメリカ国防情報局ＤＩＡがカーター大統領に提出した報告には、「シャー体制は安泰で、王はあと十年以上活動的に権力の座にあるだろう(原注25)」とあった。

一九七八年、シャーの失脚の前年、彼の軍隊は英国軍の倍の兵力を有していた。戦車三千台、因みにフランスは一千台、世界最高の迎撃機とされるＦ―１４を製造するグラマンはイランに千人の社員と家族を派遣していた。会社の経営は大変なのか？

シャーは同社の買収を申し出た。おだてられたシャーは彼の軍隊が究極、イランの石油を買うためにリサイクルに出した欧米諸国のポンコツの寄せ集めに過ぎず、それが彼の体制を蝕んでいることが分からなかった。そして、彼が舞台から姿を消すとすぐに同じ業者が、昨日までのシャーのライバル、サダム・フセインに近づき、ディック・チェイニーの言葉を借りれば、額面上は「世界で四番目に強い軍隊」を手に入れさせると約束したのだ。

シャーは地球上で一番の武器購入客になり、イラクの独裁者にはそれを超えることだけが望みになった。それがもたらしたものといえば、誰もが知っている惨めな結末である。

原注１：輸出国の課税基準と税収入を算出するために設定した理論的価格。
原注２：ダニエル・ヤーギン著『ザ・プライズ』一九九三年、ニューヨーク、サイモン&シャスター社。
原注３：アラブ石油輸出国機構。ＯＰＥＣに加盟するアラブ八ヵ国で構成される。

原注4：アントニー・サンプソンとの対談、一九七五年二月『セブンシスターズ』（一九七五年、ロンドン、ホッダー&ストングトン）より。

原注5：ルイス・ターナー「エネルギー危機の政治」『インターナショナル・アフェアー』誌、一九七四年。四〇四〜四一五頁

原注6：ヘンリー・キッシンジャー著『激動の時代』ボストン、リトル・ブラウン社。

原注7：A・F・アルハッジ著『石油武器の失敗：消費者ナショナリズム対産油国シンボリズム』北オハイオ大学経営学部刊。

原注8：合衆国議会多国籍問題聴聞会議事録、一九七四年度第七部、ワシントン。

原注9：一九五五年から一九七〇年の間、米ドルの貨幣価値は三十四・七パーセント下がり、以後一九七一年には年平均四・四パーセント、一九七二年三・二パーセント、一九七三年四・七パーセント、一九七四年九・三パーセントと上昇した。石油代金の額面値段が下がる分だけ、産油国の収入は減った。ニコラ・サルキス、前掲書。

原注10：ジェリー・テイラー、ピーター・ヴァン・ドーレン「石油封鎖はうまく行かない」『ウォールストリート・ジャーナル』紙二〇〇二年十月四日号。

原注11：E・H・ダヴェンポート、S・R・クック共著『オイルトラストと英米関係』マクシミリアン出版、ニューヨーク、六八頁。

原注12：英国では一ガロンは四・五四六リットル、アメリカでは三・七八五リットルに相当する。

原注13：ウォルター・フルブライト著『権力の傲慢』ランダムハウス、ニューヨーク、一九六七年。一九七三年十一月、合衆国上院での活動。

原注14：ニコラ・サルキス、エリック・ローラン共著『アラブ影響下の石油』

原注15：一九七四年の筆者との対談から。

原注16：マシュー・R・シモンズ『砂漠の黄昏』ジョン・ワイリー&サンズ、ニューヨーク、二〇〇五年。

原注17：リシャルド・カプシンスキー著『シャー』一九九四年十月十八日。

原注18：ブリティッシュ・ペトローリアム。
原注19：モハメッド・モサデク発言、一九五〇年。
原注20：筆者との取材会見、一九七四年。
原注21：一九四六年、スターリンは短期間イラン北部を占領した。この地域はアゼリス人が居住しており豊かな油田があった。スターリンの部隊は英米連合軍が圧力をかけるまでこの地域から撤退しようとしなかった。
原注22：アントニー・サンプソンとの対談、一九七五年二月『セブンシスターズ』（一九七五年、ロンドン、ホッダー&ストングトン）より。
原注23：国際エネルギー機関。OECD（経済協力開発機構）加盟国二十六ヵ国が構成する。
原注24：筆者との対談より。一九七五年。
原注25：イラン評価課報活動小委員会に関する下院特別調査常任委員会議事報告『一九七八年十一月までのアメリカ課報活動の評価』ワシントン、一九七九年。

訳注1：公示価格は、米国において石油会社が、当該原油に対して支払う用意のある価格（希望購入価格）をその油田で公示したことに起源を持つ。米国では現在でも「ポスティング」が行なわれており、例えば、米国での基準原油とみなされているウェスト・テキサス・インターミディエート（WTI）の公示価格は、一九八五年一月、石油製品価格の下落の影響を受けて値下げが相次ぎ、一バレル当たり二七・五～二八・〇ドルに引き下げられた。これとは別に米国外の産油国においても公示価格が存在した。これは当初、国際石油資本（メジャー）が決定していたものであるが、一九七〇年代に入り、産油国政府と石油企業との折衝によって決定されるようになり、第一次石油危機後には、産油国政府が一方的に設定するようになった。その際の公示価格は、原油の販売価格であると同時に、課税基準価格（産油国政府が、当該国で操業している石油会社に対して、所得税、利権料を徴収する際の基準となる価格）でもあった。元来OPEC（石油輸出国機構）の結成（一九六〇年九月）は、国際石油資本が一九五九年二月、一九六〇年八月の二回にわたって、一方的に公示価格を引き下げたことに原因している。一九七〇年代初めのOPEC攻勢（テヘラン協定、トリポリ協定、

ジュネーブ協定など）、第一次石油危機を通じて公示価格は大幅に引き上げられた。この間ＯＰＥＣ加盟国では、国営会社の石油利権への参加、国有化が進展し、公示価格そのものが有名無実化することになった。また一九七四年から一九七五年にかけて石油需給関係から見て高い公示価格での原油販売は困難となり、原油の販売は「公式販売価格」（公示価格の九十三〜九十五パーセント）で行なわれるようになり、公示価格は、単なる課税基準価格的なものとなった。

訳注２：シェイク・アーメド・ザキ・ヤマニ（Sheik Ahmed Zaki Yamani, 一九三〇〜）一九六二年から一九八六年まで二十五年間、サウジアラビアの石油・鉱物資源大臣を務めた。一九七三年の石油ショックでＯＰＥＣの中心人物として原油価格を四倍に引き上げ、一躍世界にその名を知られた。メッカに生まれ、十七歳でカイロ大学に入学、法学士となり、一九五五年、官費留学生としてニューヨーク大学に進み、一九五六年にはハーバード大学ロースクールで法学士号を修得した。一九六二年にアブドゥラ・タリキの後任として石油大臣に就任、直ちにアラムコの国有化に着手した。一九七五年十二月、国際テロリストのカルロス（ジャッカル）にオーストリアのウィーンで拉致されたが、殺されずに中東で解放された。一九八六年、ファード王の原油価格引き上げ案に反対し石油大臣を解任され、国を離れ、ロンドンで市場分析集団、世界エネルギー研究センターを設立した。一九九〇年、ファード王の死去、アブドゥラ王の着位にともないサウジ復帰を噂されたが、本人は戻らなかった。アメリカのイラク侵攻を強く非難している。

訳注３：ヨム・キプール（贖罪の日）。レビ記十六章に規定されるユダヤ教の祭日。ユダヤ教における最大の休日の一つ。ユダヤ暦でティシュリ月の九日にあたり、西暦では毎年九月末から十月半ばにあたる。ユダヤ教徒はこの日は飲食、入浴、化粧などの一切の労働を禁じられている。

訳注４：エル・アル・イスラエル航空。イスラエルの国営航空。アフリカ、アジア、北米、ヨーロッパ、中近東に飛ぶ。本社はテルアビブのベンガリオン国際空港。

訳注５：第四次中東戦争は一九七三年十月六日十四時〇〇分、イスラエル支配下のスエズ運河東岸、それにツァハル（イスラエル国防軍）が守備するゴラン高原への突然かつ猛烈な砲撃から始まった。このキプールの戦いはエジプト大統領アンワル・アル・サダトが一九六七年の六日間戦争の雪辱をかけた攻撃だった。

訳注6：メジャーの代名詞。一九一一年、米独占禁止法によるスタンダードオイル解体に伴い生まれたエクソン、モービル、ソーカル（シェブロン）、テキサコ、ガルフの米系新会社五社と英オランダ系のロイヤルダッチシェル、英系BPを合わせた七社のこと。名付け親はイタリア人実業家エンリコ・マッテイといわれる。原油生産、精製、石油製品の販売など石油上流部門から下流部門までの一貫した事業を全世界的な範囲で展開し、一九六〇年代までは国際石油市場の需給調整役を果たした。一九九八年以降、エクソンとモービルの合併などの再編成で、エクソンモービル、シェブロンテキサコ、ロイヤルダッチシェル、BP、トータルの五社〝ファイブシスターズ〟となった。

訳注7：アンリ・カイユ（一八八四〜一九七〇）：フランスの政治家。急進社会党の選出の国民議会議員を経て一九四七年から十二年間、第四共和制の諸内閣で首相、建設大臣、内務大臣、国民議会議長などを歴任、オリオル大統領政権の支柱として長く活躍した。「カイユ親父」の愛称で親しまれ政治の限界を暗に皮肉る数々の名言を残した。

訳注8：リシャルド・カプシンスキー（一九三二〜二〇〇七）：ポーランドのジャーナリスト、作家、出版者、詩人。ミンスク（現在ベラルーシ）生まれ。長くポーランド統一労働者党に属し、六十年代にはアフリカ、アジア、ロシアなど世界の二十七の開発途上国の内戦や革命を取材、深い洞察力のある著作を著す。『皇帝』ではエチオピアのハイレ・セラシエ体制の崩壊を描き、『シャーの中のシャー』ではパーレビ国王の凋落を描いた。「ラピダリウム」シリーズは世界と人間の哲学的考察として高い評価を浴びている。ノーベル賞候補として呼び声高かったが、受賞することなく二〇〇七年一月に他界した。

訳注9：英ペルシャ会社（APOC）のこと。一九〇九年、ウィリアム・ノックス・ダーシーがイランのマスジェド・ソレイマンで石油鉱床を発見して設立された中東最初の石油供給会社。一九三五年に英イラン石油会社（AIOC）と改称され、一九五四年にブリティッシュ・ペトローリアム（BP）となった。コンソーシアムとは、官民を問わず、複数の企業がシェアを決めて一つの事業を遂行する形態。共同で借款を与える国際借款団、先進国が発展途上国を共同で援助する形態、そして先進国企業が発展途上国の開発を受注する形態などがある。石油においては三番目の企業連合形態が多い。

訳注10：マホメットの従兄弟（マホメットの叔父アブ・タリブの息子）で七世紀ごろメッカに生まれた。本名はアブ・ハサン・アリ。預言者マホメットを守るため六歳で出家し、マホメットの娘と結婚した。六五六年から六六一年までマホメットの第四代後継者の地位にあった。民衆に人気が高く、特に回教徒シーア派の人々に尊敬されている。聖地ナジャフにある彼の霊廟は第三次湾岸戦争で大きく損傷した。

訳注11：モハメド・モサデク（モハンマドまたはムハンマドとも表記）。一九五一年から一九五三年までイラン首相を務め、英国に搾取されていた石油をイラン政府の国有にしたことで有名。しかし英国諜報部そしてＣＩＡのターゲットとなり逮捕投獄され三年の刑を受けた。釈放後は自宅軟禁状態となり一九六七年に死亡。二〇〇〇年、オルブライト国務長官はＣＩＡのモサデク抹殺をイランの発展を著しく妨げたものと総括している。パリ政治学院、チューリッヒ大学に学んだモサデクは数々の奇行で知られ、西洋化された人物として違和感をもたれている一方、アメリカの介入の犠牲者として反米意識のシンボル的存在でもある。石油をめぐるアラブ世界ナショナリズムを語る上で不可欠の人物。

訳注12：一九三三年にサウジ政府がカリフォルニア・スタンダードオイル（Socal）に採掘権を譲渡して設立された。鉱床が発見されないまま、一九三六年にテキサコが採掘権の五十パーセントを買収、一九三八年にダンマンで最初の鉱床が発見され会社は生き返った。一九四四年に社名をCalifornia-Arabian Standard Oil Companyからアラムコに改称、一九四八年にニュージャージー・スタンダードオイルとソコニ・バキュームが参入。一九五〇年にサウド王が国有化をほのめかし「フィフティ・フィフティ」協定が成立。アメリカ政府はアラムコ参加各社に「ゴールデン・ギミック」（黄金のトリック）として有名な税制優遇を与え、損失分を補填させた。一九七三年、サウジ政府はアラムコの資本二十五パーセントを取得、一九六四年にそれを六十パーセントにし、一九八〇年に全経営権を取得した。一九八八年にサウジ・アラムコと改称、世界最大の石油会社で本社はサウジアラビアのダーラン。

訳注13：アメリカ国防情報局。アメリカ合衆国国防総省の情報機関。一九六一年に軍事情報を専門に収集、調整する機関としてロバート・マクナマラ長官が設置した。ＤＩＡ長官は国防総省の意思決定に参加し、統合参謀本部の偵察作戦支援を担当する幕僚でもある。

第二章　一八五九年、最初の掘削と石油の噴出

世界で最初の石油掘削は一八五九年にエドウィン・ドレーク〝大佐〟が実現した。大佐という階級についても、掘削が行なわれた状況についても不明な点が多い。世間の懐疑的な視線を浴びながら、石油は役に立つもので将来必ず必要とされる……いずれその時代がやってくる、と信じた数人が出資した。彼らはペンシルバニア州の北部、カナダとの国境に近いタイタスビルという村のちっぽけな畑地の採掘権を取得した。そこは人口わずか百二十五人の、地図にも載っていない貧しい集落だった。この辺鄙な土地にやってきた男たちの中にドレークもいた。三十八歳で健康を害して退職した元蒸気機関車運転士を掘削会社セネカ石油の社長がリクルートしたのだが、それはこの男だけが、この事業の成功と計画の持続性を心底から信じていたからであった。それだけではなく、あまり知られていないことだが、彼がフランス、アルザス地方のペシェルブロンというところでボーリングの訓練を受けていたからでもあった。

石油も、井戸水を汲み上げるのと同じように地下からポンプで採取できるということはあまり知られていない。ドレークは頑固一徹な男であった。彼は垂直往復運動をする可動ゆり腕ポンプを付けた木製の簡単な油井やぐらを考案し、一八五八年の春に掘削を開始した。冬季は悪天候で作業が中断し、

季節が良くなっても何の成果も無かった。セネカ石油会社への出資グループは資金が消えていくのにたまりかね、一八五九年八月末に掘削停止を命じる通達書をドレークに送った。ところが八月二十九日の夕刻、手紙が到着する寸前、鉱山師となったインチキ大佐の眼前で、地下二十メートルから石油が噴出したのであった。

水より安い石油

セネカ社の株主は直ちに周辺の土地を買い占めたが、石油発見のニュースは衝撃波となって広がり、鉱山師たちがどっと押し寄せた。今や「オイル・クリーク」と呼ばれるようになったこの地域はその名に恥じず、油井やぐら群が林立し、一獲千金を求める男たちが石油と瓦礫の泥海に足を取られながら動き回る修羅場と化した。早くも最初の数年間に、石油の世界を長く支配することになる侵し難い鉄則が生まれた。石油市場は需要の上に成り立つ、という法則である。

ドレークの発見の翌年、一バレル（原注1）は二十ドルという驚くべき数字に達したが、大きな売れ口が無く価格はすぐに下落した。一八六一年、一バレルは十セントを超えることさえなくなり、ますます下がり続け、ついに水より安い代物になった。

だがしかし、この同じ時期に人相のあまり良くない風采の上がらぬ元経理係の男がスタンダードオイル社を設立、これが世界の石油市場を支配し、この男ジョン・D・ロックフェラーをして世界一の富豪たらしめることになった。多数の生産業者、精製業者が自分たちの油井を掘削して、互いに容赦無き競争を繰り広げるがために生産過剰を招く。ロックフェラーは倒産した会社を手に入れながらほくほくして言った。「ご苦労さん。欲しいにまかせて採取しなければ高く売れたのに。石油の生産量が注文より少なければ決してこんなことにはならなかっただろう(原注2)」。

犠牲者の中にはセネカ社もあった。一八六四年、会社はエドウィン・ドレークを七百三十一ドル払ってお払い箱にした。彼はその後どん底生活に陥り、数年後ほとんど廃人同様になって死んだ。ロックフェラーの驚異的上昇とドレークの悲惨な転落は、ポール・ゲティを唯一の例外として、石油の世界の侵し難い鉄則をさらに二つあぶり出している。この産業において財を成す者は皆決して油井に近づかない。逆に、彼らに富をもたらしてくれたはずの現場で汗水たらして働いた鉱山師たちは完全に裏切られるのである。

世界の消費量六百万トン

ロンドンに陣取った金持ち冒険家ウイリアム・ノックス・ダーシー(訳注1)のケースがまさにそれだ。彼は、一九〇一年にペルシャのシャーから、領土の六分の五に当たるテキサス州より広い七十七万キロ平方メートル以上の土地の採掘権を獲得した。彼はナイル川の船旅は別にしてこの地方には二回しか行っておらず、それもイランの国王に会うためだけであった。一九〇八年に誕生した英ペルシャ会社の成功は、すべて探鉱者G・B・レイノルズの驚嘆すべき執念の賜物である。レイノルズは、過酷な自然と疫病と闘い抜いた。それに対して、ノックス・ダーシーは最低の感謝の気持ちも表わさなかった。

英国政府はペルシャ国土での掘削の成功に非常に高い関心を見せ、油田と設備の保護防衛のためにインド駐留軍部隊を派遣した。現代史上ここに初めて、石油は必要欠くべからざる物質となった。戦略目的、国家安全保障上の優先品目、軍事的切り札として。

この三つの次元の要素を最もよく分からせてくれた政治家が、一九一一年に海軍大臣に就任したウィンストン・チャーチルであった。彼は、一九一三年七月十七日に英国議会で演説し、「われわれは『英国イラン会社』の経営者となるべきであるか、あるいは少なくともわれわれが必要とする原油資源の一定量の割合を管理する必要がある」とぶった。一九一四年七月十七日にチャーチルが議会に提出した計画案は、会社の資本の五十一パーセントを占める二千二百万ポンドの政府投資を提案している。さらに機密事項として、軍艦の燃料を石炭から重油に変換したばかりの海軍は、二十年間にわたって石油の供給を受ける、としたためてあった。

未来のBP社は、ロックフェラーのスタンダードオイルと英国オランダ合弁会社のシェルを競争相手に規定した。一九一四年には世界の石油消費量は六百万トンにすぎなかったが、この資源はすでにすべてに優先する獲得目標となっており、石炭は主要エネルギーの地位から遠ざかり、権力者からすれば何の魅力も失っていた。現代世界はあらゆる欲望を取り込み、あらゆる食欲を満たしてくれる完璧なエキスを石油に見出したようであった。石油は、雀の涙ほどの生産コストで莫大な利益を生み出し、進歩を加速させるファクターであった。

百七十キロの舗装道路

一九〇〇年、新聞はセオドア・ルーズベルトの「彼独特の度胸」に敬意を表した。彼は自動車を運転した最初のアメリカ大統領だが、慎重かつ大胆、と言えるほどでもなかった。三年間にわたり、彼の自動車の後をパンクや事故に備えて馬車が追走していた。二十世紀初頭、アメリカは世界第一位の石油産出国だったが、舗装道路は百七十キロしかなく、そこを八千台の自動車が走り、ブレーキ装置はまだ不安定で事故が多発していた。

一九〇八年、ヘンリー・フォードが有名なT型を発表、キャッチフレーズは「色は黒、でもお客様の色（好み）に合わせます」である。この時代、自動車一台を組み立てるのには現在の十八工程ではなく、七千八百八十二もの工程が必要であった。フォードは自伝の中で、この七千八百八十二工程のうち九百四十九工程は「元気で頑健な肉体的に完璧な男性」を要求し、三千三百三十八工程が「単に普通の」肉体的能力の人を要求し、残りのほとんどすべては「女性か年長の子供」に任せられる、と正確に書いている。フォードは冷淡に「六百七十の工程はいざりでもこなせるし、二千六百三十七工程は片脚の人でもできるし、両腕を切断された人でも二工程、片腕なら七百十五工程、盲人なら十工程可能である」とつけ加えている。(原注3) 言い換えれば、専門労働は完璧な人間を要求しないということである。人間の一部分で足りる。かくも冷徹な見方だからこそ極限まで専門化が追求できたのだ。

石油は計画の核

一九一一年における世界の自動車の数は六十一万九千台、一九一四年には二百万台、一九二四年には千八百万台、そのうちアメリカだけで千六百万台を占める。この年、アメリカはヨーロッパが一九六〇年に必要とした量を超える石油を消費した。すでにこの第一次産品への依存は経済的なものにとどまらず、心理的なものになっていた。石油は人々にとって裕福な生活の一要素となった。

アメリカは町も含めてすべてが創りだされた国である。そこでも石油は計画の核である。ロサンゼルスを例にとると、人口一千万人で半径百キロメートル以内の海岸沿いに八十以上の自治体が連なっている。しかし、限りなく小さなところからその道程は始まった。

一八二〇年、ロサンゼルスはスペインから来た四十人の秘密宗教集団の小さなコミュニティにすぎなかった。一八七二年には人口五千人のみすぼらしい集落で、港も無く水利も悪く、交通の便も無く他所との関係は全く閉ざされていた。

しかし一八八三年、鉄道戦争が勃発し、競合鉄道各社が東部で激しい宣伝合戦を繰り広げ旅客を呼んだ。結果、一日五本の列車がロサンゼルスに大量の旅客を吐き出すようになった。彼らは新生活を求め、富を求め、あるいは搾取され、騙されるために集まってきた。一八八四年には人口は一万二千人に達し、一八八六年には十万人を超えた。毎年運び込まれる物資は二十万トン以上、不動産取引はゼロから毎月八百万件に跳ね上がり、一八八七年には千三百万件に到達した。

北カリフォルニアでメキシコ人労働者相手にオレンジを売り二年間で三千ドル貯めた、したたかで倹約家の二十七歳の若者が棚からぼた餅を授かった。大新聞ロサンゼルスタイムスの社主となったこのハリー・チャンドラーと彼の家族は、南カリフォルニアで通常の理解の範囲を超えた権力と影響力をつかむ。ジャーナリストで歴史家のデービッド・ハルバースタムは「彼らのように一国の一地域を支配した一家は例が無い(原注4)」と言う。

チャンドラーは南カリフォルニアの発展に貢献したのではない。そうではなく彼自身が発展を作り、具現化したのである。チャンドラー帝国の軸は土地所有である。土地を砂漠の値段で手に入れ、オアシスの値段にして売った。ロサンゼルスに水があるならそこから奪い取る、そんなやり方だ。世紀の初め、彼はオーエンス・バレーから三百五十キロメートルも水を引き込み、乾燥地帯を豊かな緑地に変えた。彼は町を水平に発展させた。それが不動産価値を高めるのに適切だからだ。一九二〇年代、アメリカの中流階級の夢は瀟洒な家を持つことで、その夢はカリフォルニアで叶えることができた。二十五万件以上の住宅地が区画整理され売却された。

チャンドラーは公共交通機関の導入を拒否した。彼は自動車の未来を信じ、タイヤや車……そしてガソリンの販売、路線ターミナルの建設などに着眼した。彼は新しい地区の誕生を奨励した。ハリウッドもその一つで、彼が映画産業の飛躍的発展を促進させた。

石油は安価でふんだんにあり、産業と消費社会の飛躍的発展の原動力となった。一九一四年に戦争が勃発するが、政府としてはこのような発展を危険にさらすことは絶対に許されなかった。

「支払い方法は？」

戦争になるとすぐに石油の戦略的位置づけが明確に規定された。石油は連合軍の勝利の条件としてだけでなく、決定要因となった。ドイツのヴィルヘルム二世はエネルギー分野において大英帝国を敵視し、メソポタミアの油田へのアクセスを確かなものにしようとした。(原注5)彼は、コンスタンチノープル、バグダッドを経由してベルリンとバスラを繋ぐ鉄道建設に着手する。イギリスのインドルートに対抗するためだ。このプロジェクトにはドイツ銀行が融資することになっていた。

この戦争で千三百万人が命を亡くしたが、ジャン・マリー・シュバリエの言を借りるなら「人員、物資、戦車、戦闘機の輸送を行なうため石油が軍事力の不可欠な資源となっていた（原注6）」ことも分かった。

一九一四年九月六日の朝、反撃作戦に出るため数千人もの兵隊をすばやく前線に送るためパリ中のタクシーに徴発命令が下された。その時、ある運転手が訊ねた。

「料金はいくらいただけますか？」

徴発責任者の将校が答えた。

「料金メーターがあるだろう（原注7）」

マルヌのタクシー（訳注2）のお蔭でドイツ軍の攻撃は防ぐことができたが、連合軍の軍事物資は一国だけに集中していた。アメリカ合衆国である。一九一四年、アメリカは二億六千六百万バレルの石油を生産した。これは世界の産油量の六十五パーセントに当たる。戦争が最も激しかった一九一七年には年間産油量は三億三千五百万バレル、世界の全産油量の六十七パーセントに達していた。

ボルシェビキ革命が起こると、ロシアのバクー油田地帯への道が閉ざされてしまう。ワシントンはタンカーを使ってヨーロッパに石油を補給したが、その多くが大西洋航行中にドイツ軍の潜水艦に撃沈された。この戦争の過程で政治責任者たちには、後続を悩まし続けることになる最大優先事項が何であるかが分かった。何よりもまず、兵器を確実に機能させるための軍事物資の安全を確保することである。

憂慮したジョルジュ・クレマンソー（訳注3）は一九一七年十二月十五日、ウィルソン米大統領に電報を打ち、こう嘆願した。「ガソリンの欠乏はすべからくわが軍を突然の麻痺状態に陥らせるものであり、連合軍をして受け入れ難き和平へと追い詰めるものであります。連合軍が敗北を望まぬ限り、ドイツ軍の攻撃が最高潮にある時、戦うフランスにとってガソリンは明日の戦いの血にも匹敵するものとなるでありましょう」。一年後、停戦協定を受けた演説でクレマンソーはこの電文に立ち返る。「これからは、国家にとって、国民にとって、石油の一滴は血の一滴に値する」。しかし、この血が一ヵ所からしかやって来ないのだ。世界の石油消費量の八十パーセントを連合軍側に供給するアメリカである。中東はと言えば、特にイギリスの縄張りであるイランからは供給量の五パーセントしか確保できていない。

さらに驚くべきは、連合軍が大戦中に消費した石油はすべて、わずか一社が供給していたという事実だ。それがニュージャージーのスタンダードオイル（後のエクソン社）、社主はジョン・D・ロックフェラーに他ならない。(原注8)

「攻撃的外交政策が必要である」

この男は、リスキーな採掘は数多くの鉱山師連中にやらせておき、自分は精製と輸送で巨万の富を築いた。一八六〇年設立のスタンダード帝国は、一九一一年に合衆国最高裁判所がスタンダードオイルに対し、競合各社を阻害し排除するための不当行為があったとして、三十三の独立法人会社に分割せよとの決定を下すまで、五十一年間にわたって独占支配を続けた。

裁判所の決定によりスタンダードオイルは一九一一年七月末、それぞれ独立した七社に分割した。(訳注4)これは結果的に完璧なフィクション（虚構）であることが判明する。ニュージャージー・スタンダードオイルはロックフェラーが直接管理運営し、ニューヨーク・スタンダードオイルはモービル社、カリフォルニア・スタンダードオイルはシェブロン社、インディアナ・スタンダードオイルはコノコ社に変わった。

理論的には競合会社だが、これらの会社はすべて自殺でもしない限り安全無事そのものであった。各社は生産と精製の協定を通して結合し、上層部は価格をできるだけ高値に設定し、生産過剰と価格下落につながるようなビジネス戦争を避けるため秘密裏に連絡していた。

一九一一年に施行された反トラスト法の網も巧妙にかいくぐられ、逆に新たな独占状態へと導かれていく。合衆国政府はロックフェラーの会社を、彼らに利益が集中するように扱う傾向があった。ところがこの会社は、生産コストが市場価格より安くなるような大鉱床の発見の場合に生じる「鉱山利益配当」（訳注5）をあまりにもおろそかにした。

これは最強のライバルで、一九二一年以来アメリカ、メキシコ、ベネズエラ、トリニダード、オランダ領インドネシア、セイロン、ルーマニア、エジプト、マレーシア、タイ、中国北部、中国南部、フィリピン、ビルマに支社を持っていたシェルとは正反対である。シェルはまた、コロンビアと中央アメリカの採掘権を取得し、アゼルバイジャンのバクーで採掘した石油の利権をロスチャイルドから安値で引き取ったばかりであった。

有力な銀行家エドワード・マッケイは次のことを確認していた。

「合衆国領土外にある有名な油田地帯は、確実性の如何を問わず、どれもイギリスの所有下にあるか、管理下にあるか、運営下にあるか、イギリス資本の融資を受けているかである（中略）世界はアメリカの攻撃に備えて強固な防衛線を張っている」（原注9）

ニュージャージー・スタンダードオイルはウィルソン大統領が固持する孤立主義、平和主義政策は自社の将来を危うくすると考え、会長のA・C・ベッドフォードは「攻撃的外交政策が必要である」[原注10]と進言した。八十年後、ブッシュ政権がとったイラク政策と奇妙に通じる話である。この攻撃性にはやはり深い不安感が反映している。一九二〇年来、アメリカ人の十人に一人が自動車を所有していた。残りの九人は車を手に入れるために貯金していた。そして一九二九年、世界の自動車の七十八パーセントをアメリカが占め、石油不足の悪夢が高じつつあったのだ。この同じ年、全米地理学協会所長は自国の石油状況を「好調だが、いつ無くなるかわからない」との見通しを立てた。アメリカの地下にはこの時期以降、それまでで最大の数の油田が掘られることになる。

国務省[原注11]がアメリカ石油企業の外国における利益の最も熱心な後ろ盾となり、その最初の激突の舞台となったのが……イラクである。

第一次世界大戦の成果は持ち札の大規模な再分配と言うことができる。大戦前、名前だけはトルコを冠したコンソーシアムであるトルコ石油会社[訳注6]がイラクの石油鉱床を所有していた。この会社は英イラン石油（BPの前身）が五十パーセントで、ロイヤルダッチ・シェルが二十五パーセントで、大戦勃発の日に差し押さえたドイツ銀行が二十五パーセントという分担で再編された。ドイツの同盟国トルコ帝国は一九一八年に分割され[訳注7]、ドイツが所有していた二十五パーセントの利権が、シリアとレバノンのフランス統治領内にイギリスのパイプラインを設置させることを条件に、フランスの石油会社（トータル）に戻された。

スタンダードオイルとモービル石油の油田調査団はイギリス当局によってイラク領内立ち入りを拒否される一方、シェルは合衆国の油床地帯の採掘権の競売から除外された。

秘密外交

こうしたむき出しの対立や雰囲気を想像するのはこんにちでは不可能だろう。アメリカの外交政策はすべて、ニュージャージー・スタンダードオイルとシェルとの力の対決を中心に回っており、多くの著名な専門家や評論家が大英帝国とアメリカ合衆国との戦争も間近いと予測していた。戦争は起こらなかった。それは一部には、トルコ石油改めイラク石油の利権の分配（訳注8）をめぐって妥協が成立したからである。英イラン石油（BP）、シェル、CFP（トータル）はそれぞれ二十三・七パーセント、スタンダードオイル（エクソン）とモービルはそれぞれ十一・八七パーセントを保有し、残りの五パーセントは石油史上最大のブローカー、ガルースト・グルベンキアンのものとなった。

その後、安価な石油の確保は消費者市民一人一人にとって譲れない権利であるとされた欧米諸国では、石油大企業が中心的位置を占め、かなりの影響を及ぼすようになる。だからといって、こうした民間企業が国の利益のためを思ってくれるなどと期待してはならない。フェルナン・ブローデル（訳注9）の考え方によれば「資本主義者とは、何よりも世界的次元において先を読み考察できる冒険家である（原注12）」。この定義は、世界の資本主義を支配する人たちが暗躍している有様に合致する。出身国からの支援だけではもう不十分となり、戦後の状況の推移の中で彼らは、紛うことなき秘密外交を展開し、それは重大な結果となって現われる。

一九二二年四月二日、ソ連の外交のトップがイタリアのジェノア駅に降り立った。ゲオルギ・チチェリン(訳注10)は山高帽を被って周りを驚かせたが、彼はモスクワのプロレタリア革命政府が世界を黙示録的混乱に追い込むつもりなどないことを、磨きのかかったフランス語で（外交官の共通語）説得に努める目的であった。この一ヵ月前、連合国側の軍法会議がヴェルサイユで開かれ、ドイツに要求する賠償金の金額を四十二年間払いで二十二億六千万マルクと決めた。ベルリンのドイツ政府は、いかにドイツに優れた工業力があっても到底このような高額を支払う能力は無いと返答した。そこでフランス軍部隊がライン港とルール地方のデュッセルドルフ、デュイスベルグを占領した。一週間後、連合国側は新しい覚書を示す。一九二二年三月三十一日までに一千万マルクを支払うこと、さもなくばルール地方を完全に占領する。

この二つの出来事は一見何の関係も無いようである。しかし実際にはヨーロッパから「排斥」された二つの国、ソビエト連邦とワイマール共和国が同盟関係を作り上げるための準備を整えるのである。一九二二年四月のはじめ、重責を帯びた使節団の団長として、モスクワからジェノアに向かったチチェリンは途中ベルリンで下車し、ドイツの外務大臣で産業界の最重要人物でもあったヴァルター・ラトナウの出迎えを受けた。ラトナウ外相は賠償金の支払期限の緩和を求めてこつこつと努力していた。チチェリンは、前置きはさておきロシアはドイツと協定を結ぶ用意があると彼に伝えた。直ちに「外交関係の再建、東側との貿易活動を要望する国内民間企業の支援へのドイツ政府の関与」、最後に「相手への経済的要求事項の放棄」を定める議定書が策定された。

一国は戦争に負け、もう一国は革命を成就し、国際社会から締め出しを食らっている、これら二つの国の指導者は、お互い好都合の錬金術を編み出したという感触を得た。ロシアの資源とドイツの工業力の同盟である。

さらに、ドイツの責任ある何人かの人たちは不穏な考えを抱き始める。この協働作業は敗戦の屈辱を晴らすに十分な軍事力の再建を加速させるだろう、と。

ジェノア会議(訳注11)は二十世紀初頭の外交史に、おおむね大失敗の記憶として記されている。なぜなら、準備が非常にお粗末で、しかも相互の利害をうまくさばきながら合意にこぎつけることなど一度もないまま、お互いの懸念を交錯させただけで終わったからである。ジェノア会議に象徴的な外交の大混乱は、二度目の世界大戦に向かって蓄積していく危機の高まりを前にした外交の癒し難き無力さを予見させるものであった。商業的敵対関係は資本主義権力の対立を激化させる、と言ったレーニンの予見の通り、お笑い種の極致とも言うべき外交交渉はアメリカとイギリスの石油企業間の対立によってたちまちに脇に追いやられてしまうのである。

「泥棒と破産者の野合」

ここにまたロシアの影が浮かび上がる。革命時には、この国の油田が世界の石油の十五パーセントを生産していた以上、経済的に絶対に避けて通ることのできない相手だ。その三分の一は最近までノーベル兄弟が所有し、残りはシェルのものであった。国有化されてからは、油田は仮借なき抗争の対象となった。スタンダードオイルは一九二〇年からソ連とノーベルの利権の買収交渉を進めた。スタンダードオイルはまずこのノーベル賞設立者から秘密裏に株のまとめ買いを行ない、世間に知られないように一億四千五百万ドルを兄弟たちが持つスイスの会社に送金した。同時に、これもロックフェラー一族のものであったチェイスマンハッタン銀行が、国有のプラム銀行に米ソ商業会議所の創立をもちかけた。同会議所は二年後の一九二二年に設立され、会頭にチェイスの副頭取、ルネ・シュレーが就任した。

ロックフェラー一族の銀行組織は、モスクワの革命新政権に向けた金融活動に最も深く関与していたものの一つと考えられる。ソ連向けの機械工具類と棉花の輸出のための融資を折衝し、数年後にはソ連の合衆国からの借款設定さえ担い、愛国主義団体から厳しい批判を浴びもした。

その見返りにモスクワ政府は一つの提案をした。ノーベル所有だった油田の採掘権を五十五年期限でスタンダードオイルに開発させる、というものである。アメリカ側はこれを拒否、これで交渉は一気に決裂する。そこでソ連はシェルに鞍替えした。

スタンダードオイルはここで疑心暗鬼になる。ヨーロッパ市場が安い石油に侵犯されるかもしれない。スタンダードがシェルをやっつけたやり方と同様の政治的危険性は彼ら自身が一番よく分かっている。

ジェノア会議では、裏で動き回る両社の代表の圧力の下で、アメリカ国務省とイギリス外務省が、石油各社はソ連と単独に交渉しない、とする協定を結ぼうとした。

結果、モスクワ政府は両社を約束事で釣りつつ、交互に値をつり上げて欧米の石油会社をうまく攪乱したのであった。ソ連は、今や自身の手で石油を採掘し安値で売り始めている。全く制御できない市場崩壊。誰もが不安をつのらせた。(原注13)

代表団がジェノアを発ち始める。夜中の一時、ドイツの主要メンバーの一人、フォン・メルツァウのところにロシア代表団のアドルフ・ジョッフェから電話がかかる。彼はチチェリンの代理としてこう伝えてきた。ドイツに異存がなければロシアは協定に調印する用意がある、と。一九二二年四月十六日の未明、両国の代表はイタリア、ラパロ近郊の温泉地に赴きブリストルホテルに部屋を取った。

ラパロ条約(訳注12)はロンドンの日刊紙『モーニングポスト』のふざけた見出しのように単なる「泥棒と破産者の野合」だけではなく、ロシアの共産主義権力とドイツの大量かつ秘密の再軍備との結合に特徴づけられる戦後の――もしくは戦前の――転換を示すものである。

「欧米を制する三百人」

ヴェルサイユ条約でドイツ軍隊がベルギー以下の兵力に縮小させられると、ドイツは赤軍の百八十歩兵連隊に装備と軍需品を、およびソビエトの二十師団に大砲等を供給する秘密軍事協定を成立させた。ベルリン政府は同様にソビエトのバルチック艦隊を再編成し、ユンカー機五百機を「すみやかに」配備することにした。装備の配置やメンテナンスを保証すべくドイツの軍事専門家がソ連に派遣され、一方でペトログラード郊外のサマラにはドイツ軍専用の新工場が建設された。

ソ連はワイマール政府にその領土と労働力を自由に使わせた。ドイツ軍司令官フォン・セックト将軍はソビエト貿易省長官レオニード・クラシンとの協定によりゾンダーグルッペと呼ぶ組織を設立した。これは正真正銘の非合法権力機関であった。この存在を知るのはわずか二人のドイツ政府閣僚だけだった。ボルシェビキシンパとしていくつかのサークルの責任者をしていた財務責任者ヨーゼフ・ヴォルトと外交責任者で実業家のヴァルター・ラーテンナウである。ラーテンナウはこう打ち明けている。「私は資本家グループのメンバーの一人として、密接に結びついた三百人の人間が欧米の命運を握っていると言うことができる（原注14）」。

この「連結」の鎖のもう一つの環が「工業振興のための会社」と命名された民間企業である。この企業は四億七千五百万ドイツマルクというかなりの額の予算準備があり「ヴィルコンツ」というオフィスをベルリンとモスクワに置いた。

この会社は、モスクワ郊外に年間六百機のユンカー製造能力を持つ工場建設に融資した。ペトログラードでは大砲三十万台が製造され、サマラではこの五十年後の東西のデタントの時期に両者間の平等協定の驚くべき取り決めの結果として、露独合弁会社が毒ガスと毒薬の生産を大規模に展開するのである。

ドイツのパイロットはロシアで訓練を受け、一方で一九二四年から一九四三年の間、ソビエトの情報部門と司令部のエリート将校は全員ドイツで多岐にわたる教育を受けた。訓練生の中には、スターリングラードの戦勝司令官で一九四五年にベルリンへの最終攻撃を指揮した若き日のジューコフ元帥もいた。最後の仕上げは、二十八社と三十二ヵ所の造船所を再編成した企業、ローマン社である。クロンシュタットのソ連海軍基地内で二百五十トン級の潜水艦が製造され、これらが第二次世界大戦で主に輸送船の破壊のために使用されることになる。

ドイツを追及する連合軍調査団はすべて、ドイツが条約に違反して武装解除を行なわなかったと報告している。だが、どこもソビエトの加担の重大性を見ることはなかった。この仰天すべき事実が明らかになるには一九三五年まで待たねばならない。ナチスドイツは、共産主義ロシアの造船所で毎週潜水艦を製造し続けた。ドイツの石油備蓄量はたかが知れていると思われていたのだろうか？　ロシアから大量の石油がベルリンに売られていた。この未来の敵国同士は、一九四一年にドイツ軍部隊がソビエト領土内に侵攻するまで、十九年間にわたりこの秘密の協力関係を続けていたのだ。

「黒い黄金の大海を泳ぎまわる」

この時期、世界の運命は石油の側面と同様、政治的軍事的側面においても世間の目と世論から隠れた裏舞台で弄ばれていた。ドイツ－ソビエト連合は驚くべき例証の一つである。叙情派ウィンストン・チャーチルは一九一九年、大英帝国議会でこう述べた。「石油の間断なき波が押し寄せることなくして、連合軍の勝利への航海はなかったであろう」。

二十年後、第二次大戦前夜、市場の容貌は相当に変化していた。アメリカは相変わらず世界の石油の三分の二を生産していたが、アメリカの何千もの石油生産者は生産増と共に価格の維持を要求し、これが大企業による安い油田の開発を促した。

わずかな採掘コストしかかからない油田が豊富に存在するイランとイラクは、エルドラドの再来かと思われた。イランでは一九〇一年にペルシャのシャーとの協定が交わされて以来、弱体化し、しかも有名無実で腐敗した政治権力に対して、石油会社が自分たちのやり方を押しつけていた。旧オスマン帝国の三地方を合体させて作った新国家イラクでは、第一次世界大戦後アメリカがライバルのイギリスの牙城に肉迫していた。

シリアの王座を追われた後、イギリスのお蔭でイラクの王座に就いたばかりのファイサル二世は、コンソーシアムのイラク石油会社の利権を承認せざるを得ないだけでなく、一九二七年のババ・グールグール油田の発見にともなう新たな採掘権も同社に渡さざるを得なかった。これは石油史上最大の油田の一つで、イラク石油会社はこれで、チャーチルの言葉を借りれば「黒い黄金の大海を泳ぎまわる」ことができるのであった。

この七十七万キロメートルにおよぶ採掘権の値段たるやわずか現金二万ポンドで、それに年利回り十六パーセントを付けた一株一ポンドの株式二万株を付け加えるという条件であった。

イラクで成立した取引はさらに大きな利益を生み出す。一九二五年にイラク王朝と交わした協定は、イラク石油会社の取得した採掘権は二〇〇〇年まで有効で、イラク国家は石油一トンにつき金四シリングの使用料を受け取る、と規定している。イラク石油会社は、これ以後大企業が世界市場を支配し、彼らの法を押しつけるために採用する戦略と方法論を明示したのである。

アメリカの二つの会社、エクソン（昔のニュージャージー・スタンダードオイル）とモービルは初めてライバルのシェルと英イラン石油（後のBP）がいる中東の大地ならぬ地下に、足を踏み入れた。この競合二社はそれまで仮借なき価格戦争に明け暮れ、それが世界的な生産過剰と利益の減少を引き起こしてきた。

イラク石油会社内での利益配分が稼動した時、各石油会社は作戦を変更する。この中の主役の一人、ガルースト・グルベンキアンの言葉によれば「イラクでは扉は決して開けてはならないし、また締め切ってもいけない」(原注15)。

「四人姉妹」、石油の巨人を人はこう呼ぶ。この四人姉妹は生産管理を調整し、競争の効果に制約を与えることに努める。イラク石油会社の中で唯一独立している有名な「ミスター五パーセント」グルベンキアンはまた別の、多彩でユーモアあふれる表現で要約している。彼に言わせれば、会社同士の関係は「石油屋というのは猫のようなものだ。喧嘩しているのかそれとも愛し合っているのかさっぱり分からない」(原注16)。グループ・トップの個人的敵対関係にせよ、戦略的ヴィジョンの対立にせよ、彼らは愛し合っているくせに喧嘩しているというのが正しい表現かもしれない。しかし、数年後にはヒットラーとナチズムに全面的に魅了されていくシェルの最高権力者ヘンリー・デーテルディング(訳注13)は、同僚に言った。「協力が力となる」。この原則論が一九二八年の夏に極秘に下された基本的決定を導いた。この秘密は見事に守りぬかれ、その一端が明らかになるまでには二十五年経過した戦後まで待たねばならなかった。

「友好的に、そしてより有益に」搾取する

一九二八年六月、オステンド(訳注14)でイラク石油会社の主要株主会議は、旧オスマン帝国の領土内で発見される油田を開発することは株主同士の同意と参加なくしては行なえないと決定した。

一点のみ不明瞭で、株主同士の激論を呼んだ。それは「この決定は無数の人間の帰属を左右するからであった」とグルベンキアンの伝記作家は書いている。果たして問題とは、旧オスマン帝国の正確な領土を規定すること以外の何物でもなかった。グルベンキアンの天才的ひらめきで議論は突如停止した。(原注17) 彼は中東の正確な地図を持ってこさせ、テーブルの上に広げて中央部を赤鉛筆で囲った。彼は株主たちに言った。

「これが一九一四年に私のいたオスマン帝国だ。私は国境の場所が良くわかる所に住んでいた。私はここで生まれ、育ち、働いていたのだ」(原注18)。

株主たちが詳しく調べた領土線の内側にはバーレーン、カタール、アラブ首長国連邦……そしてサウジアラビアが含まれていた。クウェートは領土外で、そこに探鉱準備中のアメリカは大いに満足した。この「赤線協定」(訳注15)によりグルベンキアンは線の内側で採掘される石油利益の五パーセントを受け取り、当時の貨幣価値で年収五千万ドル以上を手に入れ、世界の大富豪の一人となった。石油史家のレナード・モスレーが明記しているように「もちろんここでもすべて秘密協定で決まり、アラブ人に教えてやろうなどとは誰一人夢にも思わなかった」(原注19)。

二ヵ月後の一九二八年八月、スコットランド中央部ハイランドの真ん中にある荘厳な建築アクナカリー城は「世界の静かなる要人たちの集まりを覆い隠す難攻不落の城砦」に変貌した、と『サンデー・エクスプレス』紙は書いた。シェル創立者で会長のヘンリー・デーテルディングが、エクソンとBPの会長を彼の荘園でのオオライチョウ狩りに招待したのである。銀行家でガルフ石油の筆頭株主メロン(訳注16)など、他社の代表も仲間に加わった。エクソン会長ティーグルは随分後に、狩りの合間に交わされた「会話の大部分は世界の石油産業の問題についてだった」(原注20)と述懐している。

これは婉曲な表現にすぎない。「アクナカリー協約」は、そのメンバーが世界市場を分け合う石油の国際カルテルの創設を記すものだ。これは、「民主主義の名の下に隠密裏に世界の石油市場を好きに分配し価格を決定する権利を、事実上一握りの実業家たちに委ねるという許し難い計画」であるとアントニー・サンプソンは書いている(原注21)。この破廉恥で、二つと無い不公平なシステムは独占の完璧な例証であるが、これが三十年以上にわたって国際石油資本に多大な利益を得さしめ、この協定を知らされない産油国、消費国の政府と国民の利益を損なってきたのである。

この協調関係が明るみに出されるには、一九五二年まで待たねばならない。（原注22）ジャン・マリー・シュバリエの引用によるとイギリスのエコノミスト、ジョン・ヒックスは「独占体から奪還する最高の利益とは平和な生活である」（原注23）と述べている。

石油の巨人は最大の秘密の内に、彼ら自身の言葉を使えば「友好的に、そしてより有益に世界の石油資源を搾取し」繁栄する。合衆国に存在する反トラスト法をことごとく回避し、愚弄しながら。

OPEC以前の三十一年

アクナカリー協約は、理論的にはアメリカの領分を規定してはいない。しかしOPECが結成される三十一年前の一九二九年に、十七の民間企業が石油輸出国連合を結成し、それぞれの政府に対して傲慢で尋常ならぬ侮蔑的姿勢を示していた。

この連合が、アメリカの石油のほぼ全部を産出していたテキサスとメキシコ湾の原油の現行相場の最高値に合わせて、各社の割り当てと売値を設定した。この値段に、メキシコ湾から最終目的港までの標準輸送費が加算される。

イギリスの企業は、イラクやイランで産出する安い原油から膨大な利益を生み出すことができるこの新しい方式に参画した。もしBPがイラン産の安い原油をイタリアに納品すれば、これはメキシコ湾からの原油と同じ価格に設定され、輸送費も架空の旅程で計算されるわけである。会社は配達料を「埋め合わせて」(原注24)もはるかに余りある利益を得、しかも輸送コストをさらに軽減できる。

第二次世界大戦中、BPは一九一四年にチャーチルが下した決定により、国が五十一パーセントを支配していたが、それでもイギリスの軍艦からは石油代金を徴収し、イランのアバダン港でのアメリカの軍艦への重油の補給にはアメリカ国内の重油価格で代金を取った。価格は割高で、輸送費はイランからではなくテキサスからという架空のものである。

第二次大戦前夜、七大石油メジャー「セブンシスターズ」は石油市場全体をコントロールし、この状況は一九七〇年代半ばまで続いた。エクソン、シェル、テキサコ、モービル、BP、シェブロン、ガルフの各社は、政府が決めた管理と割り当ての基準が存在するにもかかわらず、大戦を通じて稼ぎまくり未曾有の売り上げを実現した。

一九四五年の段階で、シェルの資産と影響力はオランダ国家のそれを上回った。また、エクソンとカルテックス(訳注17)を中心としたコンソーシアム会社アラムコといえば、戦争中一貫してアメリカの税務局の保護の下、バハマとカナダに設立した新会社にせっせと利益を移し、穏健的愛国精神の証しにしていた。アラムコは、ワシントン政府がその膨大な石油埋蔵量に目をつけ始めていたサウジアラビアに進出したばかりであった。大戦初期の一九四一年、中東戦線における連合軍の苦境を懸念したフランクリン・ルーズベルトは、まさに英国政府がBPの前身である英イラン会社を操作したのと同じように、国家によるアラムコへの資本参加を検討する。

アラムコは、このような考えには反対して交渉を引き延ばしたが、ロンメル将軍と彼のアフリカ軍団(訳注18)

の初の敗北が知らされると会社の態度は一変し、アメリカ国家の介入は少数派参加であっても受け入れない、ときっぱり拒否した。ジェームズ・ヘップバーン（訳注19）は「アラムコは、これはさほど間違っていることではないのだが、政府による保護は当然の既得権ととらえていた」と書いている。（原注25）

ナチスとの同盟

これらのグループの頂点に立つ人たちの大部分は、権威主義的で階級主義的で反民主主義的立場の世界観の持ち主であった。「神は民主主義の中に石油をすえていない（原注26）」と断言するアメリカ副大統領ディック・チェイニーの言葉を補完すれば、神はまた、当時の石油企業幹部を民主主義者の中から選ばなかったと言える。

このうちの二人の男にとって、ナチスドイツの台頭は天の啓示であった。一九三六年、世界最強の石油企業二社の一つシェルのオランダ人創立者デーテルディングは、第三帝国とドイツに敷かれた新秩序体制への賛美を表明し、公然たるナチス支持者となった。「共産主義の危険」を前に、彼にとってヒットラーは唯一の砦のように思えた。取締役会やヨーロッパ諸国政府の首脳の何人かは、シェルがその膨大な石油供給量ゆえにナチスへの戦争協力に大きな役割を果たすことになることを恐れた。そうしたプレッシャーは日に日に強まり、デーテルディングは辞任に追い込まれた。彼はドイツのメッケレンブルグにある屋敷に隠遁し、シェルを離れてからは利害関係が大いに無くなったこともあって、ナチスの首脳たちと親交を深めていった。

彼は、第三帝国の恩恵を伝道するためにしばしば母国オランダに赴いた。そして、第二次世界大戦が始まる六ヵ月前に死ぬ。彼の墓にはヒットラーとゲーリングから贈られた王冠が捧げられ、ドイツにあったシェル各社では彼の死を悼んで涙が流された。

ジョン・D・ロックフェラーに後継者として指名されエクソン会長となり、一九四二年に辞職を余儀なくされたウォルター・ティーグル(訳注20)のケースは若干異なる。一九二六年早々、ティーグルはエクソンと悪名高きドイツの化学薬品企業グループのIGファルベン(訳注21)との合意に調印した。一九一六年、創立したばかりのこのグループは、敵陣塹壕の大々的「ねずみ駆除」作戦を目的とした窒息ガスの集中生産に専念した。

第一次世界大戦の終戦直後から、このグループがアメリカとイギリスの資本援助に依存してきたことはあまり知られていない。IGファルベンの株数百万ポンドをロックフェラーのチェイス銀行やモルガン(訳注22)、ワーバーグ(訳注23)が所有していた。一九二一年、グループの工場は爆薬製造用硝酸ナトリウム化合物を製造した。一九三二年、IGファルベンは世界一の化学薬品企業となる。ドイツに四百社を抱え、販売会社五百社と専用の鉄道と炭鉱を持ち、工場は世界数十ヵ国にあった。ヨーロッパとアメリカの経済を支える五百社を数える大企業が、このドイツの企業グループと二千もの事業契約を結び、現代の経済史の中でもまたとないほど多数の優秀な研究者と技術者が単一の会社に集められていた。

IGファルベンなくしてドイツ経済が生き残れなかったのと同様に、どこの国の政府も同社の協力なしには成り立たなかった。ナチスが権力の座につくと同時に、ドイツを難攻不落の要塞に変えるという決定を実行に移せたのは、国家社会主義ドイツ労働者党創立以来いくらでも出資を惜しまなかったこの会社の首脳陣の手厚い保護があったからである。

「過渡的現象としての戦争」

創立以来IGファルベンの会長を務めたカルル・デュイスベルグ(訳注24)が一九三五年に他界する。後を引き継いだのがカルル・ボッシュ(訳注25)で、彼はノーベル化学賞を受賞し、USスチール、デュポン、エクソンといったアメリカの企業の重役も務めた卓越した技術者であった。その彼も一九四〇年に亡くなり、ナチの指導者カルル・クラウヒ(訳注26)が会長となった。この指名は産業界の幹部と第三帝国の政治指導者、そしてIGファルベンとナチ体制、民主主義陣営に属するとされる有力企業、との密接な協力関係を象徴している。

一九四〇年以降、世界一の石油会社エクソンは一九二六年に調印された協定に従って、極めて戦略的な情報交換を継続し、ドイツの企業グループとの協力関係をさらに発展させた。ヒットラーが権力を握ると同時に、エクソンは航空機燃料を製造するために不可欠な4エチル鉛の製造特許を提供した。合成ゴム製造に進出することを望んでいたエクソンはそのかわりに、この分野におけるアメリカの研究をことごとく阻害し、アメリカと連合国の戦争努力を妨害してドイツでの事業を拡大した。

さらにこの協力関係を進めながら、当時すでに世界的大企業になっていたエクソンとゼネラルモーターズの二社は、4エチル鉛の工場をドイツに建設するためにIGファルベンと提携する。かくして合成燃料を供給し、高度に機能性を増したナチスの軍隊は燃料不足を回避できた。この全体主義国家との協調関係は、一定の有力資本家の心理に通じるものがある。ゼネラルモーターズの会長アルフレッド・スローン(訳注27)は宣戦布告の後「われわれはこのような下らない国際紛争に煩わされるほどちっぽけではない」と言い放った。反トラスト訴訟問題の議会責任者の一人、サーマン・アーノルドは、この精神状態を「この人たちの狙いは戦争を過渡的な現象としてとらえ、ビジネスを永続的現実の一種としてとらえることであった」と要約している。

一九四一年、それは恥辱の始まりであった。IGファルベングループは強制労働の大計画に関与し、数百万人もの収容者がドイツの戦争のために働かされた。IGファルベンの幹部が、合成燃料と合成ゴム製造の巨大コンビナートを建設したのがアウシュヴィッツである。そして恐怖の極みはチクロンB、強制収容所に送られてきた人たちを大量抹殺する目的の毒ガスの大規模生産であった。(原注27)

戦争犯罪を問われ、会社は解体された。一九四五年、連合国はIGファルベンの名を抹殺したかもしれない。しかしこの恥ずべきグループの後裔、バイエル、ヘキスト、BASFの三社は世界一の化学薬品産業を形成し、戦前の帝国の再建を果たした。

罰金五万ドル

エクソンは、一九四一年にアメリカ法務省から二件の訴追を受けた。同社の前歴を調べ上げた数名の専門家が、第三帝国に極めて重要な産業機密を提供したとして巨大石油企業を告訴したのである。しかし、エクソンに近い有力議員による政府への物凄い圧力で、双方和解で決着した。ナチスとの協働作業で巨大な利益を得たエクソンは罰金……五万ドルという処分を受けただけであった。(原注28)

この決定の発表を受けて、ある新聞記者がトルーマン大統領に、エクソンとIGファルベンの間で交わされた秘密協約は国家反逆罪ではないかと質した。アメリカの国家元首の答えは紛れもなく「もちろんそうだ。他に何があるというのかね」であった。しかしこの断罪発言も石油トップ企業の飛躍的発展の妨げにはならなかった。第二次大戦から十五年後には、エクソンは世界石油市場の五分の一以上を支配し、スウェーデン、スペイン、デンマーク、そして星の数ほどあるパナマ船籍の船舶数をも凌駕する、百二十六隻のタンカーを擁する世界最大の企業船団を所有した。

一九四五年、アメリカの石油が一九一八年と同様、連合軍の勝利に決定的な役割を果たした。大戦の五年間、世界の供給量の六十八パーセントがアメリカ発であった。こうした数字が批判を抑え込み、これらの企業がせっせと励んだ破廉恥な、ともすれば許し難い二心を抱いた行動を忘却させてしまうのである。

原注1：百五十九リットルに相当。当時ペンシルバニア州で使われていた旧式の木製樽が規準で、以来変わっていない。こんにちでも米国ではバレルは法定外の度量衡で「四十二米ガロン」とされている。
原注2：アイダ・M・ターベル著『スタンダードオイルの歴史』第二巻、ニューヨーク、一九〇四年刊。
原注3：アラン・ネヴィンス著『フォード：時代、人、会社』スクライバーズ社刊、ニューヨーク、一九五四年。ヘンリー・フォード著『わが人生と仕事』ガーデン・シティ社刊、ニューヨーク、一九二二年。
原注4：デービッド・ハルバースタム著『権力はそこにある』ファヤール刊、一九八〇年。
原注5：現在のイラク。
原注6：ジャン・マリー・シュバリエ著『エネルギー大戦争』フォリオ・アクチュエル、ガリマール書店、二〇〇四年。
原注7：アンリ・カレ著『実録・マルヌのタクシー』シャプロ書店刊、パリ、一九二一年。
原注8：G・S・ギッブ、E・M・ノールトン共著『スタンダード・オイル社の歴史』ハーパー&ブラザーズ社刊、ニューヨーク、一九五六年。

原注9：ジェームズ・ヘップバーン著『ザ・プロット』フロンティア・パブリシング・カンパニー、ヴァドウーズ、一九六八年。
原注10：前掲書。
原注11：外務省に相当。
原注12：筆者との対話から。一九八四年。
原注13：ルイス・フィッシャー著『石油帝国主義：ロシアの石油をめぐる国際抗争』ニューヨーク、一九二六年。アンソニー・ケイブ・ブラウン、チャールズ・マクドナルド共著『赤い大地で』パットナム社刊、ニューヨーク、一九八一年。ジェームス・ウォーレン・プロスロー著『ドルの十年』バトンルージュ、ルイジアナ州立大学出版局刊、一九五四年。
原注14：アントニー・C・サットン著『ウォール街とヒットラーの台頭』フーバー協会刊、カリフォルニア・プレス、シールビーチ、一九七六年。
原注15：ラルフ・ヒューインズ著『ミスター・五パーセント：ガルースト・グルベンキアン物語』ラインハート&カンパニー、ニューヨーク、一九五八年。
原注16：ヌーバー・グルベンキアン著『パンタラクシア』ハッチンソン刊、ロンドン、一九六五年。
原注17：グルベンキアンの国籍はオスマン帝国に属していたアルメニアだった。
原注18：ラルフ・ヒューインズ、前掲書。
原注19：レナード・モスレー著『パワー・プレー』ロンドン、一九七三年。
原注20：「オイル・アンド・ガス・ジャーナル」一九二八年九月二十日号。
原注21：アントニー・サンプソン、前掲書。
原注22：連邦貿易委員会『国際石油カルテル』ワシントン、一九五二年。
原注23：ジャン・マリー・シュバリエ、前掲書。
原注24：物々交換（この場合は石油対石油）の場合の規定と基本的に一切の金銭的支払いがなされない場合の協定。
原注25：ジェームズ・ヘップバーン、前掲書。

原注26：ジェイソン・レオポルド「ハリバートンとイラクに関するチェイニーの嘘」『カウンターパンチ』二〇〇三年三月十九日号。
原注27：アンソニー・C・サットン、前掲書。
原注28：ベネット・H・ウォール、ジョージ・S・ギッブ共著『ジャージースタンダードのティーグル』テュレーン大学、一九七四年。

訳注1：イギリス人ウィリアム・ノックス・ダーシーは一九〇一年、ペルシャ王カジャールから、二万ポンドで六十年間の石油採掘権を譲渡され、一九〇八年に中東で最初の石油企業「英ペルシャ会社」を設立した。同社は第一次世界大戦まで存続したが、石油の戦略的重要性に着目した英国政府に買収され、BPとなった。
訳注2：一九一四年ドイツ軍はパリの北東数十キロのセーヌ・エ・マルヌ地方に進軍していた。それを阻止するためフランス軍司令部はタクシーを動員して前線に兵を送った。九月六日と七日、ガリエニ将軍はパリ中のタクシー約六百台をかき集めた。タクシーはナントゥイユ・ル・オードゥアンまでフランス軍歩兵六千人を迅速に移動させ、フランス軍は最初のマルヌの戦いに勝つことができた。
訳注3：ジョルジュ・クレマンソー（一八四一～一九二九）フランスの政治家、ジャーナリスト。ペイ・ドゥ・ラ・ロワールのヴァンデ県出身。一八六五年、南北戦争中のアメリカに留学、フランスの新聞の特派員を勤めた。帰国後、パリ・モンマルトルの区長から下院議員となり急進的社会主義者グループのリーダーとなる。一八九七年日刊紙『オーロール』を主幹、ドレフュス事件でドレフュスを擁護したり、エミール・ゾラと大統領を弾劾したり活躍。一九〇二年左翼から帝国主義者に転向、一九〇六年に首相となり労働者を弾圧、一九一七年ポアンカレー大統領下で首相、戦争を断固推進、戦後はドイツに厳しい賠償を要求した。一九二〇年大統領選に出馬したが落選し、引退。「ドイツの方向を睨んだまま立った姿勢で埋葬してもらいたい」との遺言どおり葬られた。若き日のパリ時代に西園寺公望と同じ下宿で暮らした。
訳注4：一九一一年五月十五日、米最高裁は〝シャーマン独占禁止法〟に違反するとしてスタンダードオイルの解体を命令し、同社は正確には三十四社に細分化された。その後再編成され、現在まで存続しているのは以下の

九社。ニュージャージー・スタンダードオイル（エッソからエクソン、現在エクソンモービル）、ニューヨーク・スタンダードオイル（ソコニ、現在はエクソンモービル傘下）、カリフォルニア・スタンダードオイル（シェブロン）、インディアナ・スタンダードオイル（アモコ、現在BP傘下）、アルコ（現在BP傘下）、ケンタッキー・スタンダードオイル（シェブロンに吸収）、コンチネンタル・オイルカンパニー（現在コノコ・フィリップス傘下）、オハイオ・スタンダードオイル（現在BP傘下）、オハイオ・オイルカンパニー（現在マラソン・オイルカンパニー）。

訳注5：スタンダード社は一八八二年から一九〇六年の間に六五・四パーセントの割当で五億四千八百四十三万六千ドルの鉱山利益配当を支払ったが、残りの二億九千三十四万七千八百ドルを株主に還元せず会社の事業拡大にまわした。

訳注6：トルコ石油会社は、イラクの石油採掘権を獲得するため、アメリカの石油会社に先駆けることを狙って競合会社が集まって一九一二年に設立された。主役を演じたのがイギリス系の銀行に雇われた「ミスター五パーセント」グルベンキアンである。

訳注7：トルコ帝国は正確には一九二〇年のセーブル条約により分割された。一九二三年に共和国となる。

訳注8：トルコ石油会社は一九二九年にイラク石油会社となった。資本はシェルとBP、フランスのCFP（トータルの前身）そしてモービルとエッソのNEDEC（米系）がそれぞれ二十三・七五パーセント、「ミスター五パーセント」グルベンキアンが五パーセントを共同するコンソーシアムであった。一九七一年に国有化された。

訳注9：現代フランスの歴史学者。著書に『歴史入門』『地中海』などがある。

訳注10：ゲオルギ・チチェリン（Georgy Vasilyevich Chicherin、一八七二〜一九三六）。外国語に堪能で一九一八年から一九三〇年まで外交人民委員会委員を務めた。アレクサンドル・プーシキンの遠縁に当たる。父の莫大な遺産を革命闘争に注ぎ、西欧に亡命、メンシェビキやレーニンなどボルシェビキ活動家と出会った。反戦活動を理由にイギリスで投獄されたが、革命後人民外交委員会議長トロツキーに助けられ帰国、ブレスト・リトウスク条約の締結交渉に参加した。一九一八年、トロツキー退任後に議長となり一九二二年のジェノア

訳注11：第一次世界大戦後の一九二二年にイタリアのジェノアで開かれた欧州経済復興会議。ドイツ、共産主義国家となったロシアなど三十四ヵ国の代表が集まった。特に、紙幣の乱発で疲弊したドイツなど混乱した戦後経済を立て直すための金本位制復活が決定されたが、金貨ではなく金塊にしか換えられないものであった。だがこれによって各国中央銀行は金の流出を防ぐことができた。

訳注12：一九二二年四月十六日にドイツとソ連との間で交わされた条約。第一次世界大戦の敗北で疲弊したドイツと、共産主義革命で孤立したロシアの不利な立場を相互に補うもので、ソ連は戦争の賠償請求を放棄、外交・経済関係の再開を決めた。また軍事協力関係も結び、ドイツの秘密基地がソ連領内で一九三三年まで維持された。

訳注13：ヘンリー・ヴィルヘルム・アウグスト・デーテルリング（Henri Wilhelm August Deterding）。一九〇二年から一九三六年までシェル石油の前身ロイヤル・ダッチ・シェル（Royal Dutch/Shell）の会長を務めた人物。一八九〇年にオランダ王ヴィレム三世が植民地インドネシアのスマトラに石油開発会社の設立を許可した。これとイギリスのシェル貿易会社が一九〇七年に合併して、独占企業スタンダードオイルに対抗するグローバル企業を設立した。バタビヤの銀行員で、この油田の開発融資を担当したデーテルリングは後に経営に参加し、一九〇二年には三十八歳の若さで社長に就任する。採掘利権の獲得で石油産業の征服を目指したデーテルリングは、一九一一年にロスチャイルドからアゼルバイジャンのバクー油田の利権を買取り、第一世界大戦では連合国側の石油供給を一手に引き受け「石油界のナポレオン」と呼ばれた。ヒットラードイツに協力した強固な反共主義者で「英独共同でソ連に対決する」という考えからナチス・ドイツに石油を供給しようとしたが、イギリス政府に反対され孤立、一九三六年に会長を辞任した。一九三九年にスイスのサンモリッツで死去。

訳注14：ベルギー、北海沿岸の都市。

訳注15：古代オリエント地方は、メソポタミア（イラク）をはじめ石油の埋蔵が大いに見込まれており、旧トルコ帝国（オスマン・トルコ）の版図とほぼ重なっていることから、第一次世界大戦後、戦勝国はこの版図を根拠

に宗主権争奪を争った。交渉は難航したが、一九二八年七月、トルコ生まれのアルメニア人ブローカー、カルースト・グルベンキアンが地図に旧トルコ帝国の国境線に沿って赤鉛筆で線を引き、その中では互いに抜け駆けを許さず、合意した比率で全員が分け前を享受するという協定をイギリス、フランス、アメリカに締結させ、自らも利権の五パーセントを手に入れた。世にいう赤線協定である。グルベンキアンは「ミスター五パーセント」と呼ばれ、この赤線協定はやがて始まる列強による中東石油支配の原点となる。

訳注16：ウィリアム・ラリマー・メロン（William Larimer Mellon, 一八六八年～一九四九）ガルフ石油の創設者。ペンニルバニア州ピッツバーグ出身。最初に開発したペンシルバニアの石油会社は一八九五年にロックフェラーに買収されたが、一九〇一年にテキサス州スピンドルトップでの石油探査に投資、事業を拡大した。一九一七年にガルフ石油を設立し、オクラホマからテキサスまでのパイプラインを建設し、送油事業で成功した。一九四五年にカーネギーメロン大学テッパー・ビジネススクールの前身であるカーネギー工科大学をピッツバーグに創立した。

訳注17：シェブロングループ傘下の石油企業。一九三六年にテキサコとシェブロンのJVとしてスタートした。主にサウジアラビアの石油のマーケティングを担当。一九六八年にカルテックスに改称、二〇〇一年にシェブロンに吸収合併された。本社はカリフォルニア州サンラモン。企業買収したユノカルの社員を含め、総従業員五万三千人。

訳注18：ロンメル将軍は一九四二年アフリカ戦線で重戦車タイガー1を擁したアフリカ軍団を率いエルアラメンで連合軍を悩ました。「砂漠の狐」と呼ばれた。

訳注19：ジェームズ・ヘップバーン著『ザ・プロット』の原題は「Farewell America, the plot」で、一九六八年に出版され世界中で話題を呼んだ。同書はケネディ暗殺の真相を、東西冷戦、大企業と銀行、米情報機関、国際石油カルテルなどが絡み合った陰謀としたもので、元FBI捜査官のウィリアム・ターナーやフランス情報機関などから得た豊富な極秘情報をもとにCIAの策謀を暴き、アメリカでは発禁の扱いを受けた。

訳注20：一九三〇年代、全体主義国家と手を組んで世界市場に進出していた当時のエクソン会長。エクソンはドイツ国内のGM、ITTなどを通してビジネスを展開、ナチの強制収容所で薬品を製造していたIGファルベン

と協力関係にあった。ティーグルはナチに協力し、ヴェルサイユ条約破棄政策を公に礼賛した。ＩＧファルベン社長ヘルマン・シュミットと共にシェルのデーテルリング会長と親交があり、ＩＧファルベン米国支社の社長を務めた。

訳注21：ＩＧファルベン（Interessengemeinschaft Farben）は一九二五年十二月にドイツ化学染料企業の中核的存在であったＢＡＳＦ、バイエル、ヘキスト、カッセラ、ＡＧＦＡ、カレの六社の合同で誕生した今世紀前半のドイツ最強企業。ヒットラーの最大の資金源で、一九三三年にはナチス党に四十万マルクを寄付している。ＩＧファルベンはナチスが政権を握ると、爆薬と合成ガソリンの全てを供給し、ナチスに占領されたヨーロッパ諸国の製薬化学産業を手中にした。ＩＧファルベン社の百パーセント子会社ＩＧアウシュビッツは一九四二年十月末、合成石油とゴムを製造するため一万八千人の収容所を開設した。主な労働力はポーランド人で、老人、子供、病人など非労働力部分はガス室で処理された。製薬部門は新開発ワクチンのテストと称する人体実験で数千人の命を奪った。ガス室で使用されたチクロンＢもＩＧファルベンの製造。ＩＧファルベンは、クラウフ事務所、技術委員会、商業委員会によって構成され、「党国家内の国家」とされた。ニュルンベルグ裁判では、大量殺人、奴隷的虐待およびその他の非人道的犯罪により、ＩＧファルベン社の役員および幹部二十四人に有罪の判決が下されたが一九五一年までに全員が釈放され、ＩＧファルベンをバイエル、ヘキスト、ＢＡＳＦに再分割し、今日この三社は、世界的製薬企業に成長している。

訳注22：ＪＰモルガン・チェイスは資産一兆四千億ドル、世界五十ヵ国で営業する金融企業。商業銀行（チェイス）と投資銀行（モルガン・スタンレー）の両面で金融ビジネスを成功させてきた。有名なシンクタンク、マンハッタン・インスティチュートはＪＰモルガンが設立したもので、共同設立者には製薬会社ファイザー、イーライ・リリー、父親ブッシュなどがいる。この二つの製薬会社の薬品の多くはＩＧファルベン開発の製品がもとになっている。また、ロックフェラーのチェイス銀行は第二次世界大戦においてアメリカ最大のヒットラー支援を行ない、ニュージャージー・スタンダードオイルはＩＧファルベンの株を半分所有していた。ブッシュ大統領の祖父、プレスコット・ブッシュとその義父ジョージ・ウォーカーはナチ政権を相手の貿易に投資していた銀行家であった。

訳注23：十七世紀、北ドイツのヴァルブルグ（ワーバーグ）で成功したユダヤ人銀行家一族の四代目エリックが一九三八年にニューヨークに、ジグムントが一九四六年にロンドンで、それぞれ融資銀行を設立した。ワーバーグ家はIGファルベン創設に参加したがナチス台頭とともに一家はアメリカ、イギリスに亡命した。しかしゲルタとベティ母娘はアルトナに幽閉され、その後、強制収容所で死んだ（サルトルの戯曲『アルトナの幽閉者』の題材になった）。アメリカにやってきたポール・ワーバーグは金融で成功し、連邦準備銀行（中央銀行）の重鎮となった。ハンブルグ本社のM・M・ヴァルブルグ銀行は現在もドイツ有数の銀行である。

訳注24：ドイツの製薬会社バイエルの社長で化学者。イエナ大学で博士号を取得し兵役を終えた後、バイエル教授の研究所に入り、バイエル社に入社。一八八五年に特許を取り、一九〇〇年に重役となる。バイエル社のみならずドイツ薬品化学産業史上最大の功労者。カルル・ボッシュとIGファルベンを設立。ヒットラーを援助した資本家の一人でもあった。

訳注25：ドイツの化学者で実業家。バディッシェ・アニリン・ソーダ・ファブリク（BASE）社長。窒素肥料を開発し、大量生産を実現した。一九三五年にIGファルベン会長に指名された。研究者としての評価はきわめて高く、ノーベル化学賞を初め数々の受賞に耀いている。ナチス・ドイツ全盛の一九四〇年に病死した。

訳注26：ボッシュの後を受けたIGファルベン会長で、ハーマン・シュミッツと共にゲーリングが指揮した戦争準備のための四ヵ年経済計画を進めた。アウシュビッツ収容所のユダヤ人を使って合成ゴム、合成石油、チクロンBを製造させ、薬品やワクチンテストの人体実験を行ない、その半数を殺し、有毒ガスのチクロンBを製造した、としてニュルンベルグ裁判で六年の刑を受けた。クラウフはじめ全員が一九五三年に釈放され、それぞれヘキスト、バイエル、BASFの重役に復帰した。

訳注27：アルフレッド・スローン（Alfred Pritchard Sloan、一八七五～一九六六）。長期にわたってゼネラル・モーターズ会長を務めた。コネチカット州ニューヘブン生まれ。マサチューセッツ工科大学卒。経営するボールベアリングのメーカーがGMと合併、一九三四年にGM会長となった。自動車のデザインを毎年変え、経済車から高級車までの品揃えでフォードに勝ち、GMを世界一の自動車メーカーにした。また、ファイアーストーン（タイヤメーカー）、カリフォルニア・スタンダードオイル、マック・トラックと共同して公共交通機関

を路面電車からバスに転換させた。打倒フォードのためにアメリカで初めて産業スパイを使った。経営者養成のためのビジネススクールをＭＩＴやスタンフォード大学に設立し、その他数多くの基金を設立した。一九五六年に引退。

第三章　アルベルト・シュペアーとの出会い

石油が、第二次世界大戦の過程のどのような点において決定的役割を演じたのか、奇妙にも一年の間に連続した二つの出会いが私にそれを教えてくれた。それは、あるナチの幹部と、戦後世界の変容を残念ながら理解できなかったある民主主義者との出会いである。この重要な悲劇の主人公たちの証言は、深く私の心に刻み込まれた。

一九七二年、私はハイデルベルグの駅に降り立った。初めてのドイツへの旅であった。二十五歳の私にとってこの国は一つの謎、深海の底のような、永遠の疑問であった。何ゆえに、また如何にしてあの狂気の殺戮が起こりえたのか？　人類の歴史において初めて、一部の人間の支持による国家体制が、何ゆえにこの地上からユダヤ人とロマ人（ジプシー）を抹殺するために正真正銘の外科手術の実行を企てたのか。

やや郊外にあるブルジョワ風な邸宅の玄関にタクシーが停まった。ズボンをはきウールのベストを着た白髪の老婦人が門を開け、花柄のクッションを置いた褐色の木製ソファーが三つある小さな客間に案内してくれた。カラープリントの壁紙が貼ってある。「主人は今参ります」と彼女は言った。学生のカップルが二階から降りてきた。老婦人は私の視線をさえぎり、辛そうにため息をついて「そうなんです。

下宿でもやらないとね。楽じゃありませんから」。この哀れみを請うような露骨なものの言い方に私は一瞬戸惑った。私を迎えてくれたのはあのヒットラーのお気に入りの建築家で信頼の厚かった、第三帝国の軍需工業大臣アルベルト・シュペアーの妻ではないか。

シュペアーは、他のナチスの高官と共にニュルンベルグ裁判で有罪判決を受け、これも死刑を免れたルドルフ・ヘスとベルリンのシュパンダウ刑務所に収監され、一九六六年に釈放された。その後彼は回想録の執筆に没頭し、最近それを上梓、著名なユーモリストよろしく「二度と回想録は書かない。隠すことはもう無い」と書いた。しかし、彼は隠している。

著書の中で彼は、自らの主張の弁明を図り、ナチスの犯罪行為について一切知らされなかったとして責任逃れを試みている。これは、ニュルンベルグにおける彼の弁護の主旨でもあった。この数年後、私はニュルンベルグ裁判に検察側の席に立った軍事裁判委員会委員長エドガー・フォールに会い、シュペアーに取材した話をしたが、その時彼はこう言った。「シュペアーは私の目には最も軽蔑すべき犯罪者に映った。彼は中でも最も利口で、あらゆる犯罪の証拠をすり抜けた。野心家で計算高く、狂信性など無かったが、権力獲得の魅力に憑かれたヒットラーを誘惑したのは彼だ。つまるところ、あれはファウスト的人格の持ち主だ（原注1）」。

「あれは虚偽だと申し上げる」

取材は最悪の形で始まった。私の前に腰を下ろした男は、頭髪こそ若干失われていたが、長身で体格も良く、古いベストを着てコールテンのズボンをはいていた。ソファーの肘掛に腕を置き、大きな手を組んで軽く私の方に体を傾けて、やや耳が遠くなってきたので大きい声で話して欲しいと求めた。目には力があったし、健康そのものに見えたが、動作は緩慢で話し方もゆっくりしていた。彼は丁寧に言葉を選びながら、強いドイツ訛りのフランス語で話した。

彼はすぐに切り出した。

「あなたがどのように話を進めたいかはわかりませんが、まず初めにはっきり申し上げておきたい」

彼は一度黙り、同意でも求めるかのように私を見つめ、私が何も言わないでいると、

「戦争遂行のために収容所（彼は『強制』を付けなかった）で多くの労働力を使ったことはこれまでもしばしば認めてきたことです。しかし私は、あれは虚偽であると……」

「しかしシュペアーさん、あなたのお話は反対のことを確証する証人、調査、報告、発見された証拠書類などに矛盾していますが」

彼はいらついた様子で首を振り、がっかりした風に腕を上げソファーの肘掛をばんと叩いた。

「いいですか……」

喋り方こそもたついてはいるが、目だけは冷静に私を見ていた。

「私の話は本当です。われわれは単なる囚人の使用などはしていない。なぜなら、彼らの健康状態はあまりにも悪く、われわれの役には立たなかったからです」

彼は、明白なことだとでも言わんばかりの調子で話した。私は呆気にとられて彼を見ていた。胸くそが悪くなった。目の前にいる男は、一九三一年にナチスに入党し、一九三四年ニュルンベルグで開催された党大会の壮大な舞台装置を担当した。画家になれなかったヒットラーは、この男の建築の才能に

感銘し、千年帝国の首都となるべきベルリンの再建を委ねた。結局は法務省新庁舎しか作れなかった。一九四二年、シュペアーはナチスによって暗黙裡に死刑を宣告されていた数万人もの収容者を大量に使用する軍需大臣という戦略的ポストに就いた。

シュペアーと会った頃は、彼がこれらいずれかの収容所内にいたという反論しようのない証拠書類がまだ出ていなかった。彼の自己防衛のすべては、動かざる証拠の不在に根ざしているのであった。その後、彼を追及する証拠書類がかなり増え、多くの収容所そして数千人の収容者が死んだドラ(訳注1)の地下工場を訪れていたという証拠も出てきた。ある文書は、彼がアーリア化したユダヤ人から没収した資産を不動産投機につぎ込んでは私物化していた事実を証明している。

「ヒットラーから個人的に言い渡された」

彼と会ったのは一九七二年、ナチの軍団がすべての前線に配置され、彼がヒットラーから軍需大臣に任命された年から正確に三十年経っていた。私は彼に、大臣に指名されてどう感じたか訊いた。卑怯かつ傲慢な男だった。偉ぶった表情になり、胸を張る。何の悔悛の情もない。

「ヒットラーからは個人的に言い渡されました。面と向かってね。私にとってあれは途方もない誇りと重責でした。なぜなら連合軍の空襲による損壊は大きかったし、われわれの軍事物資の補給は攪乱されていましたからね」

私たちの間にあるテーブルには刺繍の縁取りをした白いクロスが掛けてあったが、シュペアーは質問に答え終わる度に、妙な動きでテーブルクロスの布を指で触っていた。

彼は昼食後に話を続けようと言った。彼は着古したパーカを引っ掛けると、私に玄関前に停めてあった古いフォルクスワーゲンに乗るように言った。この男は、曲がりくねった道を運転しながら私の方を向いて喋る嫌な癖があり、車は始終左へ左へと寄るのであった。私は何の罰が当たってこんなナチスの犯罪者の横で自動車事故の危険にさらされなければならないのかと思った。しかし私は面白さも感じていた。絶対的悪のシンボルのような男を前にして、ハンナ・アレント(訳注2)は読んでいなかったけれど、この男の平凡さは印象的であった。レストランでは主人や若いウェイトレスから「こんにちは、シュペアーさん」と敬意をこめて挨拶され、明らかにいつもの席に違いないテーブルに座った。会話は突如熱を帯び始めた。

彼はナプキンを丁寧に広げながら言った。

「われわれには大きなハンディキャップがあった。それが何だかわかりますか?」

(引退した技術屋さんのような口ぶりだった)そして彼は続けた。

「石油です。戦争が始まるかなり前からヒットラーは石油がドイツのアキレス腱だと言っていました。だからこそ、一九四〇年の段階でわれらの補給の半分を合成燃料で満たすことができるようになるまで開発が進んだのです」

「しかし多くの戦線で長引いていた戦いを維持するには不十分でした」

メニューを覗き込みながら彼は首を振る。

「だからこそヒットラーはブリッツ・クリーグ戦略を選択したのです。フランス語では何と言いますか?」

「ラ・ゲール・エクレール（電撃戦）です」

「それです。迅速かつ強烈に敵を叩くために、安価な発動機燃料で動く装甲戦車を最大限に使う。これはポーランド戦線で成功を収めました。フランスでもね」

彼は申し訳なさそうな笑いを送り、モーゼルワインで野鳥料理を食べた後、パテを一皿注文した。この人物は不愉快だがそれに加えて傲慢だ。

「石油とナチの軍隊の補給の必要性についてですが……」

「いや、ドイツ軍の、です」

さりげなく口を挟む。

「それではドイツ軍とナチの、としましょう」

顔がこわばり、苛立ちを見せる。

「まちがっとる」

「もう一度おききします。ヒットラーとその側近は、その中にあなたもおられたわけですが、石油の確保の面でどのような間違いを犯したのですか？」

「何も」

シュペアーという人間には悔恨の念も過去の過ちを告白する気も毛頭ない。

「われわれは間違いを犯してはいない。運が悪かったのです」

私は彼を見た。驚きだった。

「そうですとも。まず初めに、われわれはアメリカが戦争に加わるとは考えていなかった。彼らにその気は無かったのだが、結局はルーズベルトが圧力団体に屈したのです」

「どんな団体ですか?」

彼はうんざりしたように肩をすくめた。

「よくご存知でしょう。石油ロビーや軍需ロビーと結びついた影響力のあるユダヤ人組織ですよ……」

吐き気がした。

「アメリカの石油保有量が意味を持っていたのです。しかも一九四〇年にソビエトはルーマニアのプロスティ油田近郊を併合していました」

「でもなぜ、多くの戦線で戦わねばならないという状況にありながら、あなた方はソ連に侵攻したのですか?」


「われわれは石油を求めてロシアに侵攻した」


彼は驚いて私を見た。周りではウェーターが忙しく働いている。地方のレストランの田舎っぽい雰囲気と私たちの会話の中身には超現実的なギャップがあった。

「モスクワ政府が抑えているコーカサスからの石油供給に手を伸ばすため、まさにそれが理由です。他にも多くの理由が生じてはいましたが、これがヒットラーの最優先課題であったと断言できます。動力燃料を供給し、ロシア連邦にはそれをさせない、そして次にイランの油田の支配権を奪う。攻撃は一九四二年の初めに開始されましたが、残念ながらバクー近郊で失敗しました」

バクーはロシアの石油生産の心臓部である。地下にも沿岸部近くの浅い海底にも油床がふんだんにあり、この地域を信じられないほどの石油エルドラドにしている。ノーベル兄弟（訳注3）はここで巨万の富を築いた。歴史の皮肉と言おうか、一九〇〇年から一九〇五年にかけて、ツァー権力と戦う若きボルシェビキの革命家たちはここの油田の破壊活動を展開したが、スターリンはこの地帯にのしかかる脅威を感じ、油井防衛のために大量の軍隊を集結させた。

シュペアーはテーブルクロスの上のパン屑を手の甲でかき寄せた。そしてわけ知り顔でこう言った。

「よろしいかな。別にここで新事実を話しているわけではないのです。私はニュルンベルグの証人喚問で、われわれは石油を目的にロシアに侵攻したと述べました……」

彼は人道に反する罪を問われた裁判をあたかも議会の参考人喚問のように引用している。

「おそらく、もしロンメルがいてくれたなら事態は違っていたでしょう。彼はコーカサスにいたわれわれの師団との合流を目指していましたから。しかし彼の軍隊はまさしく燃料の安定供給の困難性の犠牲になったのです」

「あなたが示された観点には驚かされます。しかしその論理を最後まで推し進めるとすれば、十分な量の石油があったならドイツは戦争に勝てたとお考えになるのですか。あのような政治体制でも？」

彼の表情が変わった。最後の一言で笑うのをやめたに違いなかった。

「多くのミスがあったし、残虐行為もいくつかあった。しかし同時にわれわれを勝利へと導くチャンスも多々あったのです」

「どのような？」

「合成燃料をほぼ完成していたわれわれの研究者の質です」

彼はこの開発に貢献したエクソンのことも、これらの合成物質が生産されていたアウシュヴィッツの付属工場でＩＧファルベンが使った数千人の収容者のことも口にしなかった。後に知ったことだが、化学薬品グループの工場に行くためにアウシュヴィッツの門をくぐった収容者の数は三十万人、ベルリン市全体の電力使用量よりも多い電力が使われていた。

シュペアーは鄙びた茶店に憩う好々爺さながら、クリームが載ったりんごのタルトをおいしそうにゆっくりと味わっていた。顔見知りの客の挨拶には控え目にうなずく。ドイツ・アーリア化政策の元凶、アルベルト・シュペアーは地元では疫病神などではない。彼が、死体収容所四棟、補助焼却炉三基、一回で八体処理可能な焼却炉二基の追加を提案するアウシュヴィッツ収容所拡張案の作成者だったことも私は後で知った。

食事が終わる。彼はナプキンを丁寧に折りたたみ、手のひらでしわを伸ばすとテーブルに置いた。きっちりと椅子に座り、満足そうな微笑を見せた。


「われわれは夢想家だった」

「ムッシュー・ローラン、ある意味ではわれわれは夢想家だったのです。われわれには資源が無かったので合成で石油を作ったと言いましたね。シュパンダウ刑務所ではテレビを見ていましたし、釈放されてからは自動車の数に驚かされ、何というエネルギーの無駄使いかと思いました。私も歳をとりました。世界は進歩し、贅沢で腹一杯の消費者であふれています。未来はありませんな。われわれがあんなにも求めた石油ですが、あなた方の分もじきに無くなりますよ(原注2)」

石油ショックが起きた時、この黒い黄金への道が欧米の経済にとって不安の種となった時、私はしばしば彼のこの言葉を思い出した。

シュペアーは一瞬にして私たちの民主主義の弱点の一つを暴き出した。安価な石油のお蔭でつねに消費を重ねるとめどない飽食。

彼は勘定を払う私を見る。それから店の主人に助けられてコートを着るとポケットから小さな正ちゃん帽を出して被った。

「私が風邪を引かないように妻がプレゼントしてくれてね」

彼はどうしても私を駅まで送るという。座席に座った私は、車を出す前に訊ねた。

「あなたは自分のことを犯罪者だと思っていますか?」

右手でキーを差し込み、静かにセルモーターを回した。そして落ち着いて答えた。

「いいえ。詳細はわからないけれど、何か罰せられるべきことを犯した責任のある政治体制に協力した敗者です」

またもや反吐が出そうになった。彼は私の膝の上にあった彼の著書のフランス語版を指差した。四時間のインタビューのために私はこの本を参考にしていた。

「サインしましょうか?」

彼は私の返事も待たずに本をつかむと手袋をはずして万年筆のキャップをとり、大きな青い字でゆっくりと書いた。

「エリック・ローラン氏に、ほぼ快適であった出会いを記念して。アルベルト・シュペアー」(原注3)

それから一年二ヵ月後の一九七四年三月、私はコンサルタントとして複数の産油国に影響力を持つニコラ・サルキス(訳注4)との対談録の出版準備のためベイルートに飛ぼうとしていた。この五ヵ月前に起きた石油ショックの結果について書くつもりだった。

出発の二日前に私はイギリスから一通の手紙を受け取った。それは過去の世界から届いたような手紙だった。封筒も便箋も、昔使われていた様式の上品な、今どきとても手に入らないものである。便箋には品のある整った書体の五行の文が黒インキで書かれていた。レターヘッドには「エイボン卿」とパールグレーで印刷してある。

「拝啓。貴下の取材要請を承諾いたします。言及された主題を記憶に呼び起こすべく貴下と面談するに何ら支障はありません。まずは約束の日時等万端繰り合わせたく、以下の番号に電話いただきたく存じます。草々。アントニー・イーデン」

追伸があった。「午前中の来訪をご予定ください。昼食に招待申し上げます」。

「石油と戦争の世紀」

レバノンに到着すると私は手紙にあった番号に電話をかけた。イーデン本人が直接電話に出た。英語での会話が始まり、しばらくやりとりした後、何の前触れもなくフランス語になり、多少は言葉につかえたが彼の洗練されたフランス語はすばらしかった。着いたらイギリス南部にある彼の別荘の正確な場所を知らせてくれることになった。

アントニー・イーデンは、唯一生き残っている第二次世界大戦の主役だ。エレガントで優雅なその体型、英国紳士の具現化、笑顔と細い真一文字の口髭。

妻クラリッサはチャーチルの姪。チャーチルの親友であり共犯者。

戦争大臣を経て大戦中は一貫して外務大臣、一九五五年にチャーチルを引き継ぎ首相になるが、一年後にスエズ動乱（訳注5）を引き起こして政治的信用を失墜させた。これはアラブ世界と西洋世界の間に到来する誤解と緊張、そして特に石油をめぐる対立を予兆するような紛争であった。

イーデンの証言はシュペアーのそれと対極にあり、取材はさらに熱っぽいものになった。二人とも第二次世界大戦中はほぼ同様の地位にあった。シュペアーは軍需大臣、イーデンは戦争大臣である。二十世紀は「石油の世紀」と人は定義したがる。しかし私はむしろ「石油と戦争の世紀」と位置づけたい。

緑に囲まれた起伏のある田園地帯を道路は蛇行する。静かで平和な、イギリスのトスカーナと呼びたくなるようなところだ。木陰の道が木製の門の前で行き止まりになった。正面が蔦に覆われた小さな館の周りを、綺麗に刈り込んだ芝生が取り囲んでいるのが外から覗える。シュペアー家と同じように、夫人が現われて門を開けてくれた。ショートヘアー、元気そうな顔、コーデュロイのパンツに絹のブラウス。握手は力強かった。

「こんにちは。エイボン卿夫人です。いい旅でしたか？」

クラリッサ・チャーチルは、夫を介して女王とつながる貴族の称号が明らかに自慢なのだ。アントニー・イーデンは屋敷の玄関で待っていた。沢山の写真やニュース映画で見た姿と変わりない。痩躯、エレガント、にっこりと微笑みかけ、あの永遠の真一文字の口髭こそ今や白くなってはいるが、表情は青年のようだ。絹のマフラーを首に巻き、ライトブルーのカシミアセーターを着ている。

彼は早速扉を左右に開けて私を居間に招じ入れた。壁に架かった沢山の絵の中にチャーチルの大きな肖像画がある。それを鑑賞しながら私は、この葉巻をくわえた人物とイーデンが、ヒットラーとムッソリーニに対してチェンバレンとダラディエ(訳注6)が推し進めた穏健的政治に真っ向から対立した稀な英国人であったことを思い起こした。「戦争を避けるためにあなたは不名誉を選んだ。だがしかし、あなたは戦争と不名誉の両方を味わうことになるであろう」。ミュンヘン協定の後、将来のイギリス首相はこう言い放った。当時外務大臣であったイーデンは、その後も続けられる政治方針への拒否の姿勢を示すために直ちに辞任した。

「精神の挫折」

この時期のことを質問した。立ったまま、両手をポケットに突っ込んで、彼は再び記憶の海に沈潜しているかのようであった。

「あれは信じられないような盲目状態、精神の挫折でした。一九三六年のライン川進駐(訳注7)、一九三八年のオーストリア合邦とチェコスロバキア併合(訳注8)。ヒットラーの意図は誰の目にも明らかでした。しかし大英帝国とフランスの権力の中枢にあった人たちは、のっぴきならない状況を前にして何も見えなくなっていたのでしょう。私は、チェンバレンとへとへとになるまで延々と議論しました。彼は正直な人間ではありましたが、自分の選択が——私は全く正反対に断固、否でしたが——われわれを悲劇から守ってくれるだろうと堅く信じていました。この時、私は政治における意志の重大さについて多くを学びました。そして後になって、一九五六年のスエズ運河問題の時に正解となる選択を下せていたなら、私の信念は皆に受け入れられていたでしょう」

「しかし、そこはチェンバレンも同じだったと言われたばかりですよ」

「そうですね。しかし、チャーチルと私はこの時期、全体主義国家とその独裁指導者を前にした民主主義陣営の指導者たちの信じられないような精神的脆弱性を目の当たりにしたのです。ヒットラーに対して、その次はスターリンに対して、あたかも力が道理に勝り、それどころか道理など取るに足らない恥ずべきもののように屈服し、譲歩したのです」

私はこの五ヵ月前にトリノで行なったフィアットの社主、あの派手なジョバンニ・アンニェッリとのインタビューについて話した。鋭い面構えに灰色のたてがみのジョバンニは、イタリアの政治家、実業家の代表団団長として一九六四年にクレムリンを訪問した時のことを話した。アンニェッリは、一九六〇年代の終わりから共産主義陣営との貿易緩和と経済交流の振興を奨励してきた。フィアット自身もポーランドにラダ(訳注9)の組立工場を設置していた。

「われわれは失脚数ヵ月前のフルシチョフに迎えられた。あの時は失脚など誰も想像できなかった。特に本人は。彼はわが国の大臣たちに囲まれてしばし議論していたが、そこから離れるとにっこり笑いながら私の方にやって来て、みんなに聞こえるような声で言った。

『貴方ですよ、会って色々交渉したかったのは。あの人たちは……』

と哀れな大臣連中を指差し、

『……もうすぐいなくなるでしょう。辞任したり次の選挙で落ちたりしてね。でも貴方は違う。ずっと権力のトップだ（原注4）』

イーデンは笑った。

「これはある意味で私が今話したことの例証ですね。全体主義国家の指導者の権力は、われわれが彼らを挑発して抱かせている軽蔑心と彼ら自身の弱点への無知、この二つが原動力となっている。われわれが弱点をさらけ出すのとは違ってね」

私は次いで、一九三九年にモロトフとフォン・リッペントロップ（訳注10）との間で調印された独ソ不可侵条約について質問した。あれは長続きすると考えていましたか？

「いいえ、決して。ヒットラーとスターリンは対決する前に一休みが必要だった、それだけです」

彼は続けた。

「ボクサーがコーナーの椅子に座って考えているのは相手をKOすることです……私もボクシングをやっていたのですよ」

彼はいたずらっぽく笑った。

「一九三九年のスターリンのフィンランド侵攻には驚きませんでした。チャーチルと私は侵略を止めさせるために、ロシアの油田を爆撃することを勧めました」

私は、シュペアーとの取材と、戦争における石油供給の決定的役割を話した。彼は幅広い褐色の木製本棚の前の深いソファーに脚を組んで座った。

「それはまったく疑いの無いところですね。一九四〇年、フランス侵攻の後、ドイツ軍が貴国の石油備蓄にことごとく手をつけた事がわれわれには非常に心配でした。大英帝国が侵攻された場合には、わが国の備蓄はすべて破壊する予定でした。一九四一年、われわれはアメリカの対日石油輸出の禁止措置に続きました。これがおそらく、日本をして真珠湾攻撃を敢行せしめる要因の一つだったでしょう。一九四二年末まで、われわれの石油補給はまさに余命いくばくも無かったのです。ドイツ潜水艦はひっきりなしに船団を沈めていました。一九四三年の一月、英国艦隊全体で動力燃料の予備が一ヵ月分しか無かったことを思い出します」

彼は付け加えた。

「幸いにしてウルトラがありました。あれがなければ、もう少しのところでアメリカとわれわれとの連絡はドイツに断たれていたかもしれません」

石油不足の強迫観念

趣味の好い家具を置いた居間でイーデン夫妻を前に、私は長い時の流れをひしひしと感じていた。この歴史の秘密は一九七四年になっても不思議にリアルである。世界は複雑化したけれども、一九四〇年当時のようにつねに石油不足の強迫観念の中で生きていて、こんにちの情報科学の飛躍的進歩はあのウルトラが果たした中心的役割を思い起こさせる。ロンドン郊外ブレッチー・パークにある、城壁に囲まれた敷地内で六千人の人間が昼夜、ナチ司令部の秘密の暗号を傍受し解読する作業に携わっていた。

そこで活躍していたのが「爆弾」（訳注11）という異名をとるコンピューターの原型のような装置で、当時では考えられないほどの計算能力があった。計算機部分には二千個以上の真空管が使われ、情報処理の飽くなき欲求を満足させるべく、その文字解析能力は一秒間に五千字を超えていた。

天才数学者のアラン・チューリング（訳注12）が発明したこの装置のお蔭で連合軍が戦争に勝つことができた、と多くの科学者は考えている。

いずれにせよ、この機械が方向を大きく変えた。一九四三年初頭、Uボートは毎日三隻の連合軍の船を撃沈し、一九四二年だけで八百万トンに達していた。話を一九四三年四月四日に戻そう。鮫の大群さながら九十八隻のUボートが大西洋を進撃する。数百時間に及ぶ懸命の計算の結果、ウルトラが敵潜水艦の位置を特定、うち四十五隻を五月初旬に撃沈することができ、連合軍の損害は二万トンに減少した。六月には別の作戦で新たに十七隻を撃沈、連合軍の損害は二万二千トンであった。ここで優勢に立てた影響は大きかった。石油の供給量は増加し、敵の潜水艦隊の志気は落ちた。「数ヵ月で、大西洋における連合軍の勝利は余程の不運でも起こらない限り動かざるものとなった（原注5）」

食卓に案内された。席に着くなり、イーデンが訊ねた。

「ギー・モレ（訳注13）はどうしていますか？」

まったくもって場違いな質問だった。この三年前、ミッテランはエピネーにおいて先輩指導者を最終的に排除する形で社会党の党首に選出された。

「正直なところ、知りません。まだアラスの市長だと思いますが。それ以上は」

イーデンは残念そうな表情を見せた。

「残念ですね。あれは一九五六年でした。彼は本当にすばらしいパートナーだった」

ここで一息に十八年前に駆け戻るとしよう。

フェルディナン・ド・レセップスが計画した、喜望峰を回らねばならない一万五千キロメートルの航路を避けて、中東からヨーロッパへの石油の直接輸送路を可能にする、紅海と地中海を結ぶ全長五十キロメートルのスエズ運河。一九五五年にはヨーロッパ向けの石油の三分の一がこの水路を利用していた。六十年来、イギリス艦隊が運河地帯に駐留し、エジプトのナセル大統領はロンドン政府に対してその撤退を絶えず要求してきた。

「欧米が仕組んだ陰謀」

こんにちでは忘れられがちであるが、この時期は大きな転換点であった。

一九五五年四月十八日はアルベルト・アインシュタインが亡くなった日であるが、この日にバンドン会議(訳注14)が開かれた。ジャカルタから百五十キロメートル離れた水田地帯。その真ん中にある植民地オランダ人向け保養地のアールデコ風停車場に、二十九ヵ国の国家元首が降り立った。彼らは十五億人以上の人民を代表していた。第三世界とは、アルフレッド・ソーヴィーとジョルジュ・バランディエ(訳注15)がフランスの第三身分(訳注16)から類推して作った曖昧で便利な言葉である、その第三世界の国々がここで初めて国際社会の表舞台に登場したのであった。その指導者たちとは、インドのネルー、インドネシアのスカルノ、アフリカのエンクルマ、中国の周恩来、エジプトのナセルである。バンドンに着いてすぐエジプト大統領は周恩来首相に「西洋が仕組んだ陰謀」について打ち明けた。彼は武器の購入を望んでいたのだがフランス、アメリカ、イギリスに拒否されていた。

「ソ連がイエスと言うかどうかは分からない」

周恩来はモスクワとの仲介を申し出、毛沢東への報告書をしたため、エジプトの件に関してこう書いた。

「社会主義陣営が傍観者の立場に留まることは不可能です」


この同じ年、アントニー・イーデンは旧友ウィンストン・チャーチルの後を継いで首相になり、二重の圧力に直面する。どう出てくるか分からない新世界の役者たちの要求にうまく対処し、大英帝国の喪失以来容赦なく衰退する国をやりくりするのだ。


私はこう訊いた。

「振り返ってみて、スエズの危機とそれに続く軍事介入は避けられるという感触はありましたか？」

彼は皿に残っていたグリーンピースをゆっくりフォークでかき寄せた。

「いいえ」

語調が変わる。言葉がはじけ出す。

「……私は最後まで誠意を尽くし、すべて試みたと思っていました。外務大臣だった一九五四年、私は一年八ヵ月間、運河地帯に駐留していたわが軍の撤退交渉に行きました。党内でこっぴどい批判を浴びた交渉でした。一九五五年の初め、首相になる直前にナセルに会いにカイロに行きました」

「その時アラブ語で話されたと聞きましたが」

この思い出に夫人が微笑んだ。

「夫はアラブの古い諺と詩を暗誦しただけですわ。この人には秘密の花園がいっぱいありますのよ。でも確かにナセルはとてもびっくりしていました」

ナセルは武器を求めていたが、彼の国の発展を確かなものにする方法も求めていた。それが、ナイルの水を還流させるアスワンダム建設であった。建設費五億ドル。ワシントン、ロンドン、世界銀行が協同してプロジェクトへの融資に動いた。

「アイゼンハワーとフォスター・ダレス（原注6）は、ナセルがソ連とすでに密接なつながりを作り上げていることを警戒して前言を蒸し返しました。彼らはチトーを支援する方を選んだのです。フルシチョフがロンドンに来ましたが、その時、私は彼に警告しました。貴国が行なっている中東への荒っぽい介入は、欧米の安全と経済にとって死活問題である石油の生産と輸送を危険にさらすことになりかねない。場合によってはわれわれも武力に訴えることになる、と。私はスエズの自由航行を脅かすナセルの声明を読んで聞かせ、こう言いました。『われわれは石油なくしてはやっていけないし、われわれを抑えつけることはさせない』と」

ナセルはヒットラーだ

実際はすべてゲームだった。アメリカがダム建設援助を拒否したことを知ったナセルは、インドの首相ネルーとカイロ行きの機内で「何と横柄な」と呟いた。その夜、彼は文言の作成に入る。運河を国有化し、その収入でアスワンダムの建設費用をまかなう。翌日、アレキサンドリアにおいて二十五万人の聴衆を前にナセルは演説し、アメリカの外交官と対決したと話した。

「彼らはフェルディナン・ド・レセップスに似ている（訳注17）」

これがゴーサインであった。コマンドーたちは運河建設者の名前が発せられると同時に運河の施設を占拠し、カイロでは警察がスエズ会社のオフィスを接収した。

昼下り、曇り空だった。広い窓から見上げた空に厚い雲がたなびいている。テーブルは沈黙に包まれていた。思い出にひたる元首相は、銀のナイフの柄を指の間で回していた。

「ナセルが運河の国有化を宣言してから状況は極めて複雑化し、政治的に操作できる範囲は非常に狭くなりました」

最初の頃に少し気になった彼の訥弁《とつべん》が目立つ。

「わがアメリカの友人たちは、言わせてもらえば、非常に曖昧な態度をとっていました。彼らは、自分が火を点けた危機に巻き込まれるのは全面的に拒否しながら、われわれにソ連を中東に入れるな、とねじ込んできたのです。アイゼンハワーは、再選を目論んでいた大統領選を数ヵ月後に控え、軍事介入という言葉は使ってほしくなかったのです。朝鮮戦争が終わったばかりのアメリカにとって、すぐまた戦争などあり得ませんでした。私が何を言いたいか分かりますか？　ナセルはわれわれが決して軍事介入しないと確信していましたが、アイゼンハワーもまったく同じように考えていた、ということです」

「貴方に武力の使用を検討させたのは何だったのですか？」

「ナセルですよ、まさしく」

「彼をヒットラーになぞらえたのは貴方ですか？」

表情が険しくなり、彼は事件の単なる回想を通り越して、悩みの深淵にまた沈んで行った。私は、イーデンの家族が戦争で重い犠牲を払っていることを思い出した。二人の兄弟が一九一四年と一九一六年に前線で戦死し、彼の長男は第二次世界大戦中に戦死している。

「文明の生命線」

「確かにその見方は変わらなかったですね。彼の『革命の哲学』は丹念に読みました。彼は石油を『文明の生命線』と規定し、アラブ人が石油資源の支配を手にするための議論を展開しています。石油が無ければ、世界の工業国のすべての機械とすべての道具は単なる鉄の塊に過ぎなくなるとも言っています。それはまさしく、一九七三年以来われわれが置かれている状況です。確かに私は、彼のことをヒットラーになぞらえました。ヒットラーは条約を破棄し、一九三六年にラインラントに進駐しました。ヨーロッパの生命線を国有化したナセルはそれと変わらない。これを許せばまた次の譲歩が待っている。どんな惨めな結果を招くことになるでしょうか？　カイロで最後に彼に会った時、私は運河がイギリスにとって中東からの石油の供給と複合的に結びついた不可欠な存在であるという事実に固執しました。彼は『産油国は生産した石油の利益の五十パーセントを受け取っている。ところがエジプトは、運河の収入の五十パーセントを受け取ってはいない』と反論した。そして『同じパーセンテージ』を要求したのです」

いずれにせよ、この危機においてイーデンが選んだ答えはイギリスと同盟国にとって致命傷となった。

フランスの首相ギー・モレはイギリス同様、ナセルが失脚すれば直ちに彼が支援するアルジェリアの反乱も崩壊するという見方をしていた。イスラエルはといえば、エジプトが最大の脅威であった。一九五六年十月二十九日、イスラエルはシナイ半島にミサイルを撃ち込む。三十日、パリとロンドンから運河地帯の占領政策が発せられる。フランス落下傘部隊が降下し、三十一日にイギリス空軍がエジプト軍の飛行場を爆撃する。

「アイゼンハワーが貴国の裏切りを責めたというのは本当ですか?」

彼は首を横に振った。

「いいえ。でも彼との話は難航しました。ぴりぴりした雰囲気でした。彼は、われわれが作戦を停止しなければナセル側に味方して軍事介入すると脅しました(原注7)」

急に声に力が無くなった。彼が舐めさせられた苦渋と屈辱の思いは、年月を経ても癒されてはいないのだ。最後に打ち明けてくれたこの話で、その後の政治の激しい攻防の説明がつく。アラブ世界の政府と世論は、イギリスへの憤怒をあからさまにし、イギリスは中東における最後の場所を失ったばかりか、石油をめぐるかけひきの貴重な地塁を、平和主義的行動で評価されたアメリカに横取りされたのである。ナセルはといえば、アラブ大衆と植民地人民の英雄となった。ここに、石油資源の支配を目論む無慈悲なる戦いの舞台が整ったのではないだろうか。

年収一千万ドル

辞去する前、やりきれない思いで力なく肩を落としているイーデンと敷地内を散策した。イギリスの一流日刊紙が書いたイーデンへの政治的墓碑銘が頭に浮かぶ。「彼は、大英帝国が依然として強大な力を持っていると信じた最後の首相であり、もはやそうではない事を証明することになる危機に直面した最初の首相でもあった」。

スエズ運河は一九五六年から一九七五年まで閉鎖され、国際石油資本は喜望峰経由の迂回路を余儀なくされた。また、増加する世界的需要に応えるため三十万トンから五十万トン級のスーパータンカーを装備せざるを得なくなった。一九五六年は不思議な年であった。危機は往々にして何かの前触れである。この年は、みんな平気でこう訊いたものだ。それにしても、どうしてあんなに心配する必要があったのか？

先進工業国はついに戦後から抜け出し、ふんだんに湧き出る石油のお蔭で繁栄を勝ち取った。実際の話、石油の産地がどこかなど、誰も気にしてはいなかった。

英仏の軍事行動は現実的懸念に呼応していた。一九五六年、ヨーロッパはペルシャ湾地域から消費量の八十パーセントを輸入し、その六十パーセントがスエズ運河を通過していた。一九五六年の冬から一九五七年にかけてのこの水路の閉鎖と石油不足は、国際石油資本に一大機会主義あるいは大破廉恥行為とさえ言えるふるまいを許したのである。彼らはこぞって、ヨーロッパ向けの重油を一トン当たり一・五ドル、原油を二ドル値上げした。この値上げはアメリカの国内市場にも打撃を与えた。ジェームズ・ヘップバーンは、この原油価格の値上げはアメリカの消費者に百二十五億ドルの、そしてヨーロッパの消費者には五億ドルの負担を強いるだろうと繰り返し言った。スエズ運河危機は、エクソンに一億ドル以上の追加利益をもたらした。エクソンの利益は、一九五七年上半期でテキサコ二十四パーセント、ガルフ三十パーセントに比し、十六パーセントの伸びを示した。一九五六年、中東とペルシャ湾地域で五大国際石油資本（メジャー）は年間十億ドルの利益を上げていた。（原注8）

突発的事件によって根底から崩された大英帝国を前に、アメリカ政府は外交戦略の助けとなり情報戦略と軍事戦略にも利用できる石油資本への支援を決めた。この政治かけひきを強く示すのが一九五七年の、それまではイギリスに支持され経済的に援助されてきたヨルダン国王ハッサンのアメリカへの鞍替えである。

原注1：著者との対話、一九七八年。
原注2：筆者との対話、ラジオ番組「フランス・キュルチュール」一九七二年。
原注3：筆者との対話、ラジオ番組「フランス・キュルチュール」一九七二年。
原注4：筆者との対話、一九七三年。
原注5：アントニー・ケイブ・ブラウン著『嘘のボディーガード』ハーパー&ロー、ニューヨーク、一九七五年。ウィンストン・チャーチル著『回想録』プロン。デビッド・カーン著『暗号解読者たち』マクミラン、ニューヨーク、一九六七年。F・W・ウィンターボサム著『ウルトラ・シークレット』ハーパー&ロー、ニューヨーク、一九七四年。
原注6：国務長官。当時CIA長官のアレン・ダレスの兄。
原注7：筆者との対話、ラジオ番組「フランス・キュルチュール」一九七四年。
原注8：ジェームズ・ヘップバーン、前掲書。
訳注1：正式にはミッテルバウ・ドラ収容所。一九四三年にチューリンゲン地方に、ブッヘンヴァルト収容所の付属施設として建設された。主目的はV—2ロケットなどの武器製造で、一年半の間に六万人が収容され、内二

万人が死んだ。ここの地下工場でヴェルンハー・フォン・ブラウンがロケット開発に従事していた。一九四五年四月に連合軍に発見され解放された。地下工場などは取り壊されたがトンネルなどは保存され、現在は博物館となっている。

訳注2：ハンナ・アレント（一九〇六〜一九七五）アメリカの歴史学者で政治哲学者。ドイツ生まれ。ハイデッガーに師事。全体主義の研究で有名。著書に『革命について』『人間の条件』『暴力について』『エルサレムのアイヒマン、悪の陳腐さについての報告』など多数。

訳注3：ダイナマイトを発明したアルフレッド・ノーベルの弟ルドヴィック・ノーベルは銃器メーカーの父の要望で銃床用のくるみ材を調達するためコーカサス地方に入った。そこでバクー油田の採掘権を得て戻ってきた。以後、ロシアの油田はノーベル一族が管理した。

訳注4：ニコラ・サルキス。一九三五年シリア生まれ。法学、経済学博士。OPEC顧問でアラブ石油センター所長、専門誌『アラブの石油とガス』主幹。

訳注5：社会主義国化するエジプトのアスワンダム建設援助を米英が撤回すると、一九五六年七月にナセル大統領がスエズ運河国有化を宣言。国際スエズ運河会社を所有する英仏は武力干渉を決定、イスラエルを誘い込み奪還を図った。十月、英仏支援によるイスラエル軍のシナイ半島侵入により第二次中東戦争が始まった。続く運河地帯の進軍を巡って英仏は国際世論から激しく非難され、国連緊急会議で英仏イスラエル撤退要求が決議された。アメリカも英仏を非難、ソ連も加わり、十一月、英仏はエジプトを撤退。一九五七年七月、イーデン首相は責任を取って辞任、マクミランが首相になる。これでナセルは一気にアラブナショナリズムの中心的指導者となる。

訳注6：エドゥアール・ダラディエ（Edouard Daladier 一八八四〜一九七〇）。フランスの政治家。首相を二回経験した後、一九三六年に急進社会党党首となりレオン・ブルム人民戦線内閣に参加。第二次世界大戦勃発時に三度目の首相に就任、一九三八年のミュンヘン協定に調印した。この宥和政策には懐疑的であったが、フランス軍がドイツと戦える状態でなかったため時間稼ぎとして宥和政策をとった。協定調印後、民衆の大批判を覚悟していたダラディエは、戦争が回避されたとして逆に大喝采を受け、側近のレジエに「馬鹿どもめ」と

言ったという。独ソ不可侵条約を締結したスターリンを断罪しなかったフランス共産党を厳しく攻撃した。一九四〇年、フィンランド支援失敗の責任をとって首相を辞任。一九四〇年五月、ドイツのパリ占領前日にモロッコに逃亡、臨時政府樹立を画策したが失敗、ヴィシー政権に捕らえられ、終戦までドイツの捕虜収容所に抑留された。戦後は反ドゴール派の国会議員、アヴィニヨン市長を歴任した。

訳注7：一九三六年、ヴェルサイユ条約によって非武装地帯と定められていたラインラント地方（ライン川東岸）にドイツ軍が進駐した。フランスは激しく抗議したが武力介入する力はなく、イギリスもこれを黙認した。

訳注8：一九三七年、日独伊三国防共協定。一九三八年三月、ドイツ、オーストリアを合邦。二月、イーデン首相、対伊妥協を拒否し辞任。四月、フランス、第三次ダラディエ内閣（急進社会党）。ドイツ、満州国を承認。九月、ミュンヘン会談（ヒットラー、ムッソリーニ、ダラディエ、チェンバレン）。ドイツ、ズデーデン地方併合。一九三九年三月、ドイツ軍チェコスロバキア侵攻、併合。八月、独ソ不可侵条約。九月一日、ドイツ軍ポーランド進撃。九月三日、英仏対独宣戦布告、第二次世界大戦始まる。

訳注9：ソ連製の自動車の一つ。他にモスコヴィッチ、ジグリ、ボルガなどが作られた。

訳注10：一九三九年八月二十三日、モスクワで交わされた独ソ不可侵条約のこと。ヒトラー＝スターリン条約とも呼ばれ、この両者が手を結んだことは、全世界に衝撃を与えた。期限は十年間で秘密議定書が付属し、東ヨーロッパにおける独ソの勢力範囲を画定し（バルト三国、ルーマニア東部のベッサラビア、フィンランドなどをソ連の勢力範囲とする）、独ソ両国によるポーランド分割が合意されていた。後にバルト三国がソ連から独立する際、この秘密議定書を根拠に主権の回復を主張することになる。これは双方の獲得目標の確認作業にすぎず、一時的な休戦に過ぎなかった。一九三九年九月には両軍がポーランドに侵攻して分割占領した。ソ連は同年十一月三十日フィンランドに侵攻した（冬戦争）。一九四一年六月二十二日にドイツは同条約を破棄、暗号でバルバロッサと呼ばれた対ソ攻撃を開始した。

訳注11：「ウルトラ」あるいは「爆弾」とされている初期コンピューターは、英国中央郵便本局の技術者トミー・フラワーズが設計した「コロッサス」（ロードス島の巨像の名）と思われる。プロトタイプは一九四四年二月にブレッチー・パークで作動し、ドイツのロレンツマシンで暗号化されたエニグマ（謎）というテレタイプ端

末のメッセージを解読した。

訳注12：アラン・マティソン・チューリング（一九一二〜一九五四）。イギリスの数学者、暗号解読者、コンピューター開発の先駆者の一人。第二次大戦の勝利に大きく貢献したが同性愛を追及され、それを苦に自殺した。

訳注13：ギー・モレ（一九〇五〜一九七五）フランスの政治家で第四共和制大統領。一九四六年から一九六九年まで社会党書記長を務めた。

訳注14：一九五五年四月十八日、インドネシアのバンドンで聞かれた第一回アジア・アフリカ会議の通称。インド、中華人民共和国、エジプト、インドネシア、日本などアジア・アフリカの二十九ヵ国の代表が参加した。会議の主旨は、①反帝国主義、反植民地主義、民族自決の精神の確認、②米ソどちらの陣営にも属さない第三勢力の存在の確認、③米ソ対立を緩和する立場、④基本的人権、国家の平等、内政不干渉、などのバンドン平和十原則の採択であった。

訳注15：「第三世界」という言葉はフランスの週刊誌「ロプセルヴァトゥール（L'observateur）」一九五二年八月十四日号のアルフレッド・ソーヴィーの記事に始めて登場した。〈…しかるに、この第三身分と同じように、無視され、搾取され、軽蔑されている第三世界もまた何者かでありたいと欲しているのだ…〉。ソーヴィーは人類学者で歴史学者。この言葉を一緒に考えたバランディエも人類学者。

訳注16：フランスの身分制度で貴族、僧侶の下に置かれた平民階級を指す。

訳注17：エジプト革命四周年の一九五六年七月二十三日の三日後、アレクサンドリアのマンシイヤ広場でエジプトのガマル・アブダル・ナセル大統領が数万人の聴衆を前に演説した。エジプトは数日前にアメリカのダレス国務長官からアスワンダム建設資金の借款を断られたばかりであった。緊迫した空気が支配する中、ナセルは演説で世界銀行頭取のユージン・ブラックを「担保植民地主義の営業マン」と揶揄し、スエズ運河を建設したフェルディナン・ド・レセップスの様な男だ、と言った。聴衆は笑い、喝采した。まさにこの時、エジプト人コマンドーはポートサイドのスエズ運河会社本社を襲撃しようとしていた。〝レセップス〟は秘密作戦実行のゴーサインだった。ナセルはコマンドーが聞き漏らさないように三度繰り返したという。本社の警備は手薄で、占拠作戦は無血で成功した。

第四章　「石油は私たちのものではなかった」

産油国の人々が石油に対してどのような見方をしていたかを初めて知ったのは、ニコラ・サルキスの話を聞いてからだ。

「シリアの故郷の村から数メートルのところにイラク石油会社のパイプラインが通っていた。子供の私は、この宝の泉が地中から噴き出て積出港に続くパイプラインに注がれるのを見て育った。でも、私たちは家でも学校でも寒さに震えていた。あの寒さは思い出しても体の芯まで凍えるようだ」

彼は続けた。

「私の母は、夜明けに起きて夜間に凍りついた戸や階段の氷を砕き、子供らが目を覚ます前に少しでも家の中を暖めるため、めったに手に入らない薪を燃やした。石油は私たちのものではなかった。石油は地球の血どころか、西洋のためだけの血だった（原注1）」

あれはベイルートだった。一九七四年六月、レバノンの首都は十五年もこの国を戦火にさらすことになった内戦の前夜だった。われわれのいた丘の上から見えるベイルートの街は、散発的な銃撃事件は起きていたがまだ平静というか、休戦状態にあった。

サルキスはアラブ石油研究センターの所長で、イラクとアルジェリアとリビアによる国有化の鍵を握る人物であった。彼が専門誌『アラブの石油とガス』を創刊したのは元サウジアラビアの石油相でOPEC創立者の一人であるアブダラ・エル・タリキ（訳注1）との共同であった。タリキはサウジの石油を搾取していたアメリカの石油コンソーシアム、アラムコを主とした石油資本を過激に批判したことでファイサル国王に罷免され国外に追放された。

「石油と安い水」

よく皮肉っぽく笑うが、心の温かい男サルキスが問題の背景を説いてくれた。

「企業は石油に関する正真正銘の知的テロリズムを画策していた。一九五九年から一九六七年の間にカイロ、ベイルート、アレキサンドリアでアラブ石油会議が五回開かれたが、会議報告のほとんどすべてが利権所有企業によって出されたもので、アラブ人が石油事業に手を出さない方が身のためだ、ということを顕示する目的以外の何物でもなかった。いかにもアラブのためを思っていますよ、という見せかけだった。企業側は、彼らが呼ぶところの受託契約の『神聖なる性格』を共有すべく、コーランと福音書を援用した。アラムコは、これらの契約を改変することはイスラムの教えである神の言葉に背くものであることを示すためにアラブ人の法律学者まで起用した。現地での精油所の開発に抗議し、また税制改変を示唆するために敢えて声を上げたアラブ側代表者も若干いたが、彼らは激しい非難を浴びせられ、企業側代表から侮辱され愚弄された」（原注2）

アントニー・サンプソン（訳注2）はこの同じ時期にこう書いている。

「西洋世界は石油も、安い水もどちらも自然現象であると思っていた。石油の値段が下がっても、まだ高いと言った。バレル価格を設定するのに、石油会社と産油国政府間で何分のいくつにするかのシビアーな議論が交わされた。誰でも参加できる、この言わばつかみ取り大会で、産油国に人一倍多くの取り分をあげようなどとどうして認めることができよう?(原注3)」

消費と開発に関してはアメリカがリーダーシップをとった。そしてカール・ゾルバーグ教授によれば、「アメリカは頂点に向かう軌道に乗った。この新しい原料が初めて発見されて以来、専門分野では驚きの連続だった。欧米では、石油の流体性、加工のしやすさ、高エネルギー性、その優れた化学的価値などの研究が進み、経済的、資本主義的ベンチャーがすばらしい成果を挙げた。石油なしに企業は何もできなくなった。一九五〇年から一九七〇年までの間に数千万バレルもの石油が採掘され、その価格は下落、それを利用して欧米の工業国は飛躍的発展を遂げた(原注4)」

一バレル当たり一・二〇ドルから一・八〇ドル

ジャン・ジャック・セルヴァン・シュレベール(訳注3)と彼の著書『アメリカの挑戦』の準備と編集の仕事をしていた時、私たちはこの価格の問題とその年々の推移に興味を持った。そこで明らかになった事実は理解を超えるものだった。一九〇〇年には一バレルは一・二〇ドル。三十年後のウォール街の大暴落と欧米の経済恐慌の時期に〇・一五セント下がった後、一・一九ドルにおさまった。一九三〇年代半ば、ルーズベルト大統領による経済復興政策、ニューディール政策下では一・一〇ドル。真珠湾奇襲攻撃を受けてアメリカが参戦した一九四一年には一・一四ドル。連合軍の勝利、ドル中心の新通貨体制、マーシャルプラン実施(訳注4)、国際連合の発足等が続く中で一・二〇ドル。冷戦体制の始まり、ベルリン封鎖、一

九五〇年直前にヨーロッパは東西に分裂、一・七〇ドル。一九六〇年、バグダッドでOPEC設立、一・八〇ドル。(原注5)

つまるところ、石油資本は完全な自由行動と引き換えに、この資源を欧米諸国の経済発展のために提供したのである。町も、運輸も、研究施設も、要するにその繁栄のすべては石油から生じ、石油に依存する。この原材料にもっとふさわしい値段をつけるべきだとは誰も一瞬たりとも夢にも思わない。西洋世界は、自分たちのために特別に定められた自然の摂理の恩恵に与っていると信じ込んでいるようであった。

燃料はもちろんのこと、石油はおよそ三十万種類の製品の重要な原料として、肥料、医薬品、殺虫剤、衣料、合成繊維、化粧品、補助栄養プロテイン、農薬など生活や仕事のあらゆる領域に関わっている。数え上げればきりがない。われわれは完全に石油に頼りきっている。だからどうだというのだ? 世界は、このエネルギー源を取り出し作り変えることに懸命で、車のいない道路、飛べない飛行機、停泊したままの船、トラクターの無い農地、暖房の無い家、学校、病院など誰も想像しない。

それで当たり前だと思い込んでいる。石油産業の最前線では、力関係は大企業に大いに有利である。モサデク首相が石油の国有化を決定した一九五一年のイラン石油危機は、石油資本のやり方を白日の下に曝した。一九四四年から一九五三年にかけて、イランの石油開発の純利益は五十億ドルで、そのうち五億ドルが低価格の重油の形で英国海軍にまわされ、三億五千万ドルが株主への配当となり、十五億ドルが英国国庫の収入となり、二十七億ドルが減価償却費と再投資資金として英イラン石油会社(BP

を含むコンソーシアム）（原注6）に支払われている。

一方、イランが受け取った油田使用料といえば、一九二〇年以前は……ゼロ、一九二一年から一九三〇年までが六千万ドル、一九三一年から一九四一年までが一億二千五百万ドル、しかもその大部分はイギリスやソ連が使用した軍事品の現物支払いで片付けられている。

一九五一年にはイランはアメリカ式四二ガロン入りバレル（一ガロン＝三・七八五リットル）当たり一八セントを受け取っている。イランはまた、油田から発生する天然ガスを英イラン石油会社は焼却しているが国内で使用できると訴えた。

一九四五年、アメリカでは二千六百万台の自動車が走っていたが、五年後にはその数は四千万台を突破し、ガソリンの売り上げはこの年だけで四十二パーセントも上昇した。石油が主要エネルギー源として世界的レベルにおいて石炭を凌駕したのは一九六七年であるが、アメリカではこの転換はすでに一九五〇年から一九五一年に始まっていた。

大戦直後のアメリカの石油輸出は輸入を上回っていたが、一九四八年に入るとすぐにその関係は逆転する。アメリカは国産の石油を留保し、供給源を中東の産油国に求め、国際的な石油供給国であることを止める。一九六五年、中東の産油高は初めてアメリカを超えた。

アメリカ政府のへつらい

本書の執筆のため証言を聞き取材を続ける中で、私はアメリカ連邦政府が石油資本の幹部にゴマをすっていたことを知った。

ドワイト・アイゼンハワーは、一九六一年一月、民主党のアドレー・スティーブンソンと戦った大統領選に際し、石油企業グループの資金援助がどれほど勝利に貢献したかが「軍需産業界」の陰に隠れて忘れられていると注意を促した。

一九五二年、大統領を辞職する数日前、ハリー・トルーマンは、推定埋蔵量が当時の貨幣価値で二千五百億ドルとされた北米大陸沿岸の大陸棚の油床を「国家備蓄」用に指定した。彼はこの資源を国防省の権限下に置くように念を押したが、それはこの国の安全に不可欠な石油が民間の利益に使われるのを避けるためであった。彼の法案は辞職後、議会で検討された。新大統領アイゼンハワーのもとで下された決定はトルーマンとは正反対であった。新法は各州に対して、海底の油床の所有を五キロメートルから十七キロメートルまで認め、フロリダ州とテキサス州は二十キロメートルまで認めるというものであった。(原注7)

この決定はまさしくエドガー・フォール(訳注5)が危惧したことであった。

「もし国家が石油政策を司るならば、石油所有者が国家の政策を司るであろう(原注8)」

そして実業家ジョン・ジェイ(訳注6)にこう言わしめた。

「石油を所有するものが国を動かす」

一九二〇年にはすでにハーディングが石油業界の大々的な援助を受けて大統領に選ばれ、この業界の要人二人が政権に登用された。(訳注7)八十年後、ジョージ・W・ブッシュが政権の座に就くとこれと同じシナリオが書かれた。

エコノミストで超リベラルのミルトン・フリードマンの憤慨記事が『ニューズウィーク』の一九六七年六月二十六日号に掲載された。

「石油業界ほど自由を謳歌している業界は少ない。一握りの企業が政府との癒着で得た特権を利用している。こうした特権は国家の安全の名の下に保護されている。国内混乱がすぐに石油の輸入と供給に影響するがゆえに、確とした石油産業が必要だ、と言われている。アラブ―イスラエル戦争が、石油産業に特権を与える必要を追認せしめるほどの大混乱であったか。この戦争を口実にできるか？　私はそうは思わない（原注9）」

ジェームズ・ヘップバーンはこうした特権のすべてを列挙した。

――石油生産者の所得の二十七・五パーセントが、石油備蓄が枯渇した時の補償として所得税から控除されている。この控除により、石油産業に対する課税率が他の産業よりも実質的に低くなる。

――テキサス州、オクラホマ州および他の数州の産油州においては月間に石油を採掘できる日数と採取量が制限される。これは主として、石油の高価格を事実上維持させる「確保」措置である。

――アイゼンハワー大統領は、一九五九年に石油の高価格を確実に維持するために海上輸送による石油の輸入量割当を一日当たり百万バレルと決めた。

輸入石油は、一九五〇年～一九六〇年では国産の石油より一バレル当たり一ドルから一・〇五ドル安かった。輸入認可証を保有する石油企業は、年間四億ドルにものぼる闇の補助金を連邦政府から受けていた。この措置がアメリカの消費者に跳ね返った分は、年間三千五百億ドルに達する。一バレル当たり一・二五ドルの通関料は輸出制限に作用し、通関料収入は石油企業ではなく連邦政府のものになる。

――こうした石油業界への特別措置が廃止されたなら、消費者価格は大きく下がるであろう。(原注10)

取材を続けるうち、伝説的に言われてきたこととは全く逆に、アメリカでは石油事業は最低の経済的リスクも伴わないビジネスであることがわかった。その事実を見事に示しているのがヘイバー教授の研究である。

「わが連邦政府の税制は累進課税主義に基づいているとされる。所得が高ければ税額も高くなる。しかし、石油事業に携わる納税義務者の場合においては、この主旨は全く正反対の形で適用されている。原油生産と販売の純利益が高くなると課税率がより低くなる。石油探鉱は一言で言えば、国税を相手にした、表か裏かのごく単純なルールのコイントス勝負である。それも、表ならこちらが勝ち、裏ならそちらが負け、というものだ。どちらにしても国税の負けと決まっている。高い課税率は石油産業にとっては重荷ではなく利点となる。この課税率が高いほど、探鉱事業の（課税後の）実質コストはわずかとなる」(原注11)

「表ならこちらが勝ち、裏ならそちらが負け」

石油業界はその特権のほとんどすべてについて、彼らが「平和の血、戦争の神経」であるアメリカの石油「確保」を管理していることを理由に正当化している。油田の大部分は実際のところ月に二、三週間しか生産していないし、一九六〇年のテキサスでは油田の操業は月に九日、最大採取可能量の三分の一しか採取しなかった。一九六〇年六月十八日、演説席に立ったウィリアムズ上院議員は、二年前に石油ロビーグループの上院議員たちに却下された修正法案を提案した。この法案について未来の大統領リンドン・B・ジョンソンはこのように発言している。
「この修正法案は、アメリカのすべての税制に巣食う不正行為を無くすことを目的としたごく控え目な試みであります。（続けて）私は、名称については明記を避け、頭文字だけに留めた石油企業二十八社の毎年の収支決算表を議事記録に掲載しました。これらの文書は、五年間に六千五百万ドルの利益を得たある会社が税金を支払わなかっただけでなく、政府から十四万五千ドルの還付金を受け取っていたことを証明しています（原注12）」

ブッシュ一族と9・11に関する私の検証では、両者はアメラダ・ヘス（訳注8）という名の石油会社の上で交差する。この会社と現大統領、現在のサウジアラビア王室との間には古くからの緊密な関係がある。筆者はまた、本書の出版準備中に衝撃的な発見をした。

アメラダ・ヘスに課せられた連邦政府からの税金は非常に低額で、年間の貸借対照表においても取るに足らない数字である。

この会社は第二次世界大戦中にかなりの利益を上げているが、超過利益についても税金は一切払っていない。さらには一九四三年と一九四四年の税負担は逆に下がっている。一九四四年、売り上げ千七百万ドル、純利益五百万ドルに対しアメラダは連邦税を二十万ドルしか収めていない。この特別待遇は戦後になるとさらに厚くなる。一九四六年四月、反資本主義左翼とはとても思えない『フォーチュン』誌ですらこう書いている。
「アメラダの税務状況はまさにビジネスマンの夢だ。この会社は嫌なら連邦税を払わなくても済むのだから。これは原油生産者に対して認められているきわめて妥当な課税規定によるものだ（原注13）」

一九五二年、会社は純利益千六百二十九万六千六百五十二ドルを計上したが税金は一セントも払っていない。


「赤い首長」


らくだ引きの息子から身を起こし、その後ニコラ・サルキスのパートナーになるサウジアラビアの熱血石油大臣アブダラ・エル・タリキは、こうした事実をすべて知っている。このナセル崇拝者でアラブナショナリストは、アメリカをよく理解している。彼はテキサス大学に学び、テキサコに地質学者として勤務した。彼はテキサスに点在する二万基の油井に詳しい。

「バーでもホテルでもレストランでも私をメキシコ人だと思って入れてくれなかったがね」

彼は、メジャーの独占取引や二重帳簿を追及した一九五二年の連邦貿易委員会の証人喚問など議会の公聴会も熱心に傍聴した。

サウジアラビアに戻ってからタリキは、王国に必要とされていた幹部となるべきアメリカ留学組サウジ人高等テクノクラート世代の先駆となった。しかしこの男は単なる実務屋ではなかった。彼は石油産業の内実、その手法、権謀術数もよく理解していた。王国擁立者の息子のサウド王（訳注9）から石油大臣という戦略的ポストに指名されたが、新大臣の急進的政治経済政策に強く反発する王の弟で王位継承者のファイサル王子（訳注10）に真っ向から敵視される。タリキは瞬く間に「赤い首長」と綽名された。欧米の資本家や石油資本の幹部は彼のことを油断ならぬ手強い交渉相手と見て警戒したが、サウジ王室の一部、もっと正確に言うと実権を握っている一族も、彼の非妥協的な考え方からそれまで蒙っていた多大な経済的恩恵が危うくなるのが心配になった。

一九五〇年の終わり、メジャーにとって石油産業は雲一つない晴天そのものであった。スエズ危機は英仏軍の撤退によって単なる通行トラブルでしかなくなり、産油国は相変わらず無能なままである。唯一穏やかでないのが一九五五年以降石油市場にどっと流れ込んできた、世界的過剰生産を誘発しかねないソ連の石油の競争力であった。困ったことにモスクワは安値で売る。当時のCIA長官アレン・ダレスがアイゼンハワーに送った報告によると、「自由世界は、現在の市場を崩壊させ得るソ連の力によって、極めて危険な状況に直面している」(原注14)のであった。

この数年間にCIAが作成した報告書はどれも安心しすぎか、または危機感をあおりすぎるものだった。この報告は後者の部類に属する。モスクワは欧米諸国を破壊するつもりは無い。だが恒常的な経済的、財政的困難にさらされ、強い外貨を獲得するために手持ちのたった一枚の切り札を使ったのだ。究極、石油は欧米の繁栄の鍵を握るものだが、モスクワとその衛星国の共産主義体制が生き残るためにも不可欠である。

イタリアのENI(原注15)会長エンリコ・マッテイは「セブンシスターズ」に仮借なき戦いを挑む男であるが、彼はロシアの石油を中東よりもバレル当たり六十セント安い値段で買う協定に調印した。

やりすぎ

一九五九年、国際石油資本の幹部たちが一時しのぎとも思われる一つの決定を下したが、これはやりすぎととられることになる。

過剰生産で下がった価格を補塡するため一九五九年二月、国際石油資本は一バレルの公示価格を一方的に十八セント引き下げる決定をした。この決定は、産油国の国家予算の主財源である油田使用料収入を十パーセント引き下げることになった。産油国から完全なる侮辱と受けとめられたこの措置は、次の段階に進むきっかけになっただけだ。一九六〇年の七月、ニューヨークの摩天楼も所有する世界一の富豪ロックフェラー一族のシンボル、ロックフェラーセンターの一角に陣取る世界的石油企業エクソン社長モンロー・ラスボンは、取締役会に一バレル十四セントの急遽の引き下げ準備措置の採決を問うた。数日のうちにシェル、BP、モービル、アモコの他社もこの秘密決定に右へならえした。これはまごうことなき衝撃で、エクソンの顧問で中東の事情通であるハワード・ペイジはこれがどういう結果を招くことになるか、ただちに評価を加えた。

「これを実施すれば、世界中の空から雷が落ちてくる。どれほど大変なことか、そしてどれくらい続くか、皆さんはご存じない」

彼は間違っていなかった。歴史学者レナード・モスレーは言う。

「このニュースはみるみるうちにアラブ世界を駆け巡り、各地の反響たるやまるで一九一四年のサラエボ事件に匹敵するくらいだった（原注16）」

引き下げた当初の価格から、会社のメカニズムが見える。会社は子会社を通して世界の主要な油田を管理し、子会社は採取した原油を親会社に売り、そこが世界市場に分配する。これら子会社は、まず安い値段の原油を親会社に売り、産油国家の使用料収入はこの作為的低価格をスライドさせたものであった。次に、親会社が世界の相場で原油を売る。その価格はアメリカの原油価格をスライドさせたもので、当然高くなっている。それがかなりの利益を約束し、産油国の収入は相対的に少ない。

このシステムが、より良い分配を約束するとされる「フィフティ・フィフティ」(訳注11)契約(原注17)にとって代わられると、石油企業は買い取り価格を石油相場の停滞を理由に作為的に低く設定し、巧妙な帳簿操作で利益の一部をカムフラージュした。

一バレル当たり十四セントの値下げが、産油国には原油一トンにつき七・五パーセントの引き下げに相当することから、産油国の政府は真実がつねに自分たちの目から隠されていると感じた。リヤド、バグダッド、カラカスの権力者たちは石油会社が街のスタンドで売っている精製した石油にこの引き下げを反映させておらず、その正反対であることを苦々しく確認した。

数週間後、カイロでの石油に関する初めての会議で、サウジアラビアのタリキはヒルトンホテルの一室でベネズエラの石油大臣アルフォンソ・ペレス(訳注12)と会った。二人の組み合わせは火と水のようなものであった。アルフォンソは「知恵者」、タリキは「活動家」。この二人が「ＯＰＥＣの萌芽」となる同盟の基礎を築くことになる。

現在の大統領ウーゴ・チャベスは前任大統領たちの扇動的でポピュリスト的なやり方を踏襲しているだけだ。ベネズエラは合衆国に対して深い憤りを感じてきた。一九三七年以来、この国はエクソンを主要相手に世界の石油輸出量の四十パーセントを確保してきた。一九三八年、このアメリカの巨人とシェル、ガルフはベネズエラの石油をテキサス産の石油と同じ値段で売る搾取グループを構成した。一九四八年、石油会社と交わされた協定を厳正なものにしようとする傾向の「アクシオン・デモクラティカ」

（民主主義行動派）が権力を奪取すると、アメリカの援助を受けた軍事評議会が政権を転覆させた。

「ＯＰＥＣは存在しない」

アルフォンソとタリキは、出会いを通して「価格構造の防衛を図り、国有石油会社の創立を検討する石油諮問委員会」を創設することで意見が一致した。プロジェクトは壮大だが、漠然としたものだった。

一九六〇年九月十日、サウジアラビア、ベネズエラ、イラン、クウェートの各石油大臣がバグダッドに到着し、特別な会議を開こうとしていた。イランのシャー（訳注13）もサウジ王国と同様、予定の入金を目減りさせる引き下げの押し付けに激怒していた。この集まりの中心人物タリキは、石油をアラブパワーの武器にせよ、というナセルの戦略を実行すべき時が来たと考えた。イラクの首都でとられた選択は決して偶然の産物ではなかった。

王国を転覆し、王を処刑したばかりの軍人カシム（訳注14）は国際石油資本との交渉を始めた。カシムは独裁者でペテン師にすぎなかった。これはその後イラクを受け継いだ男たちも同じだ。しかし、当時高揚していたアラブナショナリズムはその象徴的存在を渇望していたのである。

会議開催後早々、代表者たちは彼らの主たる敵を指さした。国際石油資本である。そして石油輸出国機構（ＯＰＥＣ）という組織の設立を決定し、国際石油資本に対して安定価格の設定と引き下げ措置の即時撤廃を要求した。また、国際石油資本メジャーに将来産油国政府に事前に打診することなくこのような価格引き下げを進めることは差し控えるよう要求した。

これ以降、しばしば活躍の舞台を見せるＯＰＥＣの誕生は非常に地味なものであった。

この行動の音頭をとったアルフォンソ・ペレスは、この集まりについてこう語る。

「われわれはきわめて閉鎖的なクラブを作った。われわれだけで原油輸出の世界市場の九十パーセントをコントロールする。そして今われわれは手を繋ぎ合って事を進めている。われわれは歴史を作っているのだ[原注18]」。ＯＰＥＣは一足跳びに前進する。

クウェート代表の一人が、アントニー・サンプソンにこう語っている。

「石油カルテルが存在しなかったら、ＯＰＥＣは決して生まれなかったであろう。われわれは国際石油資本の例を見習ったにすぎない。被害者は教訓を無駄にはしなかったのだ[原注19]」

この赤ん坊はどうせ未熟児か虚弱児か、欧米のマスコミはどこもＯＰＥＣの誕生についてコメントしなかった。「セブンシスターズ」のうちの一社のある幹部が言った。

「ＯＰＥＣは存在しない」

ある人がはっきりと言った話であるが、石油業界の誰一人としてこの「見込みの無い」発意を真剣には受け取らなかった。


「わざと損害をこうむったことにされるがよい」

設立後一ヵ月、ベイルートでの会議に石油資本の代表が出席した。そこで初めてＯＰＥＣは注目を引いた。彼らからすればタリキは叩き潰すべき人間で、彼が法廷さながら、国際石油資本を、利益の数字を操作し、そうすることによってそれまでの七年間に二十億ドル以上を産油国から巻き上げていた、と告発するのを聞いて石油企業の代表たちの怒りは膨れ上がった。タリキは続けて、サウジの石油を開発しているコンソーシアム会社のアラムコを、免税対象の油田がまだ収益を伸ばしているのに、その利益を隠匿し「フィフティ・フィフティ」協定を三十二対六十八に改ざんしていた、と告発した。企業側は、輸送の際に多大の損害をこうむったことを持ち出して反論を試みた。サウジの石油相はこれを逆手にとる。

「どの段階で帳簿に利益と記入するか逆に損失と記録するか、そこが肝心のようですね？　利益を精製や商品化を担当している貴社の海外子会社の収入に回せるように、わざと損害は輸送でこうむったことにされるがよい。あなた方はどこかでこの金を儲けたわけだが、どう転んでも子会社でもない会社に売ることなど滅多にないでしょうから（訳注15）」

ＢＰの幹部が、開発会社と産油国はすべての計画において実際に協力関係にあると認めると、タリキはさらに言った。

「あなたは、われわれがすべての計画において結託していると言われる。しかしあなた方が儲けた金はそちらの懐に入る。損をすると値下げで解決しようとする」

そして結論的に言った。

「われわれの出した数字に賛成できないのなら、なぜそちらの数字を示さないのですか？（原注20）」

彼は拍手喝采の中を退席した。タリキは、参加者の目にはこの新しい組織の喧嘩魂の象徴のように映った。一産油国の責任者が、論拠のしっかりした理屈で初めて石油資本と真正面から堂々と渡り合ったのである。あるアメリカ人の石油企業幹部はこの新たな状況をこう要約した。

「タリキを生み出し、石油産業の秘密を暴露させてしまったアメリカは、自分たちが将来の敵まで教育してしまうことを証明した」

「石油業界のゴッドファーザー」

だがしかし、アラブ世論の人気を高めたタリキの軌道は早くも終局にさしかかる。彼は多くの敵を作った。西洋はもちろん、自国にも敵を作った。彼はサウジの石油開発を行ない、エクソン、モービル、シェブロンを再結集した強力コンソーシアム、アラムコとの対決を決断した。(原注21)彼は、これら国際石油資本が「最近の数年間に彼らが得た収益のうちわれわれの分として」一億八千万ドルをサウジ王国に払うべきだと主張した。彼はまた、アラムコが行なった「不当な搾取」をOPECの前で大々的に告発すると恫喝した

石油資本は、タリキの姿勢とその波及効果を心底から懸念した。一九六一年一月にジョン・ケネディが権力の座についた。その彼を「石油業界のゴッドファーザー」あるいはまた「政界の法王」とさえ異名をとる謎の人物が訪問した。この男ジョン・マックロイは、本人が「フィラデルフィアの線路の向こうの貧民街生まれ」と好んで言うように、つましい家庭の出身であった。苦学してハーバードを卒業し、その優秀な頭脳と才覚でウォール街屈指の弁護士となり、ロックフェラー一族のおかかえとなった。(原注22)

第二次世界大戦中に国防省次官に任命され、一九四五年には駐ドイツ高等弁務官に転任した。彼の経歴から実業界の胡散臭さのすべてが見えてくる。アメリカ最大の鉄鋼会社USスチールは大戦中、顧問弁護士マックロイのお蔭でルール地方にあった工場を守り、ドイツで大きな収益を上げることができた。その時マックロイはペンタゴンのナンバー2としてルーズベルト政権の中枢にいた。

高等弁務官として彼が下した最初の決定の一つが、ヒットラーに対して非常に貴重な援助を与えた鉄鋼王アルフレッド・クルップの恩赦である。ニュルンベルグ裁判で有罪となったクルップは、一九五一年二月三日に損害賠償金という名目で、彼には小遣い銭のような五千万ユーロ（約七十億円）を払って釈放された。

この冷戦時代にマックロイが指揮したアメリカの戦略とは、共産主義隣国の狙いに対し、ドイツ連邦共和国の独立と安全を保障する新しいコンビナート群と鉄鋼所を立ち上げるために、この企業の力量に賭けるものであった。マックロイの助けがあって初めてアルフレッド・クルップは、連合軍司令部に委託させられていた鉄鋼会社の支配権を同族会社経由で取り戻すことができた。

その後、このアメリカ人弁護士はフォード財団の理事長を歴任し、世界銀行の頭取となる。彼は、政界と財界の接点で決定権を握っていた非常に稀な人物である。彼を軍備、安全、国防の管理に関する次官に任命したのはケネディである。しかし、マックロイには大統領との密接な関係を説明するもう一つの顔があった。彼は長年にわたって七大国際石油資本「セブンシスターズ」の顧問弁護士で、ケネディに彼らの懸念を伝えていた。もしタリキがＯＰＥＣ加盟国の団結に成功すれば、石油資本のみならず輸入国全体が困難な局面を向かえることになる、と。

ＣＩＡはＯＰＥＣを二行で片付けていた

メッセージは完璧にケネディに伝わり、すぐに答が出された。一九六二年三月十五日、アブダラ・エル・タリキは解任され、サウジアラビアのマスコミはこの件についての報道禁止命令を受ける。亡命を余儀なくされたタリキはベイルートに逃れ、そこでニコラ・サルキスと組むことになる。サウド王と、後にファイサル王となる彼の異母弟は反目を隠して和解する。彼らは、アラムコとの力比べにかかる財政負担と、この地域に増大するソ連の脅威にアメリカがそっぽを向きはしないかが気がかりでならなかった。

現実には、この「石油の春」と呼ばれる産油国の「反乱」は長続きしなかった。ＯＰＥＣ加盟国は、高価格の維持を可能にしたテキサスの例（訳注16）に似た、原油生産の効果的な割当てのシステムを作成するための相互理解もできず、それぞれの分け前を頂戴して唯々諾々と陥落していった。各企業はそれぞれの産油国政府と個別に交渉し、分け前に色を着けるなど工夫していた。

スイスが、ジュネーブ在住の事務局員に外交官のステータスを認可することを拒否したため、ＯＰＥＣはきわめて短命に終わりそうになる。一九六五年、本部はウィーンに移転した。これはこの上なく密かに行なわれた。事実、どの新聞にも報道されなかった。

オーストリアの首都の選択は、ＯＰＥＣに与えられていた二級のステータスを見事に象徴している。ウィーンは没落した都市であり、飛行機の便も悪く、当時はホテルのインフラも整っていなかった。石油輸出国機構はテキサコ所有の醜悪な現代建築に入居した。ビルの正面にはテキサコの文字が掲げてあった。貧乏な店子が適当な家が見つかるまで仕方なく仇敵の家に身を寄せている、といった格好であった。

この産油国集団は多大なる期待には応えられそうもなく、六〇年代半ば頃はある種小馬鹿にされていた。ＣＩＡが一九六六年に発行した中東の石油を展望した四十頁の報告では、ＯＰＥＣはたった二行で片付けられている。
ＯＰＥＣに対するこの過小評価は、大部分がサウジアラビアの曖昧な態度によるところが大きい。サウジは完全にワシントン追従主義であった。一九六五年にＯＰＥＣの幹部がリビアのトリポリで生産管理と国ごとの生産量を設定しようとした際も、タリキの後を受けたサウジ石油相シェイク・ヤマニは欠席していた。世界最大の黒い黄金の産出国の政策はつねに変わらなかった。生産を増やし価格を下げる。輸入国が求める二つの優先事項である。

イスラエルがエジプト、シリア、ヨルダンの軍隊を粉砕した一九六七年の六日間戦争では「アラブの同胞」に石油武器の使用を懇願する声が上がった。貿易封鎖の兆候は刹那的なものに終わる。貿易封鎖の最初の被害が、彼ら自身の経済に及ぶことが分かるのにはほんの数日で十分だった。彼らには、長期の中断が与えるショックを持ちこたえるだけの財源が用意できなかった。

リヤドのファイサル王の金庫は一週間で空になり、アラムコからの援助もまったく期待できないことに気がついた。シェイク・ヤマニの計算では、おおよそ三千万ドルの収入が消えた。

しかし筆者は、ある人物からこの事実経過はまったく違うときかされた。モハメド・ヘイカル(訳注17)である。彼はナセルの顧問も務めた腹心であり、決定的な場面にはつねに傍らにいた男だ。私はカイロに行く度に必ずギゼーを訪れ、ナイル川の断崖の上に建つ彼のアパートに行く。彫りの深い顔立ちに微妙な笑いを見せるこの男は、長年にわたりアラブメディア界最大のグループ、アル・アラムのトップの座にあり、屈指の情報通でもある。

「貿易封鎖は事実上、実行不可能だったし、一度も適用されはしなかった。アラブの石油輸出国は、イスラエルの攻撃の数時間後に最大限ぎりぎりのところで供給を中断した。アラブの原油は、理論的には貿易封鎖の下でアメリカとイギリスに向けて送られ続けていたのだ。サウジアラビアは、ためらいながらもナセルの圧力に押されて貿易封鎖に参加した。しかしほとんど格好だけだった。現実には、あの時起きた原油価格の引き上げは、何よりも一九五六年以降のスエズ運河の閉鎖に起因するものだ」

出来立てのほやほや、足並みはばらばらの貿易封鎖であったが、その失敗の原因の一部はイランとベネズエラといった加盟国が、産油量を増やすためにこの機会を利用したことにもある。イスラエルの主要支援国とみなされたアメリカは、中東からの石油輸入量が少ない（一日当たり三十万バレルに満たない）ので打撃を蒙らなかった。逆に、ベネズエラあるいはアメリカに利権を所有する米系企業は相当の利益を得た。

原注1：ニコラ・サルキス、エリック・ローラン共著『アラブ影響下の石油』
原注2：ニコラ・サルキス、前掲書。
原注3：アントニー・サンプソンとの対談、一九七五年二月『セブンシスターズ』（一九七五年ロンドン、ホッダー＆ストングトン）より。
原注4：カール・ゾルバーグ著『オイルパワー』ニューアメリカン・ライブラリー、ニューヨーク、一九七六年。
原注5：ジャン・ジャック・セルヴァン・シュレベール著『アメリカの挑戦』ファヤール刊、一九八〇年。
原注6：一九〇九年創立の英ペルシャ石油会社が一九三五年に英イラン石油会社に改称、一九五四年にＢＰとなる。

原注7：アメリカ合衆国を除くすべての国で石油は国に帰属する。アメリカでは油田は土地所有者（個人または州）に帰属する。ジャン・ラエレール『フュチューリーブル』三一五号参照。
原注8：エドガー・フォール著『戦争と平和の中の石油』ヌーベル・レビュー・クリティック、パリ、一九三九年。
原注9：ミルトン・フリードマン、『ニューズウィーク』一九六七年六月二十六日号。
原注10：ジェームズ・ヘップバーン、同上。米国上院「一九七四年多国籍企業聴聞委員会」ワシントン。ギルバート・バーク、『フォーチュン』誌一九六五年四月号。
原注11：ポール・ヘイバー著「加速減価償却、許容消耗総額とパーセンテージに関する統計調査」。
原注12：上院議事録より。連邦議会図書館、ワシントン、一九六〇年。
原注13：『フォーチュン』一九四六年一月号。
原注14：CIA「中東の石油」一九六〇年十一月二十二日。キャビネット・ミニュッツ、一九五八年七月二十五日、ワシントン。
原注15：イタリア国有石油（Ente Nazionale Idrocarburi）
原注16：レナード・モスレー著『パワー・プレー』ロンドン、一九七三年。
原注17：産油国と石油会社間の分配
原注18：レナード・モスレー著前掲書
原注19：アントニー・サンプソンとの対談、一九七五年二月『セブンシスターズ』（一九七五年、ロンドン、ホッダー&ストングトン）より。
原注20：現代中東研究調査センター記録、ベイルート、一九六〇年。イアン・シーモア著『中東経済調査』一九六〇年十月二十八日。
原注21：Arabian American Oil Company の略称。
原注22：リチャード・ロヴィアー著『アメリカン・エスタブリッシュメント』ハーコート・ブレイス&ワールド、ニューヨーク、一九六二年。

訳注1：アブダラ・エル・タリキ（Abdallah el-Tariki）はサウジアラビア建国前の一九一九年、ラクダ行商人を父にカシム地方の小さな村で生まれた。奨学生としてカイロ大学に学び、地質学と化学の学位を取得した。新たな奨学金を得てテキサス州立大に留学、石油地質学を専攻しテキサコに入社、カリフォルニアでアメリカの石油探鉱技術をマスターする。サウジアラビアに戻り、経済省所属の石油事業監督局長となる。ナセルのアラブ・ナショナリズムに傾倒、一九六〇年に石油大臣に就任し、産油国の指導的メンバーとしてOPECを設立させた。以後、「赤いシェイク」の異名をとる急進派となり、国際石油コンソーシアム「アラムコ」の国有化を主張した。しかし周囲の閣僚には支持されず、親米反共のファイサル王に国外追放されたが、ファイサル死後の一九七五年にサウジに戻ると、その思想的立場を変えることなく石油関連の出版活動を行い、今も多くの若者の支持を得ている。アラムコは一九八〇年に国有化された。

訳注2：アントニー・サンプソン（Anthony Terrell Seward Sampson、一九二六〜二〇〇四）。イギリスの作家。一九五〇年代に南アのヨハネスブルグで雑誌『ドラム』を刊行。帰国後はイギリスの国家活動と大企業をテーマに著作活動を続けた。『セブンシスターズ』『ITT王国』『武器市場』『真実のマンデラ』など著書多数。ネルソン・マンデラとは友人関係にあった。

訳注3：ジャン・ジャック・セルヴァン・シュレベールはフランスの週刊誌『レクスプレス』の創刊者。ルモンド紙の国際政治経済記者を務めた後、フランソワ・ジルーと『レクスプレス』を創刊。アメリカの自由市場政策を支持し、大統領になる前のケネディを表紙にしたことで有名。一九六七年にエッセイ『アメリカの挑戦』を著し、ヨーロッパとアメリカの経済対立のメカニズムを解き明かした。二〇〇六年十一月死去。八十二歳。

訳注4：第二次大戦後にアメリカが計画、実行したヨーロッパ復興計画。一九四七年六月五日にハーバード大学の卒業式でマーシャル国務長官が提案した。大戦で疲弊したヨーロッパの国々に無償または無利子で援助を行なうことを骨子としたもので、早期復興により共産主義陣営の進出を食い止めようとする狙いであった。チェコやポーランドはこれに興味を示したがソ連の強い圧力から参加を撤回、以後東欧諸国の衛星国化が進んだ。

訳注5：エドガー・フォール（Edgar Faure、一九〇八〜一九八八）。フランスの政治家、歴史家、随筆家。二十七歳でフランス弁護士会最年少の弁護士となり、第三共和制時代に急進党に入党した。ドイツ占領時代はレジス

タンスに入り、アルジェリアでドゴール亡命政権に参加。ニュルンベルグ裁判ではフランスの検察側代表になった。戦後、国民議会議員に当選し、急進党の党内右派としてマンデス・フランスと対立、最終的にはドゴール派となった。ドゴール政権下で経済大臣、首相、外務大臣、農業大臣、教育大臣、社会福祉大臣を歴任。一九七四年の大統領選ではドゴール派のシャバンデルマスに対抗するジスカールデスタン支持に回った。風見鶏と綽名されたが「変わるのは風向き」と答えていた。著書も数多く、政治、経済、歴史、哲学と幅広く、一九三〇年には『戦時と平時の石油』を著している。

訳注6：ジョン・ジェイ・マックロイ（John Jay McCloy、一八九五〜一九八九）のこと。アメリカの法律家、銀行家。戦時中は大統領顧問として影響力を持った。広島原爆投下に反対したことで知られている。ナチスには協力的で、IGファルベンの理事を務めヒットラーとも親交が厚く、連合軍のアウシュビッツ爆撃に難色を示したといわれている。戦後は在ドイツ米軍高等弁務官の地位にあり、その期間中にクルップやフリックなどナチス協力者財界人の恩赦が行なわれている。その後、チェイス・マンハッタン銀行の頭取、フォード財団理事長、ロックフェラー財団理事を務めた。ケネディ、ジョンソン、ニクソン、カーター、レーガンと歴代米大統領の顧問でもあった。ケネディ暗殺事件の調査機関であるウォーレン委員会のメンバーとして、事件の真相を解明不能と結論し、捜査を打ち切った人物でもある。石油関連においては終始一貫、セブンシスターズの利益のために行動し、ロックフェラー財閥や大統領とのつながりから「アメリカの黒幕」とも呼ばれた。

訳注7：ハーディング政権の閣僚と石油業界との汚職スキャンダルは有名だが、石油業界の要人が閣僚であったかどうかは定かではない（訳者）。一九二二年、ハーディング政権の内務長官アルバート・フォールはカリフォルニア州ブエナビスタとワイオミング州ティーポット・ドームの油田の採掘権を談合でマンモスオイル社とパンアメリカン石油運輸社にリースした。フォールは賄賂の収受と違法な融資の見返りに国有油田を取引き相手に貸し出したことで有罪判決を受け（国有油田の貸し出しは合法的行為であった）、一九三一年に閣僚としては初めて刑務所入りした。ミラー在留外国人資産管理局長は収賄で有罪、スミス司法長官補佐官は証拠文書を隠滅した後自殺した。資金の着服、収賄、密造酒および麻薬取引を行なったフォーブズ退役軍人局局長は懲役二年を宣告され、フォーブズの補佐官クラマーも自殺した。

訳注8：ニューヨークに本社がある総合中堅石油会社で二〇〇六年にアメラダ・コーポレーションに社名変更。アメリカ東海岸に千二百の給油所を経営している。一九一九年に創業されたアメラダ社は、大恐慌時代を切り抜け、採取事業に一本化した後、戦後急成長。一九六八年、ヘス・オイル社に企業買収されアメラダ・ヘス社となったが、実際はアメラダ社が買収資金を出していたとして株主の追及を受けた。一九七二年、株主総会での代理人投票に不正があったとして検事局に訴追され、一九七六年、連邦裁判所は合併の理由とした両者の資産査定に虚偽があったことを認めた。会長のレオン・ヘスはアメリカン・プロフットボールのニューヨークジェッツのオーナー。一九六五年にタックス・ヘブンのヴァージン諸島に精油所を作り十六年間にわたり税を免れた。ヘスは、ヴァージン諸島に新工場を立て雇用を促進したい、として島で新たに免税措置を取りつけたが、約束は果たさず、新工場はニュージャージーに建設された。

訳注9：一九五三年に亡くなった建国王アブドゥル・アジズを継いで王位に就いたのが長男のサウドで十一年間王座にあった。財政的に問題を抱えたサウド王は一九五八年、周りから異母弟のファイサル王子に政治を任せるよう迫られ、ファイサルを首相に任命する。王国経済はすぐに回復、ファイサルは一九六二年に経済開発の大改革を実行し、王室の大半と宗教指導者が彼を真の王と称えたが、ファイサル自身は首相の地位にとどまった。一九六三年にサウドが病に陥ると、ファイサルは王の側近を次々と追放し、病気から回復したサウドに執権職を求めた。サウドがこれを拒否すると、ファイサルは国軍に王宮を包囲させ武力で権力委譲を迫った。サウドは降参、ファイサルに執権の座を与えた。

訳注10：執権となったファイサルの経済再建政策は原油生産の増加も手伝って大成功を治めた。彼は、インフラ整備に投資し、農工業助成金を与え、経済基盤を整えた。行政区画制度を確立、福祉制度も近代化した。将来的人材育成のため大学を増設、欧米に大量の留学生を送るなど様々な改革を行なった。一九六五年にはテレビ放送を開始、一九七〇年には法務省を設立、この国最初の経済発展五ヵ年計画に着手した。ファイサルは、守旧派の反対の中でサウジ近代化を徹底する一方、反体制派の弾圧も厳しく、クーデターの危険に備えていた。イスラム性を重視し、憲法の条文化の要求に対しては「コーランが憲法である」とはねつけた。一九六五年にはアラムコ労働者の組合結成を禁止したが、その代りに年金、社会保険を拡充させ不満を抑えた。き

わめて親米的で反共主義者のファイサルは汎イスラム主義を唱え、アラブ・ナショナリズムのナセルと対立、折しも起きたイエーメン内戦はサウジとエジプトの代理戦争の様相を呈した。一九七三年の第四次中東戦争では原油輸出禁止措置を断行し、これが石油危機の発端となった。これによってアラブ世界でのファイサルの名声は永久不滅なものとなった。一九七五年三月二十五日、ファイサルはマジリス宮殿で甥のファイサル・ビン・ムサドに拳銃で暗殺された。ムサドは精神異常とされたが、同年六月リヤドの広場で公開処刑された。

訳注11：アラムコはそれまで（一九五九年当時）のBPがイラン、イラク、クウェートで押し付けてきた僅かな分け前分配とかトン当たりのロイヤリティまたは税、といった独占的手法を改め、折半にすることを産油国に提案した。これでも国際石油資本は帳簿操作で利益を生むことができた。さらに、産油量と価格は〝セブンシスターズ〟が決定し、アメリカの技術で産油量は簡単に調整でき、価格操作は自由にできた。フィフティ・フィフティ契約では、原油価格が低いと産油国の利益は少なく、逆に国際石油資本は税金を抑え、下流部門は「適正価格」で安定した利益を上げた。欧米や日本は安い石油で戦後初の経済発展を実現した。産油国には僅かな利益しか無かった。

訳注12：アルフォンソ・ペレス（Alfonzo Perez、一九〇三〜一九七九）はベネズエラ、カラカスの貴族階級に生まれた。当時はゴメス将軍の独裁政権下にあり、ペレスはベネズエラ中央大学時代に民主主義活動家のロムロ・ベタンクールと知り合う。二人は生涯の同志となり、非合法のベネズエラ民主党を結成した。ペレスは特に石油について学習を重ね、一九四五年に連合政府が樹立され、ベタンクール大統領の下で産業奨励大臣になったペレスは石油問題を何よりも重視、以後閣僚として、一九四八年には石油産業の統制を法制化した。またもクーデターでベネズエラはヒメネス独裁政権に舞い戻り、ペレスは国外亡命を余儀なくされた。ふたたび祖国が民主化され、ベタンクールが大統領に返り咲くと、ペレスは鉱山石油大臣として中東産油各国を巡り、OPEC創設へと歩み出した。晩年は若者たちを相手に革命的立場を説き続けた。アメリカで死んだ彼の遺灰は海に撒かれた。

訳注13：モハマド・レザー・シャー・パーレビ（Mohammad Reza Shah Pahlavi、一九一九〜一九八〇）は一九四一年に王位に就き一九七九年二月十一日のイラン革命で王座を追われた。パーレビ王朝第二代目君主でイラン王

国最後の皇帝であった。シャーは天然資源の国有化、婦人参政権などイラン近代化を進めたが土地改革、民主化、シーア派の衰退など失敗も指摘される。急激な近代化とイスラエルを承認したことでシャーはシーア派の支持を失い、イスラム右派と対立し共産主義勢力を台頭させた。宰相モサデクとの対立から独裁性を強めたシャーはイランを恐怖政治に落としいれ、自ら革命を引き寄せることになった。革命によってイランは王国からイスラム共和国に変わった。

訳注14：アブドル・カリム・カシム。一九五八年にイラク王政を倒した急進派ナショナリストの指導者。アメリカの後押しで成立したバグダッド条約から脱退、石油の一部を国有化した。一九六三年バース党のクーデターまでイラクを支配した。

訳注15：原油を子会社に売った時の利益を帳簿上少なくするために、輸送上の原油の損失という架空の超過経費を計上する。それによって子会社は実際には通常の利益五十パーセントに加えて「輸送上の損失分」に当たる量の原油を獲得する。損をしたと見せかけて子会社に金を落とすからくり。

訳注16：一九三〇年代、テキサス州やオクラホマ州では石油価格を統制するため採掘割当法を発布し、州兵を動員して油田の乱掘を監視した。それでも違反者は続出した。月夜に採取し、偽装したトラックやバンで輸送した。または罰金の方が儲けより安いので（罰金は千ドル）堂々と違反するものも少なくなかった。一九三四年から一九三五年の全盛時代にはテキサスだけで日産五万五千バレルもの違法採取があったとされる。

訳注17：モハメド・ヘイカル（Mohamed Hassanein Heikal、一九二三〜）。エジプトを代表するジャーナリスト。カイロの日刊紙〝アル・アラム〟編集長。ナセルと思想的立場を共にした。『ナセル・カイロの記録』『ラマダンへの道』『獅子の尾を切る』『イラン革命の内幕』（時事通信社）など著書多数。現在、アルジャジーラ・テレビで毎週木曜日にアラブの歴史や現代史を講演しており、若者に人気が高い。

第五章　大変化の源、リビア

この時期を通して、アフリカの地中海沿岸に位置する、大部分が砂漠で覆われたある国は、「アラブの団結」を見事なまでに無視し、ヨーロッパ、そしてアメリカに向かう石油を満載した平坦なタンカーが自国の停泊地から出航していくのを許し続けていた。一九六五年、リビアはすでに世界第六位の石油輸出国で、全輸出量の十パーセントを占めていた。一九六七年には一日に三百万バレルを生産し、一九六九年には産油量はサウジアラビアを超えた。さらに信じられないのは、十四年前、第二次世界大戦でロンメルとモンゴメリーが戦線を張って対決した岩と砂漠のこの土地で、石油鉱床がまったく発見されていなかったことだ。

ヨーロッパとこれほど至近距離にありながら、これほど無視されていたリビアであるが、この国こそが古い秩序を一掃し、新たな力関係を生み出す大変化の源となる。

一九五一年に独立を勝ち取って以来、この旧イタリア植民地は石油をメジャーに独占させないことを決めた。その当時の大臣が語る。

「われわれは石油の発見を急いでいた。最初に独立系の石油企業を相手に選んだのは、彼らが西半球ではリビア以外にほとんど石油関連の利害関係が無かったからだ」

リビア産の石油は、こうした企業が独自の販売網を使って「セブンシスターズ」と太刀打ちできるチャンスを提供した。リビアの石油は生産コストが安く、質も高く、硫黄分も少なく、ヨーロッパ市場にも近い。独立系企業なら石油を大企業より安い価格で売り、身のある利益を実現してくれる。

実業界最大のベンチャー企業家

リビアの老王イドリス（訳注1）はこう言っていた。

「私は、大企業が湾岸地域でかくも長く行なった支配をこの国でさせないために、わが王国の門戸を皆に開放する」

しかしイドリスは石油を嫌悪していた。彼は毎朝若い妃を伴って浜辺を散歩し、数キロ離れたトブルクの港で積み込むタンカーからこぼれた黒い液体で汚れた砂を見ては嘆息していた。

しかしある日、一人の男が現われて王のおぼえ宜しきを得る。すでに年輩で落ち着きがあり、格とした風情のこの男は、クーフラの砂漠をオアシスに変えてみせると言った。クーフラは王の生地であり、尊敬してやまない父の墓があるところだ。

純心な王君は、最大の略奪者にして実業界最大のベンチャー企業家、ドクター・アーマンド・ハマー（訳注2）の鋭い爪にしっかりと摑まれてしまった。この男の人生には信じられないような物語が次々に展開し、そこに石油業界の内幕を見ることができる。

彼が年契約で借りていたロンドンのクラリッジホテルのスイートルームで私は初めて彼に会った。彼は、自家用飛行機ボーイング・オクシーワンでロサンゼルスから戻ったばかりであった。外見は非常に対照的だった。きれいにカールした白髪、格好のよい眼鏡、ほとんど肉食獣のようなバイタリティ溢れた風貌。背は低いががっしりした体に権力者の匂いを発散させ、金属製の鈴のような硬い声でわざとゆっくり話す。周りの人たちが忙しそうにばたばた動き回っているのだが、彼は私にこう言った。

「今日のように仕事の話が無い日は退屈だ」

身長せいぜい百六十八センチ、しかし彼のグループ会社、オクシデンタル・ペトローリアム（訳注3）は売り上げ百九十億ドルを数える。

数週間後、私は彼に随行してモスクワに行った。今まで彼の長期出張に同行した者はいない。私は彼に関する本を書きたいと申し出、本人はそれが気に入ったようだった。しかしもうすぐ本が出版される頃になって、私の暴露内容に怒った彼は弁護士グループを使って出版差し止めを画策した。だがそれは成功しなかった（原注1）。

この初の出張の機会に私は、彼の自家用機ボーイング727オクシーワンが、機首に黒くイニシャルを書いている以外には胴体に認識番号を付けていないことに気がついた。この飛行機は補助燃料があれば無着陸で九千キロを飛行できる。ハマーは毎年ほぼ二回世界一周し、百二十平方メートルの機内はエレガントで落ち着いたサロンに改装され、他にも部屋が沢山ありビデオと大量のチャップリン映画のコレクションが収められている。

ソ連の上空を飛ぶ許可を得ているのは彼の自家用飛行機だけだ。機内のハマーは、ひっきりなしに電話を掛けては世界横断の旅をマンハッタンを横切る程度の次元にまで短縮する。時差を手玉に取るように、彼は日夜世界中の自社や取引相手と連絡を取り、つねにプレッシャーをかけ続けている。

モスクワで、彼は私に贈り物をしてくれた。クレムリンの、レーニンが最後に座っていた一九二三年十月十九日当時のままに保存された執務室を見学させてくれたのだ。レーニンの執務室は長い楕円形の部屋で、壁は暗い色の壁紙が張ってあった。部屋の中央にある小さな机のまわりは山積みの地図と本箱。向かいの赤いクロスの掛かったテーブルの上にはカール・マルクスのポートレートと、レーニンお気に入りのプレゼントや思い出の品々が飾ってある。中でも一番変わっていたのは、チャールズ・ダーウィンの著作集の上にしゃがんで人間の頭蓋骨を手にじっと見つめている高さ三十センチほどの猿のブロンズ像だった。ブロンズ像を手に取って案内役が言った。

「ウラジミール・イリイッチはこの贈り物が特にお気に入りでした。彼は言っていました。終末の戦争で人類が絶滅したとする。一匹の猿が人間の頭蓋骨を見つけて一体どこからこのような物が来たのかと興味をそそられるのだ、と。（案内役はそこで一呼吸おいた）これは有名なアメリカ人資本家アーマンド・ハマー氏が一九二一年にレーニンを訪問した時のプレゼントです」

それから数時間後、赤の広場とクレムリンの城壁を臨む彼の広いアパート――これはソ連指導部からの贈り物である――で会ったハマーはご満悦だった。そして言った。

「誰がなんと言おうがビジネスはビジネス。でもね、ロシアは私のロマンなのさ」

オデッサ生まれのユダヤ系アメリカ人の医学生が――彼はドクターと呼ばれるのを好む――実際にレーニンの友人になった。彼は飢饉と戦う人たちを救うために、アメリカの余剰農産物市場で小麦を買い付け、船をチャーターしてウラルまで送った。その代金は、数知れぬ巨匠の名作やファベルジェの卵（訳注4）などツァーの美術品コレクションで支払ってもらった。彼はミシガン州のディアボーンにいた偏屈反共主義者のヘンリー・フォードを訪ね、ソ連に工場建設することを薦めた。ハマーと会ったロックフェラーは、トロツキー言うところの「ホワイトハウスに鎌と鉄槌の旗をなびかせる」のが夢のボルシェビキ政権を経済的に支援することを決定した。

この実業家が、ソ連では伝説的人物であることがすぐに分かった。『イズベスティヤ』に働く友人のジャーナリストが、この一年前にモスクワ芸術座で演じられた前売り興行の芝居の話をしてくれた。「タク・ポビエディィエン」（我らかく勝利せり）という題名の戯曲である。「レーニンの晩年を描いたもので、ハマーとレーニンが語り合う場面があった。初日の晩、彼は党幹部の個室で第一書記のチェルネンコとゴルバチョフの隣に座っていた」

ハマーは、ビジネスが政治を、少なくともその最も暴力的な本能を手なずけられることを見抜いた最初の人間である。億万長者となったハマーはカリフォルニアで引退生活に入り、世界でも有数の印象派絵画のコレクションを充実させ、イタリアのクリスティーからレオナルド・ダビンチの手稿を五百五十万ドルで分捕る。手稿はその後ビル・ゲイツの所有になった（訳注5）。競売の結果について質問されたハマーは「誰も私より高値をつけなかった。そんな政府も無かった」。

カダフィの憎悪

一九五六年、ハマーはロサンゼルス郊外に日産百バレルの石油を産出する油井一基を所有するオクシデンタル・ペトローリアムという倒産寸前の小さな会社を五万ドルで買い取った。彼は間もなく友人の一人で、貧相な顔つきの世界有数の資産家の一人、ポール・ゲティ（訳注6）の貴重な助言を受ける。

「石油業界で一旗上げるなら、中東に行くべきだ」

ハマーはイドリス王のリビアに白羽の矢を立てた。一九六八年、彼は大方の予想を裏切って十六社の競合の中から最も希望の多かった利権のうち二つを頂戴した。それは地中海沿岸から一五〇キロメートル離れたシルト盆地にある面積四千五百平方キロメートルの風吹きすさぶ不毛の砂漠であった。ハマーは自慢げに言う。

「私がモノにできた理由は、リビア人の自尊心を最も受け入れた人間だったからだ」

交渉に関わったオクシデンタル・ペトローリアムの最高幹部たちが明らかにしたところによると、実際は大量の資金がスイスの銀行にあるイドリス王の実権派取り巻きたちの無記名口座に振り込まれたからである（原注2）。

彼はペルー・アマゾン流域の真ん中に広大な利権を所有していた。彼とワシントンからペルーへ旅した時、彼はこう漏らした。

「石油事業はボーリングを開始するまでは何も難しいことは無い。一回のボーリングに二、三百万ドルかかる。最初の開発が無駄だと分かった時、まだ続けるかどうか、度胸が試されるのはそこだ」

リビアの場合も最初はこれと同じで、会社は三ヵ月で二千万ドル以上費やした。ハマーは難局にさしかかった。破産の恐れが色濃くなってくると、重役会はこの仕事から尻込みした。開発責任者のユージーン・リードは失望の色を隠せなかった。

「リビアはお兄さん方向きの土地だ。われわれは小粒すぎて歯が立たない」

間もなくウォール街でのオクシデンタル・ペトローリアムの株価は九十セントを割る。


ハマーはしかし、全員の反対を押し切って開発の続行を命令する。数週間後、ある岩盤地帯の穴が貫通した。油層には大量の石油が充満していた。そこからポンプも使わずに際限なく原油が噴出した。ハマーはトリポリ空港に降り立った。共同開発者たちはハマーが正しかったことを認めた。日産五十万バレルという世界でも有数の大油床を手中に収めたのだ。その時最初にまず何をしたか彼に訊ねた。

「作業員たちにおめでとうと言い、開発責任者のユージーン・リードの方を振り返って冷やかな顔で言ってやった。『どうだい、俺たちもお兄さん方の仲間入りってわけだ』とね」

この発見を祝うため彼は砂漠のど真ん中で盛大なレセプションを催し、リビアの全要人、外交関係者一切合財、多数のアメリカ上院議員と閣僚など八百人を超える客を招いた。特別機でヨーロッパから花や食料品を運ばせ、数時間の間イドリス王に鎮座してもらうエアコン付きの建物まで建てた。このパーティーにハマーは百万ユーロ（約一億四千万円）を使ったが、これから手に入る利益に比べれば全く取るに足らない金額の投資であった。

このパーティーを見て、強烈な反感を抱いた若いリビア人将校がいた。彼は、招待客を乗せた飛行機を操縦する任務についていた。これでもかとばかりの贅沢騒ぎ、ハマーと外国の招待客にへつらうリビア人首脳の姿に憤激したこの青年将校は二年後に権力を奪取し、ハマーの成功の上に成り立った脆弱な城を倒壊させることになる。カダフィである。

枢軸国より多い石油

アメリカ人は勝利の味を噛みしめていた。これ以降彼は、第二次世界大戦で枢軸国（ドイツ、イタリア、日本）が有していたよりも多い埋蔵量を所有することになる。オクシデンタル・ペトローリアムの株価は彗星のごとく九セントから百ドルに急上昇した。この一発逆転ポーカーゲームに「セブンシスターズ」は唖然としたが、それはすぐに苛立ちに変化し、アメリカ大使をして妙な婉曲的言辞を弄してこう言わしめた。

「オクシデンタルがリビアという舞台に乱入したことは他の全企業にとって気持ちよく歓迎できるものではないと言っても過言ではないと考える」

六日間戦争とスエズ運河の閉鎖がハマーの持つ戦略上のチャンスを倍加させた。イギリスやドイツなどの国には二ヵ月から二ヵ月半分くらいしか備蓄が無かった。湾岸地域からの船荷は目的地に着くまで一ヵ月以上かかる。そこで、ヨーロッパの向かい側に位置し、高品質の原油を産するリビアが必要不可欠な石油供給源となったのだ。ハマーは、砂漠を百七十キロメートルも縦断して毎日百万バレルを油田から港まで送ることのできるパイプラインの建設に着手した。このような大規模なプロジェクトは通常三年以上の工期を要する。それが十一ヵ月で完成した。

それ以降、経済大国の回転軸は中東に移行し、十分に強力な一本の腕がバランスを変えられようになる。一九六八年に国防省からリンドン・B・ジョンソン大統領に出された報告にはこう書かれている。

「この腕とはアーマンド・ハマーの腕である」

一九六九年九月一日、カダフィがクーデターを起こした。事実上、イドリス王の権力は文字通り消滅していた。リビアは、年老いた王の取り巻きたちの間に横行していた極度の腐敗から「棕櫚《しゅろ》と油の染みついた掌（訳注7）」と綽名されていた。青年将校は即刻アメリカに対し、自由に使用していたウィーラス空軍基地からの撤退命令を発した。

ワシントンは緊急事態宣言を発令、第六艦隊をリビア沿岸に向かわせたが、状況が変わる。これ以降、モサデクのイラン政権転覆や一九五八年のレバノンへの海兵隊上陸（訳注8）のような行動はできなくなる。ニクソン政権はウィーラス空軍基地を放棄し、石油の確保を期待して譲歩した。これが誤算となった。カダフィは、リビア国土内にあるすべての石油企業の即時国有化宣言を決断した。彼が寝泊りし、指揮していた兵舎内で行なった取材で「革命の案内人」は私に、彼の右腕アブデサラム・ジャルード（訳注9）がどうやってこの戦略を断念させたかを話してくれた。

「もしわれわれがすべての企業を攻撃していたなら事は失敗に終わっていただろう。石油企業はリビアの原油が無くても何ヵ月も我慢できた。国有化は無駄に終わる。会社はもぬけの殻になり油井も操業できない。われわれの狙いは彼らの金だ。会社は一つだけ選ぶ。そこに新しい契約書にサインさせ、バレル当たりの原油価格を引き上げる。五十セントで十分だ。これで勝てる。すべてはうまく行くだろう」

締まる万力

ブルーのジェラバ（訳注10）を着て白壁の部屋の机の向こう側に座ったカダフィは、目を半分閉じて言った。

「最も強く印象に残っている出来事といえば、アルジェリア革命と一九五六年の英仏によるエジプト侵攻だ。しかし、何よりも私は、石油は武器であり、アラブ世界はこれを使って欧米諸国に対決すべきであると言ったナセルのお蔭で政治に目覚めた世代に属している（原注3）」

カダフィはオクシデンタル・ペトローリアムを二つの理由から国有化することを決定した。一つは、ハマーが開いた豪奢な宴会とアメリカ人招待客の前にひれ伏していたリビアの要人たちの記憶があった。そして同時に、この会社が予備の供給源を所有していない以上、最後通牒を受け入れる可能性が最も高いことであった。ハマーは孤立し人質にされたが、誰一人として彼に救いの手を差し延べる者はいなかった。彼は仲間に愛想をつかし、彼らをあからさまに侮蔑した。

しかし彼は長年の仇敵に助けを求めた。マンハッタンの中心に聳える地上八十階、スマートな灰色のビルにあるエクソンのニューヨーク本社にハマーが乗り込んだのは、会長のケン・ジェイミーソンに会うためであった。不倶戴天の敵同士の歴史的対面であった。売り上げ四百二十億ドルのエクソンは世界最大の石油企業である。二十五階には電子頭脳が設置され、これが百十五ヵ所の港から二百七十ヵ所の目的地まで船底に積み込んだ百六十種の石油製品を運ぶ五百隻のエクソンのタンカーの進行状況を追跡している。

ハマーはジェイミーソンに、他に供給源が無いとリビアの圧力には耐えることができないと説明した。エクソンが助けてくれないか？　ジェイミーソンは代替石油をまわすことを申し出るが、市価が条件である。ハマーは原価を望んだ。エクソンは拒否、これ以上誰も頼れないことが分かっていたオクシデンタル・ペトローリアム会長はいよいよ一人で頑張ることを決意する。

国際石油資本の決定的誤り

オクシデンタルの会長を見捨てた国際石油資本は、それが決定的誤りであったことに何週間も経ってようやく気がつく。ハマーは様々な応急処置を試みた。仕事では血も涙も無い男が、その伝説を仕立て上げてくれると信じつつ——それは間違いだ——目の前にいる聞き手に向かって傲慢にも心情を吐露してみせる。ハマーはどんなことを試したか筆者に語り始めた。

エクソンが芳しくなかったので、彼は巨大航空機会社マクダネル・ダグラスの創立者会長ジェームズ・マクダネルを伴って元大統領リンドン・B・ジョンソンをテキサスの牧場に訪ね昼食を共にした。「食事も終わるころ、彼（マクダネル）が打ち明けた。『今イランに飛行機をまとめて売り込めそうだが、イランは代金を石油で払いたいと言ってきた。どうしたものかね』。私はそれで商売しようと申し出た。四日後、私はテヘランでシャーと会った。彼は、イラン領内で操業する欧米の会社の原油を押さえていた。彼はオクシデンタルが原油を販売することを承諾し、私はファントムとF－16戦闘機が買えるようシャーに大幅に利益を還元することにした。一ヵ月後の七月中旬、私は極秘中の極秘で協定に調印することになっていたアテネに飛んだ。だがイランの将校たちは一人も来なかった」

ハマーはそこで、残された最後の手段に出る。切り札は一枚も無いのを百も承知のリビア側と交渉するのだ。彼のトリポリ代表、ジョージ・ウィリアムソンは、CIAのルートから得た情報を信じ込んで、リビアの首脳部が権力奪取一年の記念日にオクシデンタルの国外追放を発表するらしいと伝えてきた。「私の人生は単純な信条で貫かれている。予測し、望まなければ何も起こらない。最も拙いケースは、親分が不意に消えることだ」

退却か敗走かの選択

この傲慢な信念を宣言したものの、彼はリビアの危機で窮地に陥る。一九七〇年八月三十日の朝、彼はリビア側と交渉すべくトリポリ空港に着いた。彼は幹部を全員パリに移動させ、ヴァンドーム広場にあるホテル・リッツを毎朝六時に出てブールジェ空港からリビアの首都に飛び、翌朝二時にパリに戻っていた。彼はこの往復を毎日繰り返していたが、それは彼曰く「私は人質にされる心配があったのでリビアで宿泊はしたくなかった」からであった。彼は自家用機を没収されるのを警戒し、往復にはチャーター機を使った。

交渉の相手を務めたのは、現在は不遇をかこっているが当時リビアのナンバー2で首相のアブデサラム・ジャルードであった。熱っぽくて溌剌とした、カダフィよりはるかに多弁で非常に物腰の柔らかな人物である。筆者は彼と会う機会があり、ハマーの交渉のやり方について驚くべき話を聞いた。

「彼は自分の非を認め、われわれの要求をすべて受け入れる態度を示した。そして懇願するように言った。『私をリビアに居させて下さい。どこかでまたやり直すにはもう歳をとり過ぎています』」

ジャルードは思い出し笑いをしながら付け加えた。

「こうも言ったよ。『皆さんのお望み通りにして下さい。私はそれで満足です』とね」（原注4）

一九七〇年九月十四日、革命委員会の会議室内の一角で互いの手首をつかみ合い、両者は最終的に合意に達する。世界第八位の企業オクシデンタル・ペトローリアムは最終的に、以後五年間にわたり毎年二セントずつ値上げする条件で、一バレル当たり三十セント上乗せすることに同意した。同社はまた課税率を五十パーセントから五十八パーセントにすることにも同意した。

他社の幹部連中は驚愕の極に達した。シェルの幹部の一人も認めている。

「あの時点で、われわれには退却か敗走かの選択しかなくなった」

交渉の三日後、メジャーの幹部が国務長官のウィリアム・ロジャースと大統領補佐官ヘンリー・キッシンジャーと会見するためワシントンにやってきた。彼らは弁護士のジョン・マックロイを同行させていた。全員が事の重大性を認識していたが、ここでは何も決められなかった。マックロイは、この数年前に石油資本とアメリカ合衆国のそれぞれの役割を秘密の覚書の中で明確に規定していた。

「企業はアラブ諸国家の金庫番である。産油国が必要とする収入を税金としてたっぷり企業が払い込まないのであれば、これらの国は海外援助の形でかなりの額をアメリカ合衆国から直接に受け取る必要が出てくる」(原注5)

この制度によって、ワシントンは議会的手続きを飛び越してイスラエルをおおっぴらに援助し、アラブ国家を秘密裏に援助できた。しかし、アメリカ政府は石油大資本に対しアメリカの外交政策上の大きな影響力を与えてしまった。

堰は一気に決壊する。一九七〇年十月の終わり、リビアで操業する全企業がオクシデンタルの利権下に入り、石油の価格構造におけるかつてない大激動が作り出されることになる。三年後のOPECによる権利要求を予兆させ、石油資本にとって最悪の事態を招くような勝利である。市場は劇的に転換した。

二十年間黒字が続いてきたが、以後需要が供給を大きく上回る。市場の支配権は、歴史始まって以来初めて、買い手から売り手へと移ったのである。

一九七三年八月、オクシデンタルは企業の五十一パーセントをリビア国家に譲渡した。それでも、残りの四十九パーセントはたっぷりの配当をもたらす。とりわけ、この代表権と引き換えにオクシデンタルにはトリポリ政府から一億三千六百万ドルという、ライバル企業のトップの誰もが腰を抜かすような多額の入金があった。例えば、ハマーの長年のライバルでテキサスの億万長者、ウルトラ保守主義者バンカー・ハント(訳注11)はこの煽りを受けて、四千万ドルほどしか回収できなかった。

「みんな私から離れていった」

カリフォルニアの会社は特別措置で得をした。それは、目立たないが有能なパートナーが背後で決定的役割を演じたからである。それはソ連であった。一九七三年、カダフィはモスクワにかなり接近していた。ソ連の指導者にとって伝説的人物だったハマーはこの時期、レオニード・ブレジネフと強くつながっていた。彼は、米ソの経済的デタントの「鍵を握る人物」になった。スパイ衛星と地上センターで全世界の動向を探知できたCIAと国家安全保障局(NSA)は、オクシデンタルとリビアの交渉を追跡し、クレムリンとトリポリのソ連大使館、またクレムリンとロサンゼルスのウィルシャー通りにあるハマーの事務所との間の暗号情報の量がリビアの石油をめぐる一連のやりとりの時期にかなりの割合で増えていることを確認した。

ハリウッドから目と鼻の先にあるベルエアーの別荘で、ハマーはある晩私にこの間の出来事の顚末を満足げな笑顔で明かしてくれた。

「一九七〇年、みんな私から離れて行った。七大資本のトップ連中は、因みに八つ目は私の会社だが、どいつもこいつも個性も度胸も無いマネージャー風情以外の何者でもなかった。彼らはわれわれを、つまり私とゲティとハントを毛嫌いしていた。なぜなら彼らは単なるサラリーマンで、こっちは相当な財産を持っていたからね。そこで私はホンモノの地震を引き起こして奴らに一泡吹かせてやろうと決めた。足元から根こそぎひっくり返してやりたかった」

結果は期待を超えるものであった。

それから彼は映画「フォーミユラ」(訳注12)の話をした。アメリカで公開され話題になった作品である。マーロン・ブランド演ずるところの悪魔的人格の石油王が権力を操り、あらゆる時代、危機、イデオロギーの転換の荒波を無傷でくぐりぬけるという話だ。原作者と監督はハマーの存在に触発されて映画を製作したそうだ。ハマー本人はブランドが二週間の拘束で得たギャラのことについて悔しそうに頭を振ってこう言った。

「三百万ドルとはね。こんな値段なら私が自分でこの役を演りたかったよ(原注6)」

原注1：筆者著『語るべき問題・西洋実業界と共産主義国家との関係——一九一七年から現在まで』ファイヤール、一九八五年。
原注2：『ウォールストリート・ジャーナル』一九七二年二月八日号。
原注3：筆者との対話。一九七五年、一九八七年、一九九四年。
原注4：筆者との対話。一九八四年。

原注5：合衆国上院一九七五年多国籍企業聴聞会、ワシントン、一九七五年。
原注6：アーマンド・ハマーの言葉は筆者との対話一九八三年および一九八四年に抜粋されている。

訳注1：リビア最初の王。一九五一年から一九六九年まで在位。イギリスからキレナイカ地方のエミール（土侯）として承認され、イタリアからも認められた。独立を志向していたイドリスは第二次大戦でイギリスに協力、連合国側としてロンメルのアフリカ軍団と戦った。イドリスはベンガジをベースにトリポリ、フェザンの両地方も治め、一九五一年、国連はリビアの独立を承認した。初代リビア王となったイドリス一世は、他のアラブ諸国とは異なり、スエズ動乱に軍事介入した米英と友好を深めた。一九六九年九月、健康を害したイドリスがトルコで加療中、カダフィ大佐の無血クーデターが起こった。イドリス一世はギリシャを経てエジプトに亡命し、一九八三年にカイロで亡くなった。
訳注2：アーマンド・ハマー。ロシア系ユダヤ人の熱烈な共産主義者でアメリカ共産党の前身である社会主義労働者党の創設者ジュリアス・ハマーの子として、ニューヨークのマンハッタンに生まれた。アーマンド・ハマーとは「アームとハンマー」つまり「鎌と鉄槌」、赤旗のシンボルのこと。コロンビア大学で医学を学び医師の資格を持つことからドクター・ハマーとも呼ばれた。父親の縁故から革命直後のソ連と貿易ビジネスを始め、様々な援助活動も行ないレーニンの信頼を得た。以後一貫してアメリカとソ連の間の貿易の核となり、デタントの影の立役者にもなった。一九九〇年十二月十日、冷戦終結を見て死去。九十二歳。
訳注3：オクシデンタル・ペトローリアムは石油上流部門、および石油化学を主体とする米大手独立系石油会社。一九二〇年、石油開発を中心業務とする会社としてカリフォルニアに設立されたが、戦後に至るまで上位五百位圏内に入ったことのない小規模な開発会社であった。一九五六年にアーマンド・ハマーに十二万ドルで買収された。一九六一年、カリフォルニア州北部での大型ガス田発見を契機に急速に規模を拡大し、化学会社、肥料会社、また石油下流企業を買収し、事業の多角化を進めた。また海外においても、リビア、ペルー、ベネズエラ、ボリビア、トリニダード、および英領北海、さらには中東、東南アジア等に進出、探鉱・開発事業を展開した。しかしながら一九九〇年代後半、油価の低迷により業績が悪化し、それまでの多角化路線か

ら経営資源を上流、および化学に集中した。下流を含むそれら以外の事業については、売却、また上流事業についても資産の再編を行ない、経営資源を米国等のコア地域に集中した。二〇〇四年末現在、同社は米国、南米、中東、北アフリカ、ロシア等で上流事業を行なっている。なお、同社はカダフィ大佐による国有化以前にリビアにおいて原油を開発を行なっていたが、二〇〇五年、米国の経済制裁解除後に初めて行なわれた同国鉱区の入札において、十五鉱区の内、九鉱区を落札し、同国で最大の鉱区保有企業となっている。

訳注4：ロシア帝国最後の皇帝ニコライ二世が皇后への贈り物として宝石細工師ピーター・カール・ファベルジェに作らせた宝石や金銀を散りばめた卵の置物。金属に粉末ガラスを焼付け装飾したエナメル技法によるもので、七宝焼きと同じ原理の技法。「インペリアル・イースターエッグ」と呼ばれ、一八八五年から一九一六年までに約五十個作られたといわれている。俗に「ロマノフ王朝の秘宝」と言われ、最も高価なものはサザビーのオークションで約十一億円の値段がついた。

訳注5：ビル・ゲイツはダビンチの手稿を三千万ドルで買っている。

訳注6：ポール・ゲティ（Jean Paul Getty 一八九二～一九七六）。アメリカの実業家でゲティ・オイルの創立者。石油事業を営む裕福な家庭に生まれた。南カリフォルニア大、ＵＣバークレー校、オックスフォードに学び経済と政治学の学士号を取得した。父の経営するオクラホマの油田を手伝い、タルサで独立、才覚を顕したが一旦は石油ビジネスを離れ西海岸で遊び暮らす。最終的には石油の世界に戻り、アラビア語を独学でマスターし、中東でのビジネスに役立てた。一九五〇年代にイギリスに移り、何不自由なく暮らした。

訳注7：棕櫚はｐａｌｍｅ、掌はｐａｕｍｅ、英語ではどちらもパームと発音する。棕櫚と掌をかけた表現。

訳注8：一九五八年二月にエジプトとシリアがアラブ連合共和国を結成、イラクとヨルダンがアラブ連合を結成。五月にレバノン内戦が始まり、米第六艦隊がレバノンに上陸、七月にイギリス落下傘部隊がヨルダン進駐。八月に国連緊急総会で米英の撤退が採択された。

訳注9：Abdessalam Jalloud 一九四一年生まれ。一九七二年から一九七七年までリビアの首相を務めた。

訳注10：モロッコの民族衣装。フードつきの長い上着。

訳注11：テレビシリーズ「ダラス」のモデルになったテキサスの石油王Ｈ・Ｌ・ハントの六人の息子の長男。大豆、

牛肉、砂糖などの食糧ビジネスを行ない、「シェイキーズ・ピザ」チェーンを所有する。弟のレーマーはフットボールチームのオーナーで一族の持つプラシド・オイルを共同経営し、父の後妻の子供はハント・オイルを経営する。バンカー・ハントはリビアに八百万エーカーの油田を持っていたがカダフィに取り上げられたため、銀ビジネスに手を染めた。また競走馬ビジネスにも進出し、フランスの重賞レースとイギリスのダービーに優勝した最初のアメリカ産馬を送り込んだ。

訳注12：一九八〇年のハリウッド映画。監督：ジョン・G・アビルドセン、出演：マーロン・ブランド、ジョージ・C・スコット、マルト・ケラー他。邦題「ジェネシスを追え」。

第六章　石油への病的食欲

一九六七年、石油は石炭を決定的に凌駕し、エネルギー資源世界一の座を占めた。一九七〇年代半ば、石油は全人類の経済的必要性の半分以上、正確には五十四パーセントを代表するものとなる。この十七年前の一九五〇年には、石炭の六十二パーセントに対して、石油は世界のエネルギー消費の四分の一を支えるに過ぎなかった。一九六〇年に消費された燃料は三億トンであったが、一九七五年には五億トンを超えた。

石油への病的食欲にはまったくブレーキがかかりそうになく、その消費は一九六〇年から一九七五年にかけて一・六倍に増えた。主に中東から輸入される石油のうち、三十八パーセントから五十三パーセントを超える量がヨーロッパ、日本、アメリカにまわる。これらの国々は、一九六〇年時点では海外から六千五百万トンを購入していたが、一九七三年からはそれが二億九千万トンになり、五年後のいわゆる「石油危機」の最中の「不当な」価格でも四億一千万トンを輸入している。

「やるか、やられるか」

一九七一年二月十四日、テヘランで国際石油資本の代表がＯＰＥＣの交渉委員と新しい協定に調印した。イギリス人ジャーナリストのアントニー・サンプソンが正確に述べているように、彼らは単純な選択を迫られた。「自分からやるか、やられるか」である。[原注1] 多数の責任者が調印した「妥結」協定はフィフティ・フィフティ原則の終焉を画するものであった。これ以後、産油国は利益の五十五パーセントを取得し、さらに一バレルごとに公示価格プラス〇・三〇ドルの割り増しを受け取り、これは一九七五年に〇・五〇ドルに引き上げられる。OPECのある幹部は確信をもって言う。

「世界は初めてOPECの実力を知った」

石油資本の敗北は、現時点における新たな力関係を生む一方、交渉に臨む代表者の人選にも変化をきたす。それがやぶ蛇の人選を呼ぶ。エクソンの新社長ジョージ・ピアシー[訳注1]である。これといった特徴の無い人物で、産油国との駆け引きの微妙なニュアンスや罠など何も理解していない。それに、BPの新会長ストラサルモンド卿[訳注2]。彼は父親の称号と長年務めてきた会長職とを継いだばかりであった。

一九七三年九月、OPECが一九六〇年に誕生して以来、初めて石油の市場価格が公示価格を上回った。石油不足の恐れが生じている最中に、石油を武器として使うという思想がアラブ諸国家で有力となる。リビア革命四周年を迎えたカダフィは、石油企業をすべて国有化する意向を明確にし、その上もしアメリカがイスラエル支援に固執するなら石油輸出を停止すると脅しをかけた。リチャード・ニクソンは、あるテレビ会見でリビアが貿易封鎖を行なう恐れに対し、イランのモサデクの不幸な出来事を例に挙げて警告を発した。そこで、『ニューヨークタイムズ』の記者はこう書いた。

「これは合衆国大統領に未だ支配的な現実が理解できていないということなのだろうか？　問題はもはや石油に市場があるかということではなく、市場に石油があるかどうかということなのだ[原注2]」

十月八日、大きな危機の予感が漂う中、石油資本の代表がウィーンでＯＰＥＣ代表と会った。彼らがオーストリアの首都に到着すると同時にエジプトがスエズ運河を突破して渡り、イスラエル軍を掃討し、一方シリアがゴラン高原地域を攻撃した。キプール戦争(訳注3)の勃発である。これがＯＰＥＣ加盟のアラブ諸国の立場を強硬なものにさせた。

「世界は唖になった」

セブンシスターズを代表する交渉は、主にエクソンのジョージ・ピアシーとシェルグループの会長でフランス人のアンドレ・ベルナールの二人が担当した。ＯＰＥＣ第一の輸出国サウジアラビアの石油相シェイク・ヤマニは、結果的に一バレル当たりの公示価格を倍の六ドルにする生産税の引き上げを求めた。石油資本側は厳密にビジネス的見地に立って、十五パーセントの引き上げを提示した。しかし、中東紛争と未来のイスラエル首相シャロンが指揮するところの反撃で新しい危機の恐れが出てくる。価格の問題は禁輸措置につながる危険性があった。

アンドレ・ベルナールは冷静沈着で、性格も言葉遣いも控え目な男だ。元レジスタンスの英雄で、多国籍石油企業のトップにいる数少ないフランス人の一人であるが、彼はこの数ヵ月後ハーグの住宅街にあるシェルの本社でのインタビューで筆者に交渉のドラマチックな経緯を語ってくれた。彼は足を怪我していた。

「自転車で転んでね。でもシェルの株価が転ぶ心配はないですよ」

と皮肉っぽく言った。

彼が目撃したことは、政治家の受身の姿勢と無能力さを強烈にそして苦しいほどに見せつける。「ウィーンにいた三十六時間、OPEC加盟国と交渉したのはわずか数時間だけだった。残りの時間は文書を作成し、輸入国の政府にテレックスを送って状況を知らせたり、指示を仰いだりするのに費やされた。だが何の返事も返ってこなかった。世界はまるで唖になり、茫然自失させられていたようだった」(原注3)

二ヵ月も経たないうちに黒い黄金の価格は四倍になり、半世紀近く石油企業によって動かされてきた法的、政治的、経済的装置の基盤が揺らいだ。石油資本は改めて彼らの永遠の相談相手、七十九歳にして依然かくしゃくとしたジョン・マックロイを訪ねる。二十二年前にクルップをスパンダウ刑務所から出してやったこの男は、ニューヨークのチェイスマンハッタン銀行の高層ビルの最上階に法律事務所を構えて仕事を続けている。彼は「セブンシスターズ」をまかされているだけでなく、独立系石油企業のほとんどを代表している。大統領、閣僚、会長と顔ぶれは代々変わるが、マックロイは不動だ。実業界の記憶と永続性のシンボルである。

彼はワシントンに行き、リチャード・ニクソンに会い、依頼人の伝言を渡す。大統領はそれをキッシンジャーに検討させる。キッシンジャーはそれをホワイトハウスの国務長官アレキサンダー・ヘイグに渡す。伝言の主旨は「アメリカによるイスラエルに対する新たな援助は、われわれがアラブ産油国との間に保っている穏健な関係にとりわけ不利な影響を及ぼすであろう」というものだ。また同時にこう強調する。「ヨーロッパ諸国あるいはソ連までがこの中東、湾岸地域におけるアメリカの利益を奪う恐れがある」(原注4)。

「世界で一番有名」

しかしながら事実を冷静に分析してみると、こうした恐怖を呼ぶ危機と嘆きの数々が巨大な操作を隠蔽するために利用されているのではないか、という疑問が湧いてくる。二年前から、石油企業の幹部は将来的な投資には多額の資本が求められ、それは石油価格の引き上げによってしか捻出できないであろうと公言してきた。チェイスマンハッタンの頭取で、ロックフェラー財閥の総帥であるデービッド・ロックフェラーは、一九七三年にローマで「石油資本が今後数年間の投資に必要とする額は三兆ドル」で「この投資は企業にとっては生産するということである」と言った。

西洋世界で最も影響力があり、世界一の富豪といわれる人物の口から出た言葉であった。彼の同僚の一人に言わせれば「彼は世界で一番有名であり、世界一強い銀行のトップ」である。

一九六一年、ジョン・F・ケネディは彼を財務長官にしようとしたが無駄であった。「彼にとっては合衆国大統領の地位は次善の策でしかない」とまで言われたロックフェラーにとって、これは取るに足らない申し出であった。彼の一九七三年のローマでの発言は、ロックフェラーと石油資本との固いきずなを反映するものである。

ロックフェラー財閥の資産は当時二百社に分散されていた。アメリカのトップ企業十社のうち六社、十大銀行のうち六行、十大保険会社のうち五社、その他の四事業のうち三社が雑誌『フォーチュン』の番付に名を連ねている。これら二十を数える巨人ゴリアテの資産総額は四千六百億ドルにのぼる。ロックフェラー財団について言えば、一九一一年に最高裁判所命令の反トラスト法に準じて七つの会社に分離解体したその石油王国を、一族が恒久的に支配する目的で、二年後の一九一三年に創設されたものだ。

一九八七年、財団は四百三十万株を所有してエクソンの最大株主となり、シェブロンの二百万株、モービルの三十万株、コンチネンタルオイルの三十万株も併せ持った。ロックフェラーに属する他の小規模財団でさえエクソン株三百万、モービル株三十万、オハイオ・スタンダードオイル株四十五万を持つ。ロックフェラーが主たる株主のこれらの会社の資産は当時五百億ドルにも及んでいた。

財団はまた、その広大なネットワークを使って生活習慣、思想、規範の進歩発展を動かし左右し、政治問題やアメリカ社会に決定的影響力を行使した。事実上、正真正銘の黒幕であり、世論に対する圧力のかけ方や影響力は、こんにちでは多少低下してきたとはいえ、やはり強大である。ロックフェラーの恩恵に与っている者の中には、一族が寄付した土地に本部ビルを建設した国連がある。(原注5)

最も割に合わないのはおそらく共和党への投資である。歴史学者セオドア・ホワイトによれば「同名の財団並みにロックフェラー一族に依存している」(原注6)。一九七六年の終わりまでに一族は毎年、共和党の負債をかぶり、その見返りにデービッドの弟でニューヨーク州知事の弟でもあるネルソン・ロックフェラーが一九七四年から一九七六年までの短期間、ジェラルド・フォード政権下で合衆国副大統領に任命されている。

奇妙な経験

デービッド・ロックフェラーとの対話は奇妙な経験であった。筆者は彼に二度会った。一度目はニューヨーク、ロックフェラーセンターの三十九階にある彼のオフィスで、二度目は一九九四年、筆者がモロッコのハッサン国王にインタビューする予定でいた時、王宮の庭園に国王との会見を終えて出てきた彼に会った。太陽がさんさんと降り注ぐ豪奢な植物園の真ん中で、彼と夫人は地球の果てまで宣教にやってきておごそかに歩む牧師夫妻のようであった。彼は白いシャツにいつもの黒っぽいスーツ。黒のネクタイ、底の厚い靴も黒、安売りスーパーから出てきたような格好である。

長身、やや猫背で丸顔、肌はピンク色。よくにっこりと笑う。デービッド・ロックフェラーは洗練された慇懃さをもって、ほとんど訛りのないフランス語をつねに控え目な調子で話しながら、自らが活躍した大きな出来事について驚くような打ち明け話をしてくれた。

一回目は朝の七時半にオフィスに来るように言われた。彼は毎日七時に出社するのである。ロックフェラー・プラザから中世の船を思わせる気取った装飾のあるロックフェラーセンターのホールを通り抜け、現代風大聖堂の彫刻を施したごつい扉のエレベーターに乗る。部屋は五六〇〇号。

この聖域の奥の院で、世界を股に駈けるロックフェラー一族の利益と分配が管理されているのだ。担当者がカーペットを敷いた廊下へと招く。ソフトな照明、壁には巨匠の油絵。デービッド・ロックフェラーのオフィスは左の角にあり、質素で広くはなかった。机の上には一枚の書類も無く、革張りのソファーの後ろの壁に派手な色使いの絵が架かっている。サントロペを描いた絵だ。

「シニャックですよ。（訳注4）父が非常に好きでして、しかも最初に彼を発掘した一人でもあります。私の好きな絵の一枚です」

この質素なロックフェラーがサントロペが好きだとは！　彼は十年ほど前に私的集まりを組織した。

このことは大きな話題になり、議論の的にもなった。日米欧三極委員会（訳注5）がそれである。彼は政界、産業界、財界の代表的人物を集めた。日本、ヨーロッパ、アメリカから要人たちが集合し、重要な時事問題について情報を交わした。これを陰謀ときめつけ、実業界支配による世界政府の兆候であるとまでコメントされた。

「私は重要な問題や緊急の事態に適応した考察の場を創設することが必要だと考えました。そこでふと関係者や友人に集まってもらおうと思ったのですが、確かに……（彼は一瞬黙った）豪華すぎる顔ぶれかもしれませんね」

デービッド・ロックフェラーは婉曲話法がお好みだ。

みんなの印象に残ったのは、ロックフェラーと同じバプテスト派の信者で、委員会が旅行や会議を重ねて取り組んでいた国際的諸問題には疎いはずの謎めいた人物が、一九七四年にこの豪華な顔ぶれの国際舞台に入ってきたことだ。優れた政治学者で組織の長を務めていたズビグニエフ・ブレジンスキー（訳注6）である。彼は「象牙の塔に籠もろうとしないポストポリティックス（脱政治）派の第一人者」と評されていた。同様に、世間の尊敬厚い人物、それがジョージア州知事のジミー・カーターであった。彼が大統領に選ばれた時、世界は驚いたが、決して不人気だったのではない。彼の閣僚選びがまた驚きだった。国際問題の分野の重要ポストに指名されたのはすべて日米欧三極委員会のメンバーだった。副大統領にウォルター・モンデール、国務長官にサイラス・ヴァンス、国防長官にハロルド・ブラウン、そしてホワイトハウスの国家安全保障会議委員長にブレジンスキーが選ばれた。

この点を指摘すると、ロックフェラーは答えた。

「最適な人を選んだだけです」

彼はつねにこういうさらりとした言い方をする。きちんとしているようで曖昧なのだ。彼は、一九七三年の石油ショックの直後に日米欧三極委員会を設立した。彼の決断とあの出来事との関連性を問うた。

「もちろん、問題を別のやり方で検討すべき新たな状況に直面したとは言えます」

ローマでは彼にこう質問した。石油産業の莫大な経済的要請が産油国の立場を先鋭化させ、非妥協性を助長し、大資本をして密かに原油価格の引き上げを進めさせることになりはしなかったか、と。

彼は、なんと意地の悪い不穏な仮説を立ててくるのかとでも言いたげに大きく目を開いて私を見つめた。

「とんでもない。全然違う話です(原注7)」

全く正反対の二つの事実が密接に重なり合っていることが明らかになるまでには、これからまだ数年にわたる取材と検証が必要であった。

煽られる危機

リチャード・ニクソンが形成し、G・A・リンカーン将軍(訳注7)が委員長を務める委員会が、一九七一年からアメリカのエネルギー政策を再検討する超極秘の作業に着手した。委員会の主要顧問は、石油企業グループ、アトランティック・リッチフィールドの会長で共和党全国委員会メンバーのロバート・アンダーソン(訳注8)、有力法律事務所ディロン・リードの弁護士で石油企業多数の顧問弁護士を務め、間もなくホワイトハウス顧問となるピーター・フラニガン（訳注9）、そしてテキサス州知事で同州の石油利益担当弁護士で財務長官の要職に就くことになるジョン・コナリー（訳注10）である。

この委員会の結論は明瞭だった。「国内の原油価格を高く保ち、国内エネルギー資源の開発に必要な投資を奨励するために」アメリカ合衆国としては輸入石油の価格引き上げを誘発する必要性があることを強調すること、である。リンカーンの報告書はその中で、アメリカの輸入におけるあらゆる擾乱を避けるために輸出国との関係の「正常化」を薦めている。一九七三年六月二十八日、新任財務長官ウィリアム・サイモンは「合衆国は『エネルギー』の海外依存を軽減する行動計画が採用する優先目標を設定した」と発表した。この文言は三十三年後に二〇〇六年の同盟国に関するジョージ・W・ブッシュの演説で、一字一句たがわず繰り返されている。

一九七二年から一九七三年にかけてアメリカで奇妙な世論操作が始まった。奇しくも二〇〇〇年のジョージ・W・ブッシュの選挙前のように、アメリカの多くの州で石油不足の兆しが目立ち始めた。ガソリンが配給制になる。学校や工場が燃料不足を理由に閉鎖される。市民はこうした出来事に電撃的ショックを受ける。このエネルギー「危機」とウォーターゲート事件が新聞紙上を賑わす。石油企業は危機をことさら煽り、石油と天然ガスの価格を異常に低く保ち、国内の石油開発と製油工場の新たな建設、そしてアラスカのパイプライン建設といったいくつかのプロジェクトを阻害した責任を政府、議会、あるいは環境主義者にまで押しつけるキャンペーンを展開した。

喧しいほどの宣伝が功を奏し、世論はずばりアメリカは外国の石油、それも特にアラブの石油への依存傾向が強いという危険性を警戒するようになった。その解決とは何か？　アメリカのエネルギー資源の大規模開発の収益性を高めるために価格を引き上げること、そして短期的には不足に備えて輸入を自由化することである。

一九七四年、原油価格が四倍に上がり世界経済に目一杯拍車がかかり、石油企業上位三十社は売上げの伸びが十パーセントでしかないのに、利益を七十一パーセントも伸ばした。同じ時期におけるアメリカの上位六社の総売上げは五百億ドル、純利益は六十億ドルであった。

「奇跡的偶然」

一九七三年の、ロックフェラーによる石油産業の膨大な資本面の要請に関するローマ発言を解読する核心的真相は巧妙に隠蔽されていた。うまく覆い隠してはいたけれども、一九七三年の石油ショック直前、大資本は実は深刻な財政的窮地に立たされていたのだ。いくつかの企業が破産寸前の状態にあった。これらの企業は数種類のプロジェクトに投資していたが、中には最終的に初期見通しの五倍から十倍の経費がかかったものもあった。

これは、主に百億ドル以上必要とするアラスカのパイプライン建設や北海沖の海底油田、掘削のために新しい技術が必要な巨大鉱床など、これまでになく困難で経費のかかる開発に絡むものであった。特にエクソン、シェル、BP、フィリップス・ペトローリアム(訳注11)などは手形の支払期限に追われていた。どの会社も経費がかさむ一方で財政的に立ち上がれなくなっていたが、かといって投資を打ち切るわけにもいかなかった。

だが、一九七三年にOPECが引き起こした石油ショックがこれらの企業を救済することになる。ある銀行家の言葉を借りれば、バレル当たりの価格が突如これらのプロジェクトを「合理的でビジネス的に持続性がある」ものに変えた。一九七一年に発見されたノルウェーとイギリスの領海にあるエコフィスク、フリッグ、フォーティーズ、ブレント(訳注12)といった人類未踏の荒海にある海底油田が、突然の価格上昇のお蔭でエルドラドの再来を呼んだ。当時のイギリス首相、ハロルド・ウィルソンは楽しげにこう言った。「わが国もOPECに加盟できるかもしれませんな」。現在は後退しているが、北海油田の一九八七年の生産総額は六百万バレルに達し、イランを超え、サウジアラビアを少し下回るだけであった。

こうした時期に業界で活躍した一人で、現在は気楽な引退生活を謳歌している人物にロンドンで会ったが、彼は匿名希望で皮肉にこうコメントした。

「あれはビジネス界、特に石油産業界ではまず有り得ない奇跡的な偶然ですよ」

値上げへのゴーサイン

『ワシントンポスト』が一九七四年一月に発表した調査結果が明らかにしたように、これが運命的な最後の一押しとなった。調査をしたのは同僚からも「信頼性のある情報源と確かな眼力を持つ」と高い評価を受けている調査報道ジャーナリストのジャック・アンダーソンで、彼はエクソン、テキサコ、モービル、シェブロンといったサウジアラビアの石油を開発する企業を結集する石油コンソーシアム、アラムコの極秘文書を入手した。

文書は、モービル経営陣にいる人物で、正体が決して明かされない「ディープスロート」から渡されたものだ。記事の一つは、一九七三年の初めにアラムコ幹部とサウジアラビア石油相シェイク・ヤマニとの間で持たれた会合の内容を述べている。シェイク・ヤマニと話し合っている相手の一人が、サウジアラビアとOPECによる原油価格の引き上げ決定に全面的に賛成する、としてゴーサインを出しているのだ。しかも彼らは一バレル当たり六ドルという数字まで明示している。(原注8) 現実は彼らの期待を大きく上回ることになる。

これらの記事が出た後、ジャック・アンダーソンは、アメリカの外交政策に影響力を及ぼすために大企業が採用する営業戦略を調査する目的で設置された上院小委員会に証人喚問された。ウォーターゲート事件スキャンダルは、アメリカ中を罪滅ぼしと告発の大キャンペーンに駆り立てた。清教徒をルーツとするこの国で突然、儲けすぎが懲らしめられることになる。石油企業はその最前列にいた。有力上院議員の「特ダネ屋」ヘンリー・ジャクソン(訳注13)はテレビカメラに向かって正義派よろしくこう言った。「アメリカ国民は知りたいのだ。主要石油企業が隠し倉庫に石油を備蓄しておきながら、自分で油田に蓋をしているのか。アメリカ国民は知りたいのだ。なぜ石油企業の利益がうなぎ上りに上がっているのか。アメリカ国民は知りたいのだ。この自称エネルギー危機が口実にすぎず、価格競争の主たる根源を取り除くための覆いにすぎないことを(原注9)」

「調査は全部、スフレのように萎んでしまうだろう」

歪んだ流れを直そうとするアメリカ議会は、腐敗堕落の風潮を許すような雰囲気ではなかった。ガルフ石油は、石油調査のためにバハマに置いた会社を経由して一九六〇年から一九七四年まで千二百万ドルの政治資金を保有していた、として告発された。調査によれば、カリブ海の島に流れた金は封筒に入れて継続的に「年間五、六回」にわたり共和、民主両党の有力上院議員十五名ほどの事務所に配られていた。その中には、共和党の上院議員団のリーダー、ヒュー・スコット、その後継者で後の国務長官ハワード・ベーカーもいた。リンドン・ジョンソン元大統領やジェラルド・フォード元大統領も企業グループの贈与に与っていたことがあった。

一九七四年一月二十八日の証人喚問において、ジャック・アンダーソンは情報入手を可能にした状況について供述した。情報はある「筋」（彼はそれが一人か複数の人物であるかは明言しなかった）からで、それは、シンジケートがとった選択がアメリカの利益を損なうことを恐れるアラムコの上層部に属する人物であった。

出頭命令を受けた各企業は、アンダーソンが発表した暴露記事の信憑性を激しく衝き「ジャーナリズムの無責任さ」を口にした。しかし、小委員会が反駁文書の提出を求めると、エクソン、テキサコ、モービル、シェブロンの幹部たちはにべもなく拒絶した。(原注10) 一人の幹部は密かにこう言った。「向かい風の時は歯を食いしばりしっかり踏ん張るだけだ。でもまあ見てなさい、石油ショックの動揺が静まれば消費者の恐怖も消滅し、また元の日常に戻っていく。そしてこうした調査は全部、スフレのように萎んでしまうだろう」

これは深くシニカルで、しかも的を射た指摘といえる。一九七三年の石油ショックは、過剰な石油消費に回帰する前に束の間の休息を呼んだ。一ダースそこそこの企業が地球上の全油田を支配しているという状況が、すべての経済的整合性を無視し、そして極めて周到に、六十年間にわたってバレル価格を二ドル以下に維持してきたのである。

一九七三年以降、世論はただ安心させられることだけを求め、真実には無知であり続けた。国際石油資本による巨大な操作は粛々と進行した。筆者の手元にはアンダーソンの記事があるが、私自身の調査の過程で二つの驚愕的事実があった。これらの記事はインターネットではアクセスできないのだ。そして、当時の新聞、テレビ報道を調べると、アメリカのマスコミはこれらの暴露に対しては何も、また調査委員会の聴聞にもわずかな反応しか示していない。有力な上院議員の一人であるフランク・チャーチ(訳注14)は一九七三年十二月にアイオワで行なった演説でこう述べている。

「アメリカをして、アラブ首長国のあのような石油の配分を、彼らまかせにさせたその足跡を明らかにするのは、われわれアメリカ人である……そして何よりもまず、わが政府が何ゆえにアメリカの大企業に対して中東に定着するための支援と奨励を惜しまなかったのか? 石油企業にとっての利益が合衆国にとっても同様に利益であるようなあり方とは何か、それを考え直すべき時なのだ」

チャーチの話は無知と衆愚性の典型といえる。当然のことながら、本物の調査は実を結ばなかった。その反対に、石油企業の陰謀と戦略は頑丈な鉛の蓋で密封され、石油資本とアメリカ政府とサウジアラビアとの間に存在する深いミステリアスな関係もまたしかりである。

原注1:アントニー・サンプソン、前掲書。
原注2:『ニューヨークタイムズ』一九七三年十月七日。

原注3：筆者との対話、ラジオ番組「フランス・キュルチュール」一九七四年。
原注4：アメリカ上院多国籍企業聴聞会一九七四年、第七部、ワシントン。
原注5：マイヤー・カッツ著『ロックフェラー・パワー』サイモン&シャスター、ニューヨーク、一九七四年。フェルディナン・ランドバーグ著『リッチとスーパーリッチ』ライル・スチュアート、ニューヨーク、一九八八年。
原注6：セオドア・ホワイト著『ホワイトハウスの反逆』ファイヤール、一九七六年。
原注7：筆者との対話、ニューヨーク、一九八五年十一月。
原注8：ジャック・アンダーソン「アラムコ文書の詳細」『ワシントンポスト』紙一九七四年一月二十八日。
原注9：アメリカ上院常任調査小委員会。ワシントン、一九七四年。
原注10：上院外交問題小委員会、多国籍企業聴聞会、ワシントン、一九七四年。

訳注1：ミネソタ大学で化学技術を学び、エンジニアとしてエクソンに入社、一九六四年にカナダのエクソンの子会社社長、一九六五年にエクソン中東代表を歴任した後、一九六六年にハワード・ペイジの後を受けてエクソン社長に選ばれ、石油危機にはOPECとの交渉に当たった。ペイジと違い、ピアシーにはアラブ人の、特にヤマニのような策士の腹の内を読み取る鋭い勘が無かったし、交渉は初めてでコツが分からなかった。一九八一年に引退、数々の名誉職を経て、二〇〇〇年四月、フロリダ州で亡くなった。
訳注2：ストラサルモンド卿は前BP会長の息子で元弁護士。BPがクウェートで税金を払うことでイギリスの国税を免除させるように取り計らったことで名を挙げていた。競走馬を持ち、トリニダード・トバゴに別荘があり、妻はアメリカ人という遊び人だけに交渉に長け、イランの石油相アムゼガルと朝まで飲み交わし、クウェートの石油相アティキとも意気投合したが、OPEC代表に比べると教養に欠けていたと言われる。
訳注3：第四次中東戦争。一九七三年十月六日、エジプト・シリア軍とイスラエル軍はスエズ運河およびゴラン高原一帯で大規模な戦闘に突入した。OPECは原油の生産削減を表明、サウジアラビアは米、オランダに対し禁輸措置をとった。ECや日本はアラブ支持を明確に表明し、OPECは十二月に削減率を緩和、翌年対米禁輸を解除した。

訳注4：ポール・シニャック（一八六三〜一九三五）：フランスの画家。スーラと並ぶ印象派の画家で一八八六年の第八回印象派展に「グランドジャッド島の日曜の午後」を出品。海を愛しサントロペに住み、海や港、ヨットなどを多く描いた。

訳注5：日米欧三極委員会は、一九七三年にデービッド・ロックフェラー、ヘンリー・キッシンジャー、ズビグニエフ・ブレジンスキーなどビルダーバーグ会議や外交問題評議会（CFR）の重鎮が世界で最も影響力のある欧州、北米、東アジアの経済人、政治家、知識人を結集して組織した私的会議。約三、四百人が集まった。政治経済の世界秩序を確立することを目的とした集まりで、グローバリゼーションの原型とも言える。本部所在地はニューヨークのカーネギー財団に置かれ、ビルダーバーグ事務局と同一である。デービッド・ロックフェラーは、外交問題評議会議長および名誉会長を歴任、日米欧三極委員会、ビルダーバーグ会議でも要職を務め、日本においては、旧日本長期信用銀行を譲り受けた新生銀行の取締役に就任した。

訳注6：ポーランド出身の政治学者、政治家。カナダのマックギル大学、ハーバード大学で学位を取得（ソビエト研究）。一九六〇年の大統領選でケネディ陣営のアドバイザーを務め、東欧への非敵対的ポリシーを薦めた。ソ連の政治的経済的行き詰まりを見抜き、平和外交を主張した。ジョンソンの大統領選を助け、公民権政策を支えた。東欧諸国の反体制派を陰で支え、ベトナム軍事介入を支持、一九七七年から一九八一年までカーター大統領の国家安全保障会議議長を務め、タカ派的外交で知られた。現在、ジョン・ホプキンス大学教授、国際戦略研究センター研究員などを務めている。

訳注7：ジョージ・エイブ・リンカーンは米陸軍准将。一九二九年アメリカ合衆国陸軍士官学校を卒業、ローズ奨学生としてオックスフォード大学で政治経済を学ぶ。優秀さを買われ陸軍参謀本部作戦参謀に抜擢、第二次世界大戦で活躍、三十八歳で最年少の准将となる。ルーズベルト大統領とマーシャル将軍に付き添いヤルタ会談に出席した。戦後、敢えて大佐に降格されても陸軍士官学校新設の社会科学部副学長の職を希望して後進の育成に当たり、多数の教え子を軍隊、政界に送り込んだ。彼の弟子たちは「リンカーン旅団」と呼ばれている。

訳注8：ロバート・アンダーソン（Robert Orville Anderson、一九一七〜）。一九三九年シカゴ大学卒業後すぐに石油

業界に入り、一九四一年からニューメキシコ州で精油会社を経営。その後アトランティック・リッチフィールド社のCEOを十七年間、会長を二十一年間務めた。一九八六年に同社を退社、ニューメキシコ州にホンド・オイル社を設立、社長となる。石油ビジネスの他に家畜飼育、鉱山、製粉などの事業も手がけ、連邦準備銀行ダラス支店、チェイス・マンハッタン銀行、コロンビア放送システム、パンアメリカン航空、米国石油協会などの理事、取締役を務めた。

訳注9：ピーター・フラニガン（Peter Flanigan、一九二三〜）。一九四七年、プリンストン大学卒。一九五四年までディロン・リードで統計アナリスト、副社長、一九五九年からニクソン陣営に入り一九七四年まで国際経済担当大統領顧問などを務め、ニクソンと行動を共にした。一九七二年にニクソンが設置した国際経済政策委員会を指揮。ニクソン辞職後、ディロン・リードに復帰した。

訳注10：ジョン・コナリー（John Bowden Connally, Jr. 一九一七〜一九九三）。テキサス州選出の豪腕政治家。リンドン・B・ジョンソンを若手議員時代から応援した終生の友。ジョンソンの推薦でケネディ政権の財務長官に就任した一年後にテキサス州知事選に出馬。自由党保守派として対抗馬に圧倒的に勝利した。一九六三年十一月二十二日、ダラスでケネディ大統領とパレード中に、二発目の銃弾を受け負傷。一九七一年、共和党のニクソン政権の財務長官に任命され、一九七三年に共和党に鞍替え。一九八〇年の大統領選に出馬を表明したが予備選で敗退するとレーガン支持に回り宿敵ブッシュをテキサス州で倒す。一九八八年にヒューストンでの事業で破産宣告を受け、一九九三年に死去。

訳注11：一九一七年にフィリップス兄弟がオクラホマ州タルサに設立した石油会社。二〇〇二年にコノコ社と対等合併し、コノコ・フィリップスに改称、総合エネルギー企業としてはアメリカで三番目、石油精製企業としては第二位となった。主力事業は、石油の開発、生産、精製、販売、輸送のほか、天然ガスの生産、販売、化学製品の生産など。東京電力と東京ガスが参画する豪ダーウィンLNG（液化天然ガス）プロジェクトを主導し、二〇〇三年には東ティモールの海底油田バユ‐ウンダン・ジョイントベンチャー（プロジェクトの六十四パーセントを所有）にイタリアのＥｎｉ／ＡＧＩＰ、オーストラリアのサントス、日本のＩＮＰＥＸ（それぞれ十二パーセントずつを所有）と共に着手。

訳注12：イギリスとノルウェーの間の北海海底油田群。エコフィスクは北海で最初に本格生産がなされた油田。ノルウェー南部の港町スタバンゲルの南西方約三百十キロメートルのノルウェー領北海（水深六十～七十メートル）に位置する。米フィリップス・ペトローリアムが一九六八年に発見した。生産された原油は海底パイプラインで英国へ、天然ガスはドイツに送られている。累計産油量は可採埋蔵量を超えて二十億バレル前後に達していると推定される。フリッグ・ハイムダル（ノルウェー領海）は天然ガス田。フォーティーズはイギリス領海内にあり、BPの主要鉱床であったが、ピークは一九八〇年代で、現在は最盛期の十分の一まで生産が落ちている。二〇〇三年にはアメリカの独立系石油会社アパッチに買収された。二〇〇四年は日産八万一バレルと生産が倍になったとアパッチ社は報告している。スタットフィヨルドに位置するブレント油田はイギリスが四分の一を保有しているが、現在は衰退しつつある。

訳注13：ヘンリー〝スクープ〟ジャクソン（一九一二～一九八三）：ワシントン州選出上院議員。一九七二年と一九七六年に民主党の大統領指名選挙に出馬したが敗れた。冷戦時代には反共派民主党員として先頭に立ち、ポール・ウォルフォヴィッツなどネオコンのリーダーたちに影響を与えたとされている。

訳注14：アイダホ州から三期続けて当選した唯一の民主党上院議員。ベトナム戦争に公に反対を表明した初めての上院議員。一九七六年に民主党の大統領予備選挙で健闘したが、カーターに指名を譲った。カーターはしかし、副大統領にモンデールを選んだ。一九七九年から一九八一年にかけてCIAとFBIの違憲捜査、麻薬取引き、第三世界での秘密活動を追及したチャーチ委員会で一躍名を挙げた。環境保護活動に精力的にかかわり、数々の法案を成立させた。彼が保護したアイダホの九千五百五十平方キロメートルの広大な自然環境地域はザ・フランク・チャーチと呼ばれている。

第七章　王国の唯一の資源：巡礼者たち

一九三〇年、イブン・サウドがベドウィン族の軍隊の力を得て広大なアラビア半島の征服に成功し、その名が国名となった。彼は人間を全く寄せつけない荒地に君臨した。そこは、山と砂漠が連なるだけの何の資源も無い土地であった。

生まれつき強靭で卓越した戦士であり、王となるべく運命づけられていた男は、一九三〇年のこの年にはまだ陰気で貧しい男にすぎなかった。王国の唯一の資源といえば、二年後に正式に設定されたメッカとメジナに向かう巡礼者たちから徴収する通行料であった。さて一九三〇年、国の不安定さと世界を震撼させた経済恐慌が人の流れを途絶えさせ、続く一九三一年はあらゆる点から考えて、状況はさらにひどくなる見通しであった。

イブン・サウドはある不思議な人物を信頼していた。それはイスラム教徒に改宗したイギリス人、ハリー・セントジョン・フィルビー（訳注1）である。彼はイギリス政府の植民地総督として働いたが、植民地当局のアラブ人に対する扱いに憤りを覚え、憤然と職を辞し、ジェッダーの町で商売を始めた。彼は風変わりな反逆児で、最終的にはアラブ文学者、イスラム文化学者となった。彼はまた、祖国大英帝国に対して深い嫌悪を露わにし、これがイブン・サウド王の石油に関わる選択に決定的役割を演じることになる。

彼は王の友となり、宮廷でただ一人王に口ごたえすることを許された存在でもあった。しかし、この複雑な男にはさらに不思議な面があった。息子がそれである。

フィルビーがケンブリッジに留学させた息子キムは、共産主義の脅威と戦うイギリスの対スパイ組織の長となる。しかし、これは二十世紀におけるソ連最強の逆スパイだった男の完璧な隠れ蓑であった。正体が暴かれる寸前の一九六三年、キムはモスクワに逃れ、KGB大佐となり二十五年後の一九八八年に死ぬまで彼の地で暮らした。

彼をよく知るグレアム・グリーンは、モスクワに旅した機会には必ずキムに会っていたという。南仏の町アンティーブの旧市街のアパルトマンに住むグリーンは、すぐ近くの行きつけの小さなレストランでキムとの交友について話してくれた。フィルビーが大好きだったティー・パーティー、不規則で遅れて届く『タイムズ』紙のことをいつもぼやいていたこと、そしてスパイのことについて、売国奴とは思わなかったかと尋ねたグリーンに「いや、友人を裏切ったことは悔やまれるが、イギリスに最低の忠誠心も感じたことは無い。むしろ嫌悪だけだ」と答えたという。(原注1)

彼の感情は三十年前の父のそれと全く同じだった。また、彼の二重スパイの回想録を読んだイブン・サウドの通訳はこの類似性に驚いてこう言ったという。

「キム・フィルビーは父親と瓜二つだ」

イブン・サウドは水が欲しかった

イブン・サウドとハリー・フィルビーは、サスペンションが今にも壊れそうな自動車に乗ってよく砂漠の長い散歩に出かけた。フィルビーはサウジ王国でのフォード独占代理人になった……君主は彼の王国にのしかかる不運と、さっぱり成果の上がらないボーリングの不満をかこっていた。彼は水を求めていたのである。彼は石油のことを考えたことなど一度もなかった。フィルビーがこの考えを植えつけたのである。王が百三十五人の処女を娶り、他に百人ほどの女を「知っている」とこっそり打ち明けたことがあった。そして王は、あまりにも財政が逼迫していたので、新妻は彼にすれば非常に控え目な数、年に二人で我慢することにした、と言った。国の経済事情が壊滅的であると政府から言われたのだ。フィルビーは語る。

「私は状況が状況だけに努めて陽気に答えた。陛下と陛下の政府を見ていると、地下に眠る宝を夢見ながらも、面倒くさいのか不安なのか、なかなか土を掘ろうとしない可哀想な男のように見えます。王はもっとはっきり説明してほしいと手招きした。私は言った。陛下の広大な国の地下には膨大な鉱物資源が埋まっている、と私自身は疑いなく思っています。しかしながら、地の底に埋まっているので誰もモノにできなかったのです、と。プロの鉱山師でないとそれは見つけることができません。国家の利益のためのこの開発は、資本の努力と外国の技術者をもってしか組織することはできないのです。ところがです、サウジ政府は外国の会社が国の潜在資源の開発に貢献できることを理解しようとしないのです」

フィルビーは続けた。

「自分の不運を嘆くかわりに、イブン・サウドはコーランのこの一節を思い出すべきでしょう。『神は、自身の最も深いところにあるものを変えられる人間には、その最も深いところにあるものを変えてくれるのだ』。すると王は叫んだ。『おお、フィルビーよ。もし百万冊の書物を我にくれたなら、望みの権利はすべて与えようではないか(原注2)』」

この言葉が王国の……そして世界の歴史の転換点を劃した。フィルビーは、息子にも受け継がれた独特の巧みな、つかみどころの無さでもって、ライバルのイギリスのために尽力していると信じ込ませながら、アメリカ企業の進出のために貢献したのであった。

イラクとイランという地球上で最も豊かな石油地帯二ヵ所を支配するイギリス人は、王国のすぐ側にいた。フィルビーを信用したイラク石油会社(原注3)の幹部は、大英帝国の目的はサウジの石油開発にあるのでは全然なくて、アメリカがイギリスの油田に手を出すのを阻止することにあると伝えた。世界恐慌はピークにさしかかっており、原油のバレル当たりの小売価格は十セントまで暴落していた。サウジアラビアは、石油資本や政治家の目には石油がだぶついた役立たずの国でしかなかった。

「われわれには少し遠すぎる」

一九三三年五月二十九日のサウジアラビア政府による、シェブロンの前身であるカリフォルニア・スタンダードオイル社への利権特恵令の署名は合衆国に湾岸地域への門戸を開放した。しかし当時は、アメリカが、専門家が呼ぶところの最高に信じ難い「地質学的スキャンダル」ともいうべき比類無き広大な規模の石油鉱脈を手に入れたなどとは誰も思わなかった。

一九三九年四月三十日、砂漠横断千五百キロメートルの旅に出たイブン・サウド王は、奴隷、召使、妻、側室、高官など二千人を乗せた五百台の自動車キャラバン隊を従えて、アラムコがこれ以降から開発を始めた主要油田地帯ダーランに到着した。開発現場の竣工式では四千人を招待し、羊四千頭を屠殺して王主催の盛大な祝宴が開かれた。王は億万長者となりアラムコ傘下の企業も成長した。これはすべて第二次世界大戦勃発の四ヵ月前のことである。

一九三九年から一九四五年まで、サウジアラビアにとって大戦の喧騒は遠い響きでしかなかった。唯一の軍事的な出来事は、サウジ国境近くにあるバーレーン首長国の石油施設を爆撃するために、エリトリアから出撃したイタリア空軍の小編隊がサウジ領内に侵入したことぐらいである。(原注4)

しかし、ロンメル指揮下のドイツ軍が一九四一年から一九四二年にかけて中東の支配権を脅かしてきた時、サウジの油田は連合軍、特にアメリカにとって死活問題の様相を呈し始めた。アメリカ合衆国は連合軍の石油補給の六十五パーセントを供給していた。第三帝国にこの地域の支配権を握られ戦争の流れをつかまれると、状況が一変する恐れがある。イブン・サウドに連合国側に忠誠を確約させる唯一の手段は、かなりの金額に及ぶ彼のいつもの経済的わがままを満足させることであった。彼はひっきりなしにアラムコに前払いを要求し、グループの会長はルーズベルト大統領に泣きついた。するとルーズベルトは友人にこんな覚書を送る。

「サウジアラビアの王様の面倒を見るようイギリスに頼んでもらえないか？　当方としては少し遠方すぎるので。フランクリン・デラノ・ルーズベルト(原注5)」

この覚書は、アメリカの武器貸与法制度(訳注2)を口実にしてイギリスにサウジ財政を立ち直らせる責任を押し付けるものであった。チャーチルとイーデンは、部分的にはフィルビーのせいで一度は失った王国に対する影響力を回復するために、これを利用しようとした。イギリスは顧問団を任命し、監視委員会経由でサウジ王国救済計画を提案した。買収の危機に直面したアラムコは一九四三年、再度アメリカ大統領に急報した。コンソーシアムの一員、テキサコの会長はこう書いた。
「イギリスのやっていることは何らわが社の得にはならない」
そこでルーズベルトは、合衆国政府がサウジ王国の要求に対して直接に支援することを決定した。(原注6)
アラムコを財政負担から救うためのこの介入策は、コンソーシアムがアメリカ政府の資本参加要請をにべもなく拒否したこと以上に意外な事であった。この選択は、資源供給源に関してアメリカ政府が抱く懸念と、ワシントンが石油産業を代表して有する大いなる外交的、経済的関与を表わすものだった。

イブン・サウドの幻想

アメリカ政府当局と石油資本との間の協調関係が最高潮に達したのは、一九四五年二月にヤルタ会談から戻ったルーズベルトとイブン・サウド王との巡洋艦USSクインシー号船上での出会いであった。船はスエズ運河の中央に錨を下ろしていた。王は各水兵に四〇ドル、各将校に六〇ドルを支給した。両指導者は主にパレスチナ問題と、この地域に突如ユダヤ人国家が建設されたことについて話し合った。ルーズベルトは、アラブ人とユダヤ人に打診する前にワシントンがこの件に関する政策を変更しないことを約束した。三年後、彼の後継者はイスラエル国家を承認し、以前の約束については石油資本の幹部に向けてこう言明した。

「紳士諸君、残念ではあるが私はシオニズムの成功のために戦っている何十万人もの人々の期待に応え

ねばならない。わが選挙民の中に何十万人ものアラブ人はいない」(原注7)

アメリカ・サウジ石油協力を検討する機会であったクインシー号での会談は、正式な協定には至らず単なる暗黙の了解にとどまった。アメリカは王国の安全を保障し、その見返りとしてアメリカ合衆国向けの石油供給の安全を確保した。

物事は、老王イブン・サウドが死ぬまで抱いていた純粋な幻想の中に見ていたものよりも容易に実現した。

「アメリカの石油企業との協力は簡単で容易なものだ。彼らはイギリス人と同類だが異なるのは政治権力や政府に服従することがない」

この言葉は、現実にはイギリス企業を遠ざけるためにあの虚構の引用で王国を説き伏せた手品師フィルビーの最終的勝利を浮き彫りにしている。

チャーチルのはったり

一九七四年、イーデンは筆者にこんな話をしてくれた。

「チャーチルはイギリスにはもう良い手が無いと感じていました。そこでルーズベルトとイブン・サウド会談の三日後、今度はわれわれがサウジの君主に面会に行きました。会談はカイロ近郊のオアシスで行なわれました。われわれは戦争中、王の贅沢な生活を維持させ、彼の国の財政を再建させるために多大な尽力をしていました。戦争は終わったばかりでしたが、盟友アメリカは王国の承認をもって、ある意味でわが国を門前払いにしたのです。いいですか、一九四三年のテヘラン会議でルーズベルトがイギリスを皮肉りながらスターリンに同意するような素振りを見せてから、ウィンストンはアメリカ大統領には大いに幻滅していました。彼はいつものように、きわめて緊張してこの会談に臨みました。そして、到着するとすぐに深刻な事態に直面しました。サウジ側から、敬虔な回教徒であるイブン・サウドの前での喫煙は許されないと言われたのです。ウィンストンはこう返答しました。『陛下の宗教が飲酒と喫煙を禁じていることは完全に理解しているとお伝えください。しかし私の宗教には、食事の前と後に、あるいはその間にもそうしたいと思えば、煙草を吸い、アルコールを飲むという永久不変の規律があるのです、ともお伝えいただきたい』」

イーデンは続けた。

「王はこの不快な展開をユーモアと受けとめ、豪奢な宝石を贈り物にくれました。だがわれわれは香水のサンプルみたいなものをいくつか持って行っただけでした。困ったチャーチルと私は思わず顔を見合わせました。するとチャーチルはにっこり笑って君主に近寄るとこう言いました。『閣下、今差し上げましたのは贈り物なんかではございません。われわれは世界一美しい自動車ロールス・ロイスをお贈りします』。イブン・サウドは満面の笑みを湛えました。でもたった一つ問題がありました。ウィンストンの言葉ははったりでした。イギリス政府にはそんな代物を購入する予算も権利もありませんでした。そこで、これはもちろん最高機密ですが、われわれは王から贈られた宝石を売って予算の足しにしたのです」

そしてイーデンは微笑しながらこの話を結んだ。

「その後、聞いた話では王はこのロールスには一回も乗らなかったそうです。しかしあれは世界一のモデルには違いありませんでした。それは車が右ハンドルだったからです。王はドライバーの横に座るのを好んでいたのですが、左側に座るのはアラブの王族にはふさわしくないことだったのです(原注8)」

石油が産業を飛躍させる

後を受けたワシントン政府は、エネルギー供給の観点においてサウジ王国の重要性が増していることを敏感に察知した。一九四八年以降、アメリカの石油輸入量は輸出を超え、この傾向は年を追うごとに大きくなった。

数十億バレルもの石油が精製されお話にならない値段で買われ、アメリカ合衆国とヨーロッパの産業を飛躍的に発展させた。

イブン・サウドをして、「王国のすべての富を集めても、らくだ一頭の背に積むことができる」と言わしめたのは遠い昔話になった。爾来、誰も知らなかったし軽く扱われていた首都リヤドは、避けては通れない近い場所となった。

一九七〇年から一九七三年の期間を再検証する中で筆者は、アメリカ合衆国とサウジアラビア王国との政治的、軍事的、エネルギー的な真の同盟関係は一九四五年のクインシー号上での会談ではなく、この期間に強化されたのだという印象を持った。ルーズベルトとイブン・サウドとの漠然とした合意は二十五年後に、ワシントンとリヤドと国際石油資本が共通に採用した戦略となったのである。

この事態の推移の中心にいたニコラ・サルキスはこう回想している。

「一九七〇年の初め、ワシントンは石油価格の高騰でアメリカが被害者づらをする好機会だと判断した。

そうすれば、特にヨーロッパ、日本、アメリカなどとの利害関係の不一致をうまくカムフラージュするために、また産油国と消費国との間の二国間開発協定を邪魔しながら国際石油市場におけるアメリカの主導権を守るために、西洋諸国の団結の中で微妙な綱渡りをして見せることができるからだ。そこで敵を作る必要があった。まさにそのためにOPECに白羽の矢を立てたのだ（原注9）」

アメリカの敵からの激励

その間も、アメリカは価格を引き上げさせるためにOPEC加盟国に媚を売った。そのシナリオは一九七一年のテヘラン協定から始まる。協定調印に先立ち、よりラジカルなアラブ諸国は、湾岸地域の公示価格より一バレル当たり十二セントから十七セントの値上げを願望していた。誰もが驚いたことに、テヘランで「慌しく」行なわれたOPEC代表とメジャーとの交渉は、即座にバレル当たり三十五セント引き上げ、さらに毎年五セント上乗せし、しかもインフレ差額分二・五パーセントを毎年加えるという合意に達したのである。テヘラン協定の内容はトリポリ協定（訳注3）、ラゴス協定と継続し、一九七五年まで続いた。しかし、トリポリ協定後一年三ヵ月で、アメリカ合衆国はすでに一九七六年から一九八〇年までの新価格引き上げの状況を準備していた。ニコラ・サルキスがその混乱状況の詳細を説明してくれた。

「一九七二年六月二日、第七回アラブ産油国会議がアルジェ近郊の国民会議場で盛大に開催された。この前日には、イラクとシリアの石油開発を五十年以上支配してきたシンジケート、イラク石油会社の財産国有化が突如実現していた。五百人近くの会議参加者には予定外の発言権があり、アメリカ政府高官のジェームズ・エイキンズ（訳注4）も発言した。彼は国務省の燃料エネルギー長官で、ニクソン大統領の石油問題顧問の地位にあった。エイキンズはその後、サウジアラビア大使に任命されていた。彼は、ニクソンが構成したアメリカの石油政策を再検討する委員会第二回報告作成の主要メンバーでもあった。この報告は、価格の引き上げを推薦するものであった」

「アラブ諸国の数百人の高官や専門家を前に、エイキンズが発言台に立ち演説原稿を読み始めた。それは聴衆の自尊心をうまくくすぐる言葉で始まった。『紳士諸君、私は本日行なわれましたところの祝典に参加させていただき、イラク石油会社の国有化を歓迎するご発言の数々とご喝采の拍手をとくと拝聴いたしました。正式代表としての公的な立場上、拍手への参加はいささか憚られるところではありますが、私も皆様と共にこの喜びを分かち合いたいと存ずるものであります』。きわめて意外な切り出しの後、ジェームズ・エイキンズは石油市場の発展に関する彼の考えを披露し、そして爆弾発言とも言うべき言葉を発した。『OPEC加盟国のいくつかは、公示価格をバレル当たり五ドルまで引き上げようと考えています』。私の横にはイラクの石油相が座っていた。彼は五ドルという数字を聞くと、耳を掻き、びっくりした顔で私を見て、私も同じことを聞いたかと尋ねた。私たちは、五ドルという価格をそれまで口にしたことはなかったが、OPECのどの国にとってもこれは大きな驚きだった。実際には、OPECでは石油価格の変更の議論はまだ始まっていなかった(原注10)」

アメリカ高官の発言を受けた各国代表の驚愕を理解するには、一・八〇ドルから二・六〇ドルに上がったテヘラン協定におけるバレル当たり五十パーセントの引き上げ幅を想起する必要があった、と元石油大臣タリキは言う。

「当時の状況の流れに立ち戻ってみる必要がある。われわれの目的はすべからく、われわれに課せられていた法的、経済的枠から自由になることに向けられていた。われわれは一九六〇年にＯＰＥＣを創設して以来、初めて企業の国有化とバレル当たりの価格引き上げを行なったわけだ。われわれは真に革命的なことをやってのけたと思っていた。それをわれわれの二つの敵であるアメリカ政府と石油メジャーを代表するジェームズ・エイキンズのような男が、乱暴この上なく割り込んできて、われわれの目的などけち臭い、もっと大きく出ろと言ったわけだ。実質的に、ニクソン陣営の実力者で石油資本の経営相談役を務める人物がわれわれにラジカルな政策を指図したということだ。こちらにすればとんでもない話だった」

アメリカの石油は一九七〇年以降衰退した

一九七三年夏、アメリカ合衆国は一日当たり六千二百万バレルを、主に湾岸地域から輸入している。これに対して、一九七〇年には三千二百万バレル、一九七二年には四千五百万バレルであった。輸入国の懸念と機関投資家の思惑のせいで、石油購買と価格に対する圧力は世界的に高まる一方であった。

そこに、政策決定者たちにさえ全く知られておらず、無視されていた、三年前に起きたかなりの内容を持った事件が、いよいよ一九七三年十月、期限切れを迎えようとしていた。

一九五六年、地質学者でシェル研究所所長のキング・ハバート教授が北アメリカにおける石油鉱床の発見の周期に関する綿密な研究に着手していた。彼の研究成果は数学的に、すべての石油鉱床の開発が「釣鐘状」のカーブのように開始され、猛烈な勢いで上昇し、安定期に入り、ふたたび不意に急降下し、終結することを表わしていた。ハバートは、最大で最も開発が容易な油田が最初に発見され、時の経過と共に発見は小さくて、より開発困難な鉱床に収斂されて行くと力説する。この研究に従って、この地質学者はアメリカの石油生産は一九七〇年に最高潮を迎えた後数年間、急激に衰退し、外国への依存傾向を強めて行く、と結論した。(原注11)

ハバートは一九五八年に最終的に研究を完成し、ソ連のスプートニク打ち上げの一年後の一九六〇年に石油企業幹部と政府関係者の補助で運営される全米石油協会に提出した。全員が彼の発表を馬鹿にし、懐疑的反応を見せた。しかし、ハバートの研究は思いつきでも何でもなかった。第二次世界大戦の前、彼はコロンビア大学で地質学を教えていた。彼の、地殻における岩盤の抵抗力の研究は権威のあるものとなり、石油開発イノベーションの突破口を開いた。発表の際、ハバートは同時にもう一つの異説をとなえた。生産の衰退は、掘削技術が向上し採掘の新技術を駆使しても避けがたく継続する。彼に言わせれば「ピーク」つまり最大生産量に達した後は、アメリカの油田はすべて規則的かつ不可逆的に枯渇への過程を辿って行く。

ハバートはまさに驚くべき正確さをもって看過していた。アメリカは正確に一九七〇年、予測されていた時期に石油生産の衰退期に入ったのだ。衰退は年を追うごとにより明確化した。彼は一九八九年まで生き、その業績の正しさが認められるのを見る幸せを味わった。ハバートのピークはそれ以降、数多くの分析プロジェクトのモデルに採用された。そこから出された不安な結論については後で述べることにする。

取材の過程で、筆者は不愉快な事実を確認した。この十年間にアメリカで出版された石油問題に関する主要な書籍を読んだが、キング・ハバートを引用したものは、どんな短いものでも、きわめて少ないことに気がついた。ハバートの研究は、それほどまでに無視すべきで、異端的で破壊的なものなのか？　それが多くの人にとって迷惑な事実であることは分かる。ハバートは、それ以後の石油産業の中心人物たちが、石油の埋蔵量を「無限」とする「支配的」説を告発するすべての反体制派を黙殺し、悪魔扱いするのをやめさせる扉を開いたのである。

アメリカは、人類が最初に月面を歩く様を世界中が感動して見守った一年前の段階で、この石油生産の衰退と将来的規模を何もかも度外視していた。一九六九年に、ニール・アームストロングが地球の衛星、月の表面を歩いているのを見ながら、一体誰が四年後に石油パニックが訪れ、ガス欠で車が動けなくなることを想像できたであろうか？

完全に安全に汲み出せる石油

一九七三年、そこには裏の裏があった。石油ショックが起きたばかりの時、ニクソンは地中海におけるソ連艦隊の行動に対応して米軍に最大限の核戦争緊急体制を敷いた。第二次世界大戦後初めてのことである。実際には、この政治的ジェスチャーの裏で、アラムコ本体とサウジの油田で、アントニー・サンプソンの言葉を借りれば「世界で最も裕福な四社」による全く異なる重大事態が持ち上がっていた。

サウジアラビアなくしてOPECも西洋の繁栄もない。この国は理想的だ。アメリカにぴったりと依存する君主国で、隣国の突然の脅威に対する絶えざる防御を配慮すべきほど十分に弱小であり、とりわけ無尽蔵ともいわれる膨大な油田を有し、それがOPECの中心国として、アメリカを始めとした先進工業国の盟邦たらしめている。世界の需要はサウジの生産増加を強く要求しており、生産は即座に一日六百〜七百万バレルから八百〜九百万バレルに上がる。その上、日産千五百万〜千七百万バレルを超える量に到達する可能性を持った強大な採掘ペースに、サウジの高官は二千万バレル以上を保証する倍の量の生産の実現性さえ認めている。一九七〇代の終盤、サウジ石油相シェイク・ヤマニによれば上がりすぎた石油価格は懸念すべきであり、サウジの産油量を日産二千万バレルに増やすことを検討していた。しかしこの計画は一度も採用されなかった。

西洋は保証され、ＯＰＥＣは崩壊する。このようなパートナーが相手では、ＯＰＥＣは生産も価格も操作できるような余裕など無くなる。

アメリカの戦略に不可欠な駒

一九六四年、ファイサル王子が兄を権力の座から追い落とした。いかめしい風貌の、鷲のようなプロフィールをしたファイサルはアメリカを少しも好きではなかったが、ナセルによって具現化された非宗教的で進歩主義的アラブ人国家をもっと嫌っていた。何らかの理由がないわけではなく、彼は、エジプト大統領がモスクワと共産主義の、この地域への影響力を広めさせる理想的な橋頭堡になっていると見ていた。イスラエルの存在は、君主国サウジとアメリカ政府との絶えざる摩擦の原因であった。彼は最悪の敵、ヘブライ人国家のように、アメリカの楯とならねばならないのは屈辱的なことであると考えていた。

彼は十年前に隣国イランを不安定化し、ＣＩＡの助けでモサデク首相を失脚させ、シャーを王座に復帰させた危機に深く注目した。彼はアメリカ高官に対して、情報局員を王国内で活動させないよう要求した。彼には、アメリカにその必要が全く無いことが分からなかった。

君主国サウジは、アメリカの戦略にとって不可欠な駒であった。一九五〇年代初頭から、ワシントンは、ナセルと、イスラム過激派を擁護するナセルのアラブ民族主義への逆襲を試みてきた。エジプトではムスリム同胞団(訳注5)が、アメリカの援助を受け、裏で金を貰っていた。アメリカはサウジ王国内に彼らの目的に完璧に適うものが創られていると見なした。それは反動的ともいえる保守的君主制であり、サウド王朝は厳格で非妥協的で単純明快なイスラム教に依拠し、彼らを権力の座に押し上げ、ワハブ主義(原注12)を文字通り実践する部族連合の強い支持を受けていた。

紅海沿岸に広がる、メッカとメジナのイスラム教の二つの聖地を擁するヘッジャ地方は、一九六〇年代初頭まで寛容と多様性からなる統合的文化を具現していた。しかし、ファイサルが、中央部の後進地域ナジドで生まれたワハブ主義の遍在性を強烈にアピールし、その全体主義的規範を徐々に押しつけていった。

ワシントンはこぞってこれを歓迎した。それはなぜか。この時期にペルシャ湾地域で活動した元ＣＩＡの情報員が匿名希望で筆者に語った。

「われわれは王家内部の対立抗争など馬鹿にしきっていた。唯一関心があったのは、石油が完全に安全に汲み出せることであり、国家が安定し、ワハブ主義が国民を縛りつけ、国家警察のように効果的に監視することだった」

国内にＣＩＡの存在を望まなかったファイサルは、アメリカの諜報機関と石油企業との間にある密接な協力の評価を誤った。中東の諜報作戦を指揮したカーミット・ルーズベルトがＣＩＡを辞職した一九六〇年、彼は巨大石油企業ガルフ石油の副社長に就任し、石油企業グループとアメリカ政府との「関係」を担当することになる。

その一年後の一九六一年、ジョン・F・ケネディからCIA長官に任命されたジョン・マッコーンは、以後一貫して石油産業に身を置いた。彼は、石油精製工場建設を専門とする会社をアメリカと中東に設立し、石油輸送ビジネスも行なった。議会で聴聞された際、彼はシェブロン株百万ドルの所有を認めたが、上院議員の誰もこのことを問題にしなかった。

サウジの不安な石油事情

この長い密接な関係は一九七三年の石油ショックの前夜まで存在した。今度は、アメリカの諜報部員に情勢分析情報を流していたのはアラムコである。この時期以降、サウジアラビアは世界の石油の二十五パーセント以上を握ったと考えられる。しかし、開発の構造は異様だ。サウジの産油量の九十パーセントは、アメリカのユタ州の広さに相当する狭い地域に集中した六つの大油田から産出する。特筆すべきはガワール油田で、世界最大である。一九四八年に発見され、全長二百五十キロメートル、幅三十キロメートル、三千四百基の油井から日産五百万バレルも産出できる。専門家は、この鉱床には地球上で獲得可能な全埋蔵量の十七パーセントが眠っていると言う。ここの枯渇はとりもなおさず、世界の石油供給の取り返しのつかない枯渇を意味する。

一九七〇年代初頭、アラムコを構成する四企業は、バレル当たり相当額の石油税を王国にきっちりと払うことで、サウジアラビア産の石油の価格を設定していた。だがこれはもう昔話だ。一九七三年の初め、コンソーシアム幹部はいくつもの切迫事情に直面し、濡れ手に粟の時代が終わりに近づいたことを完全に理解した。

この時期、舞台裏で展開していた物語は、工業化社会の将来に重大この上ない結果をもたらすものであった。二人の優れたアメリカ人ジャーナリストの鼻っ柱の強さなくしては、この物語は完璧に闇に葬られていたことだろう。一九七四年にジャック・アンダーソンが『ワシントンポスト』紙上で暴露した内容は、五年後にシーモア・ハーシュが『ニューヨークタイムズ』に書いた記事で補われ、確固たるものとなった。ハーシュは、現在でもまだ調査報道ジャーナリズムにおける偉大な人物である。アメリカ軍兵士がベトナムの村民を虐殺したソンミ村事件報道(訳注6)の三十五年後、彼はブッシュ政権の虚偽と操作を最高にいやらしく暴露した。

アンダーソンとハーシュの記事は、一九七三年におけるアラムコ幹部の嵩じる不安、間もなく国有化される心配、油田の支配権を握る前に最大限に石油を採取するためのサウジ政府による生産水準の引き上げ決定、などについて書いている。一九七六年に起きたのは、コンソーシアムの六十パーセントが国有化されるという事態(訳注7)であった。その時まで、エクソン、テキサコ、モービル、シェブロンはバレル当たりの値上げに乗じて、とめどのない過剰生産に走っていた。幹部たちは株主向けに、どこまで値上げすれば投資額に見合うのかを専門に調査研究させた。

アンダーソンは、サウジの油田開発が、採取や保存の技術的標準規格を全く無視して行なわれたことを暴露した。経済優先である。油井の与圧に不可欠な工程は適用されず、それが技術的問題を引き起こした。(原注13) シェブロンの内部報告によると、この乱暴な採取方法と予防の不在によって、ガワール油田および非常に重要であるアブカイク油田を永続的に損傷した。

これもまた極秘であったが、サウジの四大鉱床の貯蔵タンクの圧力が急激に基準(バブル・ポイント)(訳注8)以下に下がる危険性がアラムコの上層部に報告されていた。これらは開発レベルが高すぎたことを示している。

新たな鉱床は無い

こうした行動は当然ながら物欲のなせるものではあるが、同時に石油企業幹部の完全に誤った観念に起因する。彼らは、サウジアラビアで日産二千から二千五百万バレルが可能だと考えていた。それが難しくなってくると、予測を千六百万バレルに下げ、これがまだ楽観的だとして、千二百万バレルに修正した。

シーモア・ハーシュは一九七九年に、アラムコの二社、エクソンとシェブロンの内部文書に基づいて記事を書いている。彼は、公式に発表された話とははるかにかけ離れたサウジアラビアの石油事情の不安について概説している。うち一社は、以後十年の間はサウジで日産千四百から千六百万バレルを供給できる状況にあると言い、それが一九八〇年代中盤における消費国への供給の中断状態を回避するに不可欠な数字と判断している。この文書はまた、採取量が多すぎた場合に起きる多くの技術的問題を列挙している。この記事は上院の外交委員会に提出され、この二大石油企業が喚問された。文書にはサウジ政府の要請に従って実施された非常に参考になる詳細な調査も含まれていた。

この調査は、もしも日産八百五十万バレルという恒常的ペースを超えなければ二〇〇〇年には総生産量が低下すると一九七〇年代の初頭において予測している。もし恒常的水準が千二百万バレルに達すれば、サウジの油田は十五年以内に枯渇するであろう。この最後の予測が最も心配なものであった。日産千四百から千六百万バレルで、サウジの石油は六年から十年以内に「ピーク」(最大限)に達し、そこから急激に低下していく。この評価によって新たな鉱床の発見が検討された。ハーシュの記事はさらに、アラムコが幾多の掘削を試みたにもかかわらず、一九七〇年代初頭以来新たな鉱床の発見が無い(この数字は誤りで、サウジ国内で最も新しいシャイバ大鉱床は一九六七年に発見された)(原注14)。サウジアラビアでは合計八十五基の油井が掘削されたが、そのうち石油が出たのは十数基だけで、評価に値するのは半分だけであった。

発見油田数のウソ

カーター政権はアラムコに対して強い怒りを表わした。一九七三年から一九七七年の間に石油供給量が百五十億バレル増加したと信じ込ませるために新油田の発見数をごまかしたとして、アラムコ幹部を告訴した(これは秘密裏の告訴で決して公にはされなかった)。この怒りは、サウジの地下には実際にどれだけの石油があるのかについて疑問が高まると共に倍加した。ホワイトハウスに勤務していた、当時のカーター政権の閣僚の一人が話してくれた。

「あれは大きなパラドックスだった。アメリカの指導者はサウジの石油資源についてはあまり関心が無かった。それから一九七〇年以降、アメリカの石油生産がどんどん低下し始めると、サウジの石油が不可欠になり、アメリカ人はこの国が秘めていた大量の石油を誉めそやした。褒めすぎというのはすっかり分かっていたことだけれども」

ハーシュの記事はアンダーソンのものと同じように完全に無視され、その重要な内容はアメリカでは何の反響も呼ばなかった。


一九七三年は、盛大な脅かし合戦の幕開けの年となる。その主役は誰かと言えば、アメリカ政府とサウジ王室と国際石油資本である。

サウジの石油生産は一九七〇年に世界の石油輸出量の十三パーセントを占めていた。これが一九七三年に二十一パーセントに達し、さらに伸び続けた。一九七二年七月、サウジ王国は日産五百四十万バレルを記録し、サウジアラビアが正真正銘の「石油の巨人」であるという虚構を認めさせることになる石油ショック直前の一九七三年には、八百四十万バレルまで跳ね上がった。国際会議などにおいて、政治責任者とサウジの専門家たちは無限大の可能性（日産千二百万から千五百万、あるいは千八百万バレルまで）を強調して悦に入っていた。ワシントンは、それが真っ赤な嘘であることを知りながらこれに同意し、石油資本もこれを認めた。ジェームズ・シュレジンジャーに「最後の頼みになる国」と評価されたサウジアラビアは途方も無く肥大した石油の虚構なのである。

一九七九年にホメイニ師が権力の座に就いたことで起きた、これまた強烈な第二次石油ショックとイランの輸出ストップにもかかわらず、サウジの生産が一千万バレルを超えることは決してなく、市場は完全にパニック状態になり、一バレル当たりの価格は四十ドルの天井を突破した。ジミー・カーターは毎日のように大使を王宮に面会に行かせて増産と価格引き下げを求めたが、この哀願行為にもかかわらずサウジアラビアは短期的に日産一千万バレルを記録しただけで、八百五十万バレルの水準を守り続けた。アメリカの努力は実らなかった。王室は生き残りを考えていた。

石油は王国の資源の九十五パーセントを占め、その二十パーセントが王室に帰属する。王子の数だけでも八千人を数える王室には、個々の利害と国家の利害を混同する困った癖があった。

二〇〇一年、サウジの防衛大臣で王の弟でもあるスルタン王子の息子、ワシントン駐在サウジアラビア大使のバンダル・ビン・サルタンはアメリカのテレビに驚くべき秘密を流した。元大統領とその息子との親密な関係から「バンダル・ブッシュ」と異名をとるこの男は、王室に関わる癒着疑惑に答えて、「あの王室はサウジアラビアの開発のために四千億ドル近くを費やした。この国の建設のために五百億ドルが不正に使われたと言われるのなら私はそれを否定しない……それがどうしたというのですか？」(原注15)

この傲慢なる告白の裏には、一九八〇年代にソ連と共産主義体制を倒すために極秘に展開された戦略の中で主要な役割を演じ、同時にワシントンの不安を一時的に緩和させるべく協力したバンダル一族が持つ国家と石油の大きな力への自負が隠されている。

原注1：筆者との対話、一九八八年、アンティーブ。
原注2：ハリー・セント・ジョン・フィルビー著『『アラビアの祝祭』ヘイル、ロンドン、一九五二年。同じく『アラビアの日々』ヘイル、ロンドン、一九四八年。

原注3：一九二八年にトルコ石油会社から引き継がれた。
原注4：レナード・モスレー、前掲書。
原注5：合衆国上院調査委員会、ワシントン、一九四八年。
原注6：合衆国上院石油資源調査委員会、ワシントン、一九四五年。
原注7：レナード・モスレー、前掲書。
原注8：筆者との対話、一九七四年。
原注9：筆者との対話、一九七四年。
原注10：ニコラ・サルキス、前掲書。
原注11：キング・M・ハバート著『核エネルギーと化石燃料』アメリカ石油研究協会、テキサス州サンアントニオ、一九五六年。
原注12：ワハブ主義は提唱者ムハンマド・イブン・ワハブ（一七二〇〜一七九二）にその名を由来する。ワハブは一七三九年にその宗教哲学三部作を書き上げた。コーランの直接的解釈を主流とする。
原注13：ジャック・アンダーソン、前掲書。
原注14：シーモア・ハーシュ「問われるサウジの石油能力」一九七九年三月四日、『ニューヨークタイムズ』。
原注15：PBSテレビ「フロントライン」二〇〇一年十月九日放送。

訳注1：ハリー・セントジョン・フィルビー（Harry Saint John Bridger Philby、一八八五〜一九六〇）イギリスの探検家でアラビア学者、作家。一九一七年にイギリス軍人としてアラビアに特別任務につき、ヨーロッパ人として初めてサウジアラビア南部のネジド砂漠を横断した。三十年間、サウジ王イブン・サウドの顧問を務めた。一九三〇年、イギリスの中東政策に不満を抱き辞職、イスラム教に帰依、ハジ・アブドゥラに改名した。著書に『アラビアの心』（一九二三）『サウジ・アラビア』（一九五五）『野生の中の四十年』（一九五七）がある。
訳注2：一九四一年三月、第一次大戦において中立だったアメリカが連合国支援のために武器・軍需物資の支援を認めた法律を議会で通過させた。

訳注3：テヘラン協定の六週間後の一九七一年四月、トリポリにおいて、リビア及びサウジアラビア、ナイジェリア、イラクの代表が欧米石油企業と五週間協議し、地中海地域に供給する原油価格を年間物価指数二・五パーセント上昇分とインフレを理由に、五年間にわたり二・五五ドルから三・四五ドルに引き上げる協定を結んだ。このイニシアチブを握っていたのはリビアで、それまで欧米石油資本と友好関係にあったサウジは、これに協調しなければパレスチナゲリラにパイプラインを破壊される恐れから、ジャルード率いるリビアの要求に従った。

訳注4：アメリカの外交官。二十年間にわたって、特に中東を中心に外交官を務めた。ナポリ、パリ、ストラスブール、ダマスカス、ベイルート、バグダッド、本国国務省を経て、一九七三年から一九七五年までサウジアラビア大使。

訳注5：ムスリム同胞団は一九二八年にイスマイリアにおいて「イスラムのために奉仕するムスリムの同胞たち」としてハサン・バンナーが結成したエジプトのイスラム原理主義組織。ナセル政権下では弾圧され、イスラム過激派の思想的原点になった。エジプトでは非合法組織の扱いを受けているが、二〇〇五年、ムスリム同胞団勢力が議会で大躍進し、存在感を強めている。パレスチナの抵抗運動組織ハマスはムスリム同胞団の闘争部門として結成されたもの。

訳注6：一九六八年三月十六日に南ベトナムに展開するアメリカ陸軍のウィリアム・カリー中尉率いる第二十三歩兵師団第十一軽歩兵旅団第二十歩兵連隊第一大隊C中隊がクアンガイ省のソンミ村を襲撃し、無抵抗の村民五〇四人を虐殺した事件。『ニューヨーカー』のシーモア・ハーシュ記者が報じ、問題となり、米軍は軍事法廷で中尉に終身刑を言い渡した（後に懲役十年に減刑、ついで仮釈放）。

訳注7：一九七三年、サウジ政府はアラムコの株の二十五パーセントを取得し、一九七四年には六十パーセントにまで増やし、一九八〇年にはアラムコを完全に支配下に治めた。

訳注8：石油タンクなど密閉された空間では、液体の温度上昇による膨張、揮発を抑えるため、内部の空気圧を一定に保ち、液体中の空気の割合を適度に調節しなければならない。

第八章　モスクワのボイコット破り

アメリカの歴史学者ダニエル・ヤーギン（訳注1）は「石油は十パーセントが経済で、九十パーセントが政治である」と言った。一九七〇年から一九八〇年の十年がこの言葉の正しさを証明している。

一九七二年十二月、レオニード・ブレジネフはクレムリンに招いた三十人ほどの欧米諸国の賓客に言った。

「経済交流と貿易がデタントの不滅の強固な核となる」

経済界が着手し、政治家のルートを介して進められた米ソの接近が突如、アメリカ＝ハムレットとソビエト＝オフェーリアの待望の純愛ロマンの様相を呈してきた。一九七三年の石油危機の間、両国はきわめて秘密裏に公的な対立関係とは正反対の共同路線を画策していた。

アラブ産油国による輸出禁止政策の狙いは、欧米諸国とりわけアメリカによるイスラエルへの圧力の行使にあった。この輸出禁止政策が……ソビエト連邦の仕業で手ひどくやられた。アラブ諸国の政策を支援していたモスクワが、最近、石油を国有化したばかりの同盟国イラク産の石油を輸入し、「反帝国主義への勝利の果実」をアメリカに横流ししていたのである。

この貿易の実態が政治信条を阻害することのないように、イラク産の石油はまず東欧で、イスラエルと唯一国交を結ぶルーマニアに向かい、それからソ連の商社経由でアメリカに転売された。輸入禁止措置の期間に展開されたこの複雑な秘密取引は、やはり石油市場で営業する多くの業者の口から漏れた。彼らは、中東からソ連に輸出された石油七百万トンが、ソ連からアメリカ向けに輸出された石油の量と同じであることを確認している。強い外貨と迅速な利益の追求が、またもやこの「資本主義の危機」につけ込む誘惑に勝ったのである。

テヘランがイスラエルと共同オーナー

相互依存という現実が、しばしばイデオロギー的立場をないがしろにしてしまう。

そのことを最もよく物語るのは、各国の経済的生命の維持に不可欠な、頸動脈にも等しいパイプラインである。ルーマニアは、共産主義独裁者チャウセスク時代に、イスラエルが建設したパイプラインを部分的に使用してイランの石油を大量に輸入していた。世界地図からイスラエルを抹消せよと提案するウルトラ保守のイランの現大臣は、自分の判断でこの事実を巧妙に隠している。テヘランがイスラエルとパイプラインを共有して、主要な歳入源を通過させていたのだ。

一九八〇年十一月六日、ロナルド・レーガンが誰の目にも無力になっていたジミー・カーターを選挙で倒した。大統領選キャンペーンが始まる前、レーガン陣営は大統領を二つのカテゴリーに分類した。カーターもその一人であるが、過去のジェラルド・フォードやハリー・トルーマンのような「仕事をする」大統領と、ルーズベルト、ケネディ……そしてレーガンのような「シンボル」としての大統領である。

十一月七日朝、合衆国史上最高齢、七十歳になったばかりの大統領が最初の記者会見のためにロサンゼルスのセンチュリープラザの壇上に姿を現わした。筆者は記者席に座っていたが、質問が外交問題に移るや否や、彼が無知同然であることがまる見えになった。だが、そんなことは気にしない。レーガンは直截に、熱意をこめて言った。

「私はこれから先、何が待ち受けていようと怖くはない。アメリカ国民も将来に不安など抱いていない」

そして、キャンペーン中ずっと同行したわれわれ報道関係者に言った。

「若い衆、ご苦労さん。私の苦労はこれからだよ」

これにもう一言つけ加えてもよかった。モスクワの苦労もこれから始まるよ、と。

一九八三年、レーガンはソ連のことを「悪の帝国」と規定し、直後に副大統領のジョージ・ブッシュと彼の妻を夕食に招いた。食事はホワイトハウスの三階の大統領官邸で始まった。食事の間、アメリカの国家元首の話す言葉はいつもながら熱っぽかったが、中身はあまりよく分からない。彼は、ある側近が「ほとんど無尽蔵」と言っていたように、山ほどのジョークで会話を盛り上げた。食事の終わり、彼はブッシュに近寄って言った。

「ジョージ、知ってるかい。ソ連はもう本当に文無しだよ」

レーガン政権は当時、ホワイトハウス国家安全保障会議経済部の作成した極秘調査をバイブル替わりにしていた。同調査は、世界中から集めた大量の情報源を検証し、つきあわせたものであった。大統領と側近たちは調査文書の一行一行を読みながら、唖然とさせられた。

エクソンの売り上げの三分の一

調査分析は次のようであった。

「超大国、ソビエト連邦共和国の外貨獲得高は、武器輸出、金、ダイヤモンドそして特に石油、天然ガスの収入を合計すると二百四十億から二百六十億ドルと見込まれる。この金額はゼネラルモーターズの売り上げの四分の一、あるいはエクソンの売上実績の三分の一にすら満たない、壊滅的ともいえる低い数字である」

分析は続く。

「他方、これらの外貨収入全体が農産物輸入、機械類輸入そして借款の返済に充てられている。故に、石油収入の激減を見ているモスクワは、その帝国国家運営においていくつかの経済的圧迫を経験せざるを得ないであろう。キューバ、ベトナム、ニカラグア、アンゴラ等の衛星国に供与する援助は毎年約六十億ドルに上昇している。多くの欧米諸国は、こうした数字はソ連のような規模の国にとって付随的経費に過ぎないと考える傾向にある。この六十億ドルが事実上、ソ連の歳入の十五パーセントに該当することを知るべきである」

結論。

「ソ連が困難を打開するには二つの方法しかない。

1　武器輸出の増加。しかし、主要輸入国のシリア、イラクは石油価格の低下により支払能力に大きな問題をかかえており、利幅は底を突いている。

2　信用取引の増加。

である」

この調査を担当した人物はロジャー・ロビンソンという。彼はチェイス・マンハッタン銀行の副社長も務め、特にソ連邦と東欧諸国への借款関係を担当していた。理想的な観測態勢と言える。一年後、CIA長官ウィリアム・ケージー（訳注2）と国防長官キャスパー・ワインバーガー（訳注3）の要請により、ロナルド・レーガンはロビンソンをホワイトハウス国家安全保障会議国際経済部長に任命する。彼は、ワインバーガー国防長官が呼ぶところの「ソ連弱体化のための経済ゲリラ戦略」の指揮官の列に加わった。

ソ連は「消滅」すべきである

筆者は一九八七年、初めてロビンソンに会い、それから数年間に何度か会った。彼はホワイトハウスを辞職した後、ワシントンでコンサルタント事務所を開いた。

歳の頃は四十歳くらい、髪は艶の無いブロンドでぽっちゃり顔、大きな眼鏡をかけ、信号機の点滅のようにひっきりなしににこにこ笑う人物である。いつも変わることのない地味なスーツを着、アイロンの効いた白いシャツに暗い色のネクタイ、まさに現代の聖職者、エコノミストのユニフォームだ。

ロビンソンは、彼の目には絶対的悪として映るソビエト連邦および共産主義を、この地球上から「根絶やしにする」ために効果的に貢献したことを誇りに思っている十字軍兵士である。

彼とはオフィスやレストランで対談したが、パズルの断片を見せてくれるだけで、全体を再構成するのには何年もかかった。そこで分かったのは、ソ連が国の財政を安定させ、時に軍事的拡張を実現できたのは、資本主義陣営の主要金融機関から毎年百億ドルの借款を受けていたお蔭である、という目に見えない単純で巧妙なメカニズムであった。このメカニズムは西側の金融機関の協力だけでなく、ヨーロッパに置かれた六つのソ連の銀行を使って動いていた。これらの銀行は虚構で成り立っていた。どれも当該国の法的制約に准じるもので、最高に皮肉なことには、モスクワに支店まで置いていた。

数十年にわたって密かに機能したこのネットワークは、「インターバンク」取引(訳注4)を実施していたヨーロッパ、日本、アメリカの主要銀行間の取引に利用されていた。この預金が利用できることで、ソ連は西側からの融資をより有利に、またより密かに得ることができた。こうしていつでも七十億から百億ドルが利用可能で、モスクワにとって相当に有利であった。西側に設置されたソ連の銀行にある預金は、ソ連の負債帳簿には記入されていなかった。欧米諸国の一般市民が最低額の融資に二十パーセント近い利息を払わされていた時期に、ソ連の借金の利息は六・七五パーセントから六・八五パーセント止まりであったというのは極端に低いと言わざるを得ない。

ロビンソンによれば、この金の流れと移動にはさらに驚くべきもう一つの側面があった。

「このようにして得られた金は、痕跡を残すことなく容易にモスクワの銀行に送金することができた」

彼とワシントンのジョージタウンのレストランで食事をした時、ロビンソンはこの事を、例を挙げて示した。

「金融資本はソ連に対し、借金の用途を個別に知るよりもまとめて融資する方を好んだ。それはつまるところ、アメリカンエクスプレスの短期ローンの返済をかかえているところに、返済期限二年のローンの話が来たようなものだ。この金は他の目的に使える。軍事侵略を援助するなど、モスクワが敵対的な事に使いかねない金を、欧米の銀行が見返りなしに貸したのは、転覆計画に匹敵するくらいの軍事的攻撃である（原注1）」

ロビンソンが描いた設計図にレーガン政権の高官たちは感心した。ソ連のような「有害で反道徳的な」国家は今すぐ「消滅」すべきである、という固い信念を抱いていた大統領自身もその一人であった。ここでもまた、単純明快な信念が歴史に刻み込まれ、サウジの指導者たちは、この一九八〇年、準備されていた秘密の戦争で自分たちが主役を演じることになろうとは思いもしなかった。

「彼らはわれわれの石油が欲しい」

王家は様々な仲介者を通して、レーガンの選挙キャンペーンに気前よく資金援助した。しかしこの一九八一年、王と王の兄弟たち、そして一群の王子たちが再び不安と動揺に襲われた。王国は弱体化し、危機に瀕していた。

一九七九年十一月二十日、サウド王制転覆を説く千人を超える武装集団がメッカに侵入し、カアバ神殿を占拠した。さらに王家と外国高官は、手榴弾と機関銃で武装した集団を指揮する男の正体を知って愕然とした。男は拡声器をとると、聖地の中央にある高い黒天幕、カアバの周りに集まっていた万余の巡礼者群集に向かって演説を始めた。彼は、サウドが一九三〇年に権力を握って以来、その支えになってきた主要部族の一つ、オテイビに属していた。ジュヤマン・アル・オテイビ（訳注5）と名乗るこの男は、彼の部下たちがイエメン、クウェート、エジプトから参加した義勇兵で、全員が「王国を新しいイスラムの手で物質主義の腐敗から救う」ことを目指している、と言明した。二十年余り後に、オサマ・ビン・ラディンが採択した内容と驚くほど酷似している理論と指導力であった。(訳注6)

毎年二百万人以上の巡礼者が訪れるイスラム最高の聖地は数日間、侵入者とポール・バリルが指揮するフランスGIGN(訳注7)の将校を配置したサウジ国防軍兵士との間の銃撃戦の場と化した。

聖地の再建と補修はビン・ラディン土木建設グループが行ない、オサマ兄弟の一人が反乱軍に聖地の詳細を渡したという疑いで捕えられた。

この事件でリヤドとジェッダーの王宮が味わった恐怖感と焦りは、一ヵ月後にソ連のアフガニスタン侵攻でさらにつのる。ソ連軍はその後、世界で最も豊かな油田地帯から飛行機で二時間のところまで進軍した。サウジの秘密諜報局長官でオサマ・ビン・ラディンの後ろ盾、先代ファイサル王の息子トゥルキ・アル・ファイサルは、ソ連の最終目的は何かと訊かれ、こう答えた。

「簡単なことだ。われわれの石油が欲しいのだ」(原注2)

これは事実を衝いた答のように思われる。だがトゥルキは分かっていなかった。サウジの石油を見据え、石油をソ連に対する大量破壊兵器として使おうと考えていたのはワシントンなのだった。

この戦略のコーディネーターが、CIA長官ウィリアム・ケージーである。長官が大臣クラスに加わり、ホワイトハウスの大統領執務室での会議に事実上すべて出席したのは情報局始まって以来のことであった。

ケージー長官は、第二次世界大戦中に情報局員として任務に着き、その後ウォール街で活躍した。

両生類のような風貌で、大きな眼鏡をかけている。ワシントン郊外にある自宅の書棚に、ローマ帝国の滅亡に関する本がぎっしり詰っていたのには驚かされた。

彼によれば、同じ危険が現在アメリカを脅かしている。彼は物憂げな喋り方で、発音が良く分からないことがよくある。例えば、ニカラグアが「ニカファファ」に聞こえる。彼は、共産主義の危険性とナチスの脅威を同様に扱っては一人で盛り上がっている。この男にとってはどちらも同じものだ。(原注3)

彼はラングレーにあるCIA本部にいない時は、登録番号の着いていない専用ジェット、機首の黒いC－141スターファイターで世界中を縦横に飛び回る。

この飛行機はすべてのレーダー監視網やミサイル攻撃をくぐり抜けることができ、世界中至るところの地点と交信できる最新機能の通信装備を備えている。

彼は諜報活動や秘密の活動が好きで、アメリカ大統領からの絶大の信頼をフルに活用している。米国史上、彼ほど自由に行動できる強い権限を持った情報局長官はいない。

時間を節約し、探知されないために、彼の飛行機は世界中に置かれた米軍基地から飛び立ったC－130機から燃料の空中補給を受ける。長旅の間、ケージーは三つの最優先案件を検討する。それは、彼がソ連の崩壊を誘発させようとするものである。

共産主義帝国内に生まれた民主主義の本物の突破口、ポーランドの労働組合、「連帯」の支援。アフガンの国土に居座るソ連軍に歯向かう鉄の槍、ムジャヒディンの経済的、軍事的支援。そして屏風の三枚目に来るのが、ソ連への外貨流入を急激に減らすために経済的圧力をかけること、である。それは非常に簡単な方法で行なう。石油価格の崩壊だ。ソ連は最大の産油国の一つだ。後者の二つの目的を実現すべく、ワシントンは絶対にサウジアラビアを支持する必要があった。そしてケージーは何よりもまず、サウジの同輩、トゥルキ・アル・ファイサル(訳注8)に会うため旅立った。

石油の値段を下げよ

この経緯を完全に知っているピーター・シュワイザー(訳注9)によると、トゥルキが一番懸念していたのは「ソ連によるサウジアラビア包囲網」であった。ケージーが承認した分析は、一九三九年にスターリン政権の外務大臣モロトフがモスクワ駐在のヒットラー・ドイツの大使に伝えた秘密情報を想起させる。

「ペルシャ湾へと続くバクー南部はソ連邦渇望の地として知られている」

CIA長官は続けた。

「それは今でも何ら変わるところがない」

会話はシャーの転落の話に移った。

「われわれが権力を握っていたなら、決して彼を見放しはしなかった」

彼は明言した。それから二人はアフガンのムジャヒディン支援について話し、トゥルキはイスラム反乱軍の軍事経済援助のために、ワシントンが費やす一ドル一ドルに対してリヤド政府は同額の見返りをする、と約束した。ウィリアム・ケージーはきわめて簡単な事柄に移った。彼は、モスクワの石油生産に関する厖大なCIAの最高機密を携えていた。すべてはロジャー・ロビンソンから聞いた話と一致する。ソ連は、石油の輸出で帝国の経済をまかなっている。そして石油価格が一ドル上がるごとに、ソ連への外貨の流入が十億ドル増加する。ピーター・シュワイザーによれば「それがまた始まるのは許せない」とケージーが言ったという。彼はサウジの石油の重要性を強調した。ＯＰＥＣの総生産量の四十パーセントを占めるサウジだけが、石油の国際価格に影響を与えることができるのだ。(原注4)

ケージーが送り、レーガン政権の重要人物たちに伝達されたメッセージの中身は明白であった。アメリカはサウジ王国の安全を保障し、その見返りにこの国は石油価格を引き下げる。国防長官キャスパー・ワインバーガーはこれを要約して「われわれはもっと安い石油を求めていたのであり、それが彼らに武器を売る理由の一つでもある」と述べた。

アメリカ大統領周辺の多くの人たちが、石油のお蔭で王家と直接のつながりを持っていた。言うまでもなく、副大統領ブッシュがその一人だ。彼は三十年前に、彼の会社サパタが隣国クウェートで採掘した石油で財を築いていた。この時期に彼の下で働いていたある人物が、匿名希望で筆者に話してくれた。「彼が完璧なサウジへの入り口だった。昼でも夜でも何時でもファード王に会えるのは彼だけだった」

そこまで近くはなかったけれども、国防長官キャスパー・ワインバーガーもサウジの高官と直接にコンタクトがとれた。彼は当時、サウジの砂漠地帯を通るパイプライン網を設置した世界一の建設会社ベクテルの社長でもあった。

これらの事柄がすべて収斂されていく先が、トゥルキ・アル・ファイサルであり、彼がアメリカ・サウジ協奏曲を指揮したのである。

ビン・ラディンの代父

メッカの反乱があった数ヵ月後の一九八〇年初頭、サウジの情報局長官に会った時のことはまだ記憶に新しい。私は、『レクスプレス』誌主幹ジャン・ジャック・セルヴァン・シュレベールの『世界の挑戦』の執筆に協力していた。インドで彼を、首相に就任したばかりのインディラ・ガンジー女史に会わせた後、私たちはサウジに向かった。

トゥルキから会見場所の指定があり、私たちは迎えの車に乗って町の中心地から離れた小さな通りの行き止まりにある小さな兵舎に案内された。彼のオフィスは白い壁の大きな部屋で、壁には一九七五年に甥の一人に暗殺された彼の父ファイサル王の写真が掛かっていた。私たちは小さなテーブルを囲んで座った。親しみのあるオープンな人物だった。礼儀正しく耳を傾け、質問し、時に理解を示すように頷く。

あの日、朝の六時三十分、メッカで起きた侵入事件を知ったとき、彼がどのようにして王位継承者ファード王子にすぐに知らせたのか語ってくれた。彼はこの時即座にサウジアラビアを外国から遮断した。空港を閉鎖し、電話回線を断った。サウジ権力が初めて直面した最大の危機であった、と彼は静かに語った。

飾り気のないオフィスで、いかにも「西洋化された」態度で対応したトゥルキの取材を私はよく思い返す。この頃、トゥルキ・アル・ファイサルがアフガニスタンから戻ったばかりの二十三歳のひょろりとした青年と、定期的にこのオフィスで会っていたことなど私が知る由もない。因みに、二人の家族はお互いに知り合いであった。オサマ・ビン・ラディン。この青年はトゥルキに申し出た。彼の個人資産を使って戦士を集め、家族も援助したい。王国は彼の要望にすべて応えてやろう、と秘密情報機関の長は言った。

　トゥルキは二十一年間約束を守り、大挙してやってくる戦士たちを武装させるために大量の資金を注ぎ込んだ。CIAの強い後押しを受けながら。回教国四十ヵ国からやって来た約三万五千人のイスラム教条主義者たちが、一九八二年から一九九二年までの戦いに参加した。その他に、数万人がパキスタンのイスラム神学校で学んだ。トゥルキはビン・ラディンとアフガニスタンの隠れ家で会い、タリバン支配下のカブールでも会っている。まさにアルカイダの未来の首魁の「代父」である。スーダンから放逐されたビン・ラディンがアフガニスタン北東のジャララバード空港に降り立った時も、トゥルキは滑走路で待っていた。片脚を西側に立て、一方の脚でイスラム過激主義者を援護するこの男に、まさしくサウジアラビアの二つの顔があらわされている。

　私たちが訪れた一九八〇年にはすでに、この国はかなり分裂症気味であった。会話を交わした高官たちの言動は王家の弱体化への不安を反映していたが、同時にこの国は政治家、銀行家、実業家連中が石油の巨万の富にむしゃぶりつく、欲に憑かれた世界でもあった。トゥルキとの会見の後、私たちはホテルに戻り、リチャード・ニクソンの元副大統領で、公金横領で不服ながらも辞任したスピロ・アグニュー(訳注10)と食事をした。アグニューは落ちぶれていた。アメリカの防弾チョッキメーカーの代理人をしているが、残念なことに商品がサウジ側のテストで銃弾に耐えられなかった、とジャン・ジャック・セルヴァン・シュレベールに説明していた。ミネラルウォーターのグラスを前に堂々とした風情のセルヴァン・シュレベール相手に、ウィスキーのグラス片手にアグニューが、穴だらけになった防弾チョッキのお蔭で儲け話のアテがすっかりはずれてしまった情けない話をする姿は、おかしくもあり、哀しくもあった。

「人は愚かさで金を買う」

ロジャー・ロビンソンは、金がソ連の困窮状態を図る、より正確なバロメーターだったとも言う。ソ連は一九八〇年に金塊九十トンを売ったが、これは通常の水準である。ところが一九八一年にはこれが二百五十トンを超えている。帝国経済の切迫と、アフガン出兵のための軍事費の増加による国内経済の逼迫が、この金取引の拡大を説明するものだ。ソ連はアパルトヘイト時代の南アフリカで、世界でも有数の金鉱会社を運営していた。ソ連は、公には南ア政権への飽くなき批判を続けていたが、ソ連と南アの高官は金価格の暴走を回避するために定期的に話し合っていた。彼らはよくロンドンで接触していた。

イギリスの首都ロンドンの中心、チャーターハウス通り十七番地に世界最大の鉱山会社、アングロアメリカン・コーポレーションの本部がある。広く四大陸に、千を超える会社を支配する星雲のような企業体だ。グループ全体の株価総額は、ヨハネスブルグ証券取引所の取引高の三分の一に上る。オッペンハイマー一族が所有する一大帝国であり、世界一の金生産会社であるだけではなく、デビアス社を使って世界のダイヤモンド市場の八割を握っている。

グループの支配権と資産を所有する七十二歳のハリー・オッペンハイマーは、信頼を寄せる数人に経営権だけは譲っている。彼はめったに話をしない主義なのだが、その人物が一九八五年、筆者の長時間のインタビュー要請を承諾してくれた時には驚いた。彼のロンドンの事務所を訪ねると、黒いチョッキに縞のズボンのボディーガードや執事が忙しげにフロアを行き交っていた。小柄、灰色がかった青い目、慇懃かつ冷淡。皮肉に笑いながら彼は言った。

「私は、政界と財界の境界線ぎりぎりのグレーゾーンで仕事をしている。私が思うに、人は虚栄心からダイヤモンドを買い、愚かさから金を買う。なぜなら、人は何かの上にしっかりとしたシステムを確立させることができないからだ。正直に言えば、私は愚かさと虚栄のうち虚栄を選択した……その方がはるかにましだ。虚栄心は繁栄のベースになる」

それは、居直りではありませんか？　彼は憤然と否定した。そうではない。これは、仰天するような人脈を通して体得した一つのプラグマティズムにすぎない、と。私は問うた。よく言われていることですが、あなたのグループとソ連との間に、世界中のダイヤモンドと金を採掘し売買するヤルタ経済・貿易協定なるものが本当に存在するのですか？　これに対して、彼は自社の幹部と彼が「礼儀正しく几帳面」と評価しているソ連高官との間に接触があることは否定しなかった。そして億万長者は謎めいた言葉を付け加えた。

「確固とした協力関係ではない。だが、彼らとはやり方、ものの見方が似ている。抱く関心が同じだ（原注5）」

経済麻痺を加速せよ

ソ連が金を大量売却したという情報がホワイトハウスに入ると、レーガン政権の首脳部はソ連経済の麻痺状態を加速させることで一致した。

一九八〇年一月二日、ジミー・カーターは辞任に際して、アフガン侵攻を受けてソ連に対する穀物と肥料の禁輸措置というおっかなびっくりの対策を講じていた。

その二年後、ロナルド・レーガンは、ヨーロッパとシベリアをつなぐ天然ガスパイプライン用のアメリカ製建設資材の輸出停止という、ソ連のエネルギー計画に致命的な一撃を加えた。さらに二発目は、ヨーロッパで生産されていたアメリカのライセンスによる資材の輸出禁止であった。ここでアメリカ共和党政権に敵対したのは、ソ連から二十五年間に渡って毎年八十億立方メートルの天然ガス供給を受ける計画に契約調印していたフランス、ドイツ、イタリアの連合であった。ヨーロッパ側は代わりに、五千五百キロメートルの天然ガスパイプラインを建設するのに必要な資材の大部分をソ連に納める。不景気にあったヨーロッパにとって相当に痛い支出である。天然ガス代金二百億フランと、それに加えて参加企業は二千時間におよぶ作業労働を提供しなければならない。モスクワへの依存など有り得ないわけで、アメリカ政府はいずれ限界が来るものと踏んでいた。定説では肝心なことは分からない。北シベリアのウレンゴイ地帯からチェコ国境まで引き込まれる天然ガスで、年間三百二十億ドルの外貨がモスクワの懐に入ることになる。当時政権内にいた高官の一人が筆者にこう打ち明けた。

「この外貨収入で、あの病人は息を吹き返すだろう。むしろもっと元気になるかもしれない。これは許すわけにはいかなかった」

ロビンソンによれば、キャスパー・ワインバーガー国防長官とケージーＣＩＡ長官の二人は「この可能性にぴりぴりしていた」。

禁輸措置がヨーロッパ、特に西ドイツに大きな影響を引き起こす。ルール地方の大企業の一つマネスマン社はパイプラインの管を納品することになっていたが、同社の顧客はほとんどソ連市場だけに減少していた。同じパイプラインで使うコンプレッサー納入の仕事を取り上げられたドイツの重工業会社AFGも危なくなっていた。

これこそがレーガン政権内部の「タカ派」が望むところであった。ヨーロッパの天然ガスマーケットへの道を閉ざされたモスクワは、西側から借金もできず、テクノロジーの恩恵にも与ることができなくなった。共産主義国家はそこで、自らの資金と技術でパイプラインを建設するために、持てるところのあらゆる資源を動員することを決めた。そして、財政的限界と遅れた技術のお蔭で、紛うことなき泥沼へと陥って行くのである。

あれは空しい努力だったとロビンソンは言う。

「彼らは政治的自尊心を回復するプロジェクトに物と金をつぎ込むために、承知の上で他の重要な開発プロジェクトを控えることにした。僅かな資金で外国から適切な材料を取り寄せようと試みたが、その試みも多くは失敗した(原注6)」

禁輸措置二年後の一九八四年、モスクワは二十億ドル以上をすっかり無駄にはたいていた。

モスクワが最初に刀を抜いた

一九八二年、石油問題担当者の後継王子ファードは王宮にケージーを招き、長い晩餐を持った。数ヵ月後に王位に就くことになるファードは、CIA長官から第二次世界大戦におけるナチスとの戦いの話や、それに続くソ連と共産主義との戦いの話を聞くのが大好きだった。ファードは席上、驚くべきコメントを発してもいる。

「ソ連は本当に信用できない(原注7)」

ピーター・シュワイザーによれば、ファードはソ連に対する経済制裁の効果について沢山質問したという。サウジアラビアは、少なくともエネルギー市場での力を支えてくれ、競争相手を排除してくれるアメリカの主導権に頼らざるを得ない。ケージーに届いたCIA報告によると、ソ連の油田の急激な生産低下状況が見て取れる。新しい油田の採掘には、欧米でしか製造できない直径の太いパイプラインが必要だった。CIAの試算では、このようなパイプラインを建設するにはソ連は鋼鉄製パイプを千五百から二千トン、さらにガスタービンと開発機材も購入しなければならない。しかし、ここでもまたそのための外貨準備が不足しているのだ。CIAは同時に、モスクワが東欧の衛星国に対する石油供給を十パーセント以上減らし、その分を利益の高い国際市場に回していることを察知した。

この戦略を知ったケージーは、ふたたびファードにサウジの原油価格の引き下げを頼んだ。こうした対策をとることで、アメリカとサウジアラビアの経済が活性化する、とケージーは吹き込んだ。すべてはアメリカの同盟国を有利にするためであった。結局、サウジにとって最も説得力があったのは、原油価格が下がればソ連は天然ガスなど他のエネルギー開発に頼らざるを得なくなるという論理であった(原注8)。サウジがアメリカの要求を受け入れるまでに二年余りかかった。サウジはアメリカの経済制裁の効果と、石油市場の変化を注意深くじっくり観察し、数々の予想外な結果を見つつ決定を下した。

一九八三年初頭、モスクワが最初に刀を抜いた。世界市場に石油を溢れさせたのである。最初に、北海油田を開発する企業が価格を引き下げた、OPECは久しぶりに一バレル三十四ドルから二十九ドルに下げた。

サウジ王国の収入も下がり、脅威も現出する。ダマスカス政府を影で支援するソ連の後押しでシリアとイランが接近し、テヘランが圧力をかけてサウジを脅す。国家安全保障会議のメンバーだった人物が当時を語った。

「ワシントンのサウジ大使、バンダル・ビン・スルタンはホワイトハウスやペンタゴンに乗り込んできて、エーワックス戦闘機（訳注11）やスティンガーミサイルのような最新兵器の補給を要求した。その一部はサウジアラビアからアフガンゲリラ兵士の手に渡った」


この時期の両国の高官同士は、互いに相手の意見を聞こうとしないで議論していたように思えるほどだ。アメリカ側はサウジの生産増加と価格の低下を言い、サウジ側は、あたかも何も知らないかのように、アフガンゲリラのレジスタンスへの経済的支援の拡大を求めて反駁する。サウジ王国におけるこの数多くのやり取りの一つに触れた大統領への報告書にケージーはこう書いている。

「価格引き下げ問題に関しては、おそらく王家の意見は割れている。小悪党づらして事をかき回し、手がつけられない事態を招けば、王国も欧米経済も一気に崩壊してしまうかも知れない、と心配する者もいる」

しかし、アメリカの我慢にも限界が来る。ケージーはファードに言明する。

「高価格で得をするのは敵国だけだ。イランとリビア、そして親玉はソ連。ソ連はサウジの暗黙の支援のお蔭で王国転覆の企てに金を出すことができたのだ（原注9）」

人口一千万人のオランダより少ない商工業生産力しかない、第三世界並みの経済力の超軍事大国、ソビエト帝国はもう息切れ寸前であった。欧米諸国からの借款もテクノロジー供与も断たれてしまい、十分な外貨も無く、この国は窒息していた。

首かせ刑の苦悶にも等しいモスクワの苛立ちがどんな事態を招くか、結果は明白であった。

ブッシュの独走

一九八五年初頭の、国家元首になって初となったファード王のワシントン訪問は、待ちに待った決定をもって実を結んだ。この訪問は長い時間をかけて準備された。君主は笑顔と賞賛の中、最上級の敬意をもってホワイトハウスに迎えられ、両国の代表団には多数の顔ぶれがあった。アメリカを代表してロナルド・レーガンがサウジ王国と「そのきわめて勇敢な君主、偉大なる人物」への全面的支持を表明した。

レーガンチームの一員によると、四ヵ月後「サウジが水門を全開し」、ソ連の国土が沈没するくらいの大量の石油を流出した。サウジの石油生産は、一九八五年の初めには日産二百万から六百万バレルであったのが、一九八五年末には九百万バレル近くなり、一九八六年初頭には一千万バレルに達した。価格は下がり続けていたが、サウジの収入は逆説的に増えていた。一九八六年の売り上げによって収入は順調に維持され、バレル当たりの価格は八ドル近くになったが、サウジの国家歳入は一九八五年を上回った。(原注10)目標は達成された。モスクワはダウン、だがアメリカの石油産業も然りであった。これは、アメリカの戦略が見通せなかったことであった。

一九八六年の最初の数ヵ月間、ウエスト・テキサス社の原油価格が一バレル当たり三十一ドル七十五セントから十ドルに下落した。ＯＰＥＣ加盟国の中には一バレル六ドルという数字に甘んじる国もあった。

この時が、副大統領ブッシュが待っていた独走のチャンスであった。純粋な東部エスタブリッシュメント出身のブッシュはテキサスで名を上げ、財を成した。ブッシュにとって、アメリカ最大の州テキサスは実業家としてだけではなく、政治家としてのスプリングボードになった。彼は石油産業で働く「移民」たちが多数を占める小都市ミッドランドに移転し、一九七六年にヒューストン、詳しくは市の西側にあるインディアン・トレイル地区に移った。この地方を襲った災難、そしてアメリカの石油産業が直面した大きな困難に誰よりも敏感に反応したのがブッシュだった。

ガソリンが安くなって喜んでいた一般消費者は、これで普通の状態に戻ったと思っていた。国際石油資本は人員を整理し、探鉱を中止した。独立系企業は倒産し、景気は真っ逆さまに落ち込み、ヒューストンの町はゴーストタウンと化した。失業は天井破り、不景気は進行を続け、建設されて間もないガラス張りの超高層ビルはテナントの数がわずかな事から「半透明ビル」と綽名された。

ジョージ・ブッシュは五年間に渡って、二十世紀初頭にあるユーモリストが、副大統領候補であるためには選挙で選ばれることが重要なことではない、と定義したのにぴったり当てはまるような典型的副大統領を務めてきた。

この年月、ブッシュはレーガン一派の決定にただただ賛成する地味な役割を果たしてきた。彼のことを、忠実なる従僕、と結論づけることができるかもしれない。レーガンの側近は、また別の見方をしている。「哀れなジョージ」とは、影の薄い彼の性格を指してよく口にされていた綽名で、周囲の目からすればこの副大統領が一九八八年にレーガンの後を継ぐなど有り得ない夢でしかなかった。

ブッシュがサウジ人の眼前でレーガンに反論

ジョージ・ブッシュは、一九八六年に十日間の予定で中東と湾岸地域に旅立った。公式な目的は、イラン・イラク戦争の経過と結果を懸念する周辺国家の元首たちを安心させることであった。

出発前、彼は選挙地盤のテキサスに赴き、様々な人の話を聞いた結果、経済の窮状や政府の政策に対する憤りがいかばかりかをつぶさに見ることができた。副大統領専用機エアフォース２に搭乗する直前、彼はこう表明した。

「私は全力でサウジアラビアを説得するつもりだ。パラシュートを着けないで墜落していく落下傘部隊（これはレーガンとその側近には禁句になっていた表現であった）のような現状を続けるのではなく、今や（価格の）安定を話し合うことが肝心である。しかし、強力なアメリカの産業界が国家の安全と、この国に不可欠な利益を取り戻してくれるものと信じている」（原注11）

リヤドに着くとブッシュは直ちに新築のアメリカ大使館に、シェイク・ヤマニ石油大臣などサウジの閣僚多数と高官を夕食に招いた。その場にいた人物がこう証言する。

「多くのことが話し合われたが、副大統領が、もし原油価格がこのまま低く留まるなら、アメリカの石油生産者が、輸入石油に対する関税措置をとる法律を制定するよう議員に圧力をかける恐れが出てくる、と言うとヤマニ以下閣僚たちが顔色を変えた」

出席していたサウジ側の高官は、これが深刻な問題であることを確認した。二年以上、ロナルド・レーガンとその首班、ワインバーガーとケージーが、そうすれば利益が上がりますよと、価格を下げることを王国に納得させようと躍起になってきたのが、今になって副大統領が目の前に座り、平気な顔で正反対の意見を支持し、自分の国まで影響が及ぶかもしれないと脅かすのである。

ジョージ・ブッシュは翌日、ファード王が滞在する石油都市ダーランに向かう。二人の会談は、まずホルムズ海峡近海でサウジのタンカーがイラン艦隊に攻撃された件から始まった。王様はブッシュを豪華な晩餐に招き、それは午前三時まで続いた。

イランの脅威が話題の中心であったが、ブッシュが石油問題を切り出した。バレル当たりのスポット価格(原注12)は一九八五年に三十ドルだったが、一九八六年には十ドルに落ち、アメリカの副大統領に言わせれば、寄せられた情報から判断して、これがさらに五ドルにまで下がると考えられる。価格に関して言えば、世界は一九七三年の石油ショックに先立つ状況に舞い戻っていた。しかしこの後退現象は皮肉にも逆に、根本的に正反対の結果を導くことになる。

数十年の間、安価な石油が成長と繁栄を確かなものにしてくれた。ＯＰＥＣの主要専門家の一人が言う。

「石油を手に入れるか否かが、人間社会においてこれからの数年間を生き残るか、衰退していくかの分かれ目になる。なぜなら、われわれが生活している工業社会ではすべての中心が石油だからである」

これ以降、石油はすべての問題の原因と核心に変わる。世界経済は、一九七九年のイラン革命によって引き起こされた第二次石油ショック以後、深く停滞してきた。アメリカでは公定歩合が二十パーセントを超え、経済の減速に応じて石油需要が減少した。

ロウブロー一発

サウジの夜、王宮奥深く、ジョージ・ブッシュはヤマニが指図した分析をファードにおさらいさせていた。アメリカでは、石油の輸入関税率と額の策定を推し進める圧力が強まっており、こうした面倒を避けるためにはサウジが原油価格を引き上げる方が得策である。

ホワイトハウスでは、副大統領の外遊に関する報告は「ロウブロー」的効果を与えており、怒りと驚愕を引き起こしていた。外国の元首を前に、彼は公然と自国政府が禁じていた一線を越えたのである。

レーガンには、優しくて心底から悪意の無い人物、という定評があった。筆者は彼の一九八〇年の選挙キャンペーンに同行し、大統領辞任直後のフランス訪問でも再会した。彼はつねに笑顔を絶やさず、楽観主義を堅持していた。レーガン、あるいはアメリカの最後の象徴。偉大なるアメリカを誇りとした彼も、いずれは過去の人となり、その価値観、確信、規範も新時代に呑みこまれていくのであろう。

側近の一人が言うように「政治的にはタカ派、人間的にはハト派」であったレーガンだが、外遊を終えて帰国したブッシュに激しく釈明を求めた。

アメリカ政界の観測者の多くは、彼の立場が二年後に大統領になるチャンスを決定的に危うくした、と見た。結果はまさしく逆となる。ブッシュは、実は、サウジの砂漠に、利益を共にする忠誠なる同盟国と共に戦う将来の戦場を見すえていたのだ。

ブッシュとそのネットワークの勝利

この危機の過程で、ブッシュ体制と彼のネットワークの規模が明らかになっていく。大方が驚いたことに、リベラル派の日刊紙『ワシントンポスト』がその社説で副大統領を擁護し注目を浴びた。内容はこうだ。

「ブッシュ氏は真の課題と格闘している。外国の石油への依存が恒常的に高じていくのは喜ばしい展望ではない」(原注13)

『ポスト』紙は、この記事で非難をすっかり和らげ、突然ブッシュとテキサス石油企業の擁護派に回った。なぜこの新聞が支持派に回ったのか誰にも分からなかった。だが実は、この新聞が古い昔に結ばれた連合の産物であったことを誰も知らなかったのである。

一九四八年、『ワシントンポスト』の社主ユージン・メイヤーは娘婿のフィル・グラハムと共に、ブッシュが設立したばかりの石油会社サパタに最初に投資した一人だったのである。

一九八六年七月、バレル当たり七ドルをめぐって交渉中だったサウジの高官は、ブッシュの進言に大いに心を動かされたが、事態はもはや彼らの力だけでは止めようのない凄まじい段階に入っていた。一九八六年五月にCIAの極秘報告がホワイトハウスに送られてきた。文書の表題は「強い外貨不足のジレンマに直面するソ連」であった。報告書は「石油の低価格、生産自体の減少、ドルの低下」は、この十年でソ連が欧米製機械類、農産物、工業原料を輸入する能力をかなり低下させた、と指摘していた。

このソ連の衰退はゴルバチョフが権力の座に就いた時期に始まり、経済のインフラからの復興の試みと呼応する。

ＣＩＡによると、為替レート下落でソ連が被った百三十億ドルに上る損益は、武器輸出では補填できなかった。なぜなら主要相手先のイラク、イラン、リビアのどれもが一九八六年上半期の石油収入を四十六パーセントも減少させていたからである。その上、アフガニスタンでの戦争でソ連経済は毎年四十億ドルを使った。もうソ連に金は無かったし、超大国政治を維持する意欲も失せていた。(原注14)

休戦の決断が下る。おそらく、世論への影響を鑑みて、これまでになく慎重に隠しながら進められた協議であったろう。ソ連は、サウジアラビアが当然キャスティングボードを握るＯＰＥＣとの協議に入った。ＯＰＥＣは国別割り当ての新制度の導入を決める。イランは当初これに反対したものの、ソ連の圧力のもと賛成に回る。ソ連はと言えば、原油価格を一バレル当たり十八ドル前後にまで戻すことを目指していたＯＰＥＣの努力を阻害しないために、石油生産量を日産十万バレルにまで落とすことを確約した。

ホワイトハウスではもう誰の顔にも笑顔は無かった。「哀れなジョージ・ブッシュ」(原注15)は一人逆風に立っていたように見えたが、実はこれまで誰も知らなかった規模とパワーを持った権力網にゆったりともたれかかり、勝利をしっかりとつかみつつあったのである。

原注1：筆者との対話、一九八七年。
原注2：「緊張する地域的安定、ソ連の脅威を受けるサウジ」『ニューヨークタイムズ』一九八〇年二月八日。

原注3：筆者との対話、ワシントン、一九八〇年。
原注4：ピーター・シュワイザー著『勝利』アトランティック・マンスリー・プレス、ニューヨーク、一九九四年。
原注5：筆者との対談、フィガロ・マガジン、一九八五年九月二十八日号。
原注6：筆者との対話、一九八七年。
原注7：ピーター・シュワイザー、前掲書。
原注8：ピーター・シュワイザー、前掲書。
原注9：ピーター・シュワイザー、前掲書。
原注10：米国務省「国務省覚え書」ワシントン、一九八六年一月。
原注11：『ニューヨークタイムズ』一九八六年四月二日号ページA1、D5。同、一九八六年四月三日号、ページD6。
原注12：スポット市場とは定期取引市場に対するもので、石油の即座の供給可能量に従った物理的市場価格を言う。買い手は供給の二十四時間から四十八時間の間に（時には二週間の場合もある）取引する。
原注13：『ワシントンポスト』社説、一九八六年四月八日号。
原注14：アメリカ中央情報局情報部「強い外貨不足のジレンマに直面するソ連」一九八六年五月、ワシントン。ピーター・シュワイザー、前掲書。
原注15：『ワシントンポスト』、一九八六年四月九日号。

訳注1：ダニエル・ヤーギン（Daniel Yergin、一九四九年〜）アメリカの経済アナリスト。イェール大学卒。現在ケンブリッジ・エネルギーリサーチ・アソシエイツ共同代表。一九九二年に『石油の世紀』でピューリッツア賞受賞。
訳注2：ウィリアム・ケージー（William Joseph Casey、一九一三〜一九八七）。一九八一年から一九八七年までレーガン政権下のCIA長官。イラン・コントラ活動、アフガン・ムジャヒディン援助、ポーランド連帯支援、中南米諸国でのクーデター工作など世界の反ソ反共勢力支援活動を激しく展開した。
訳注3：キャスパー・ワインバーガー（Caspar Willard "Cap" Weinberger、一九一七〜二〇〇六）、一九八一年から一

九八七年までレーガン政権下の国防長官。一九八三年にレーガン大統領が打ち出した戦略防衛構想（ＳＤＩ、スター・ウォーズ計画）の中心的役割を果たした。

訳注４：インターバンク取引とは、金融機関や証券会社等の限定された市場参加者が相互の資金の運用と調達を行なう場。取引参加者は金融機関に限定され、資金の出し手、取り手の間を短資会社が仲介する。また、外国為替の交換の場として金融機関同士が取引をする市場のことも指す。外国為替取引ではインターバンク取引と対顧客取引の二つに大別されるが、通常、外国為替市場とはインターバンク市場のことをいい、ここでやり取りされる為替相場のことをインターバンクレートまたはマーケットレートと言う。

訳注５：ジュアマン・アル・オテイビはイスラム原理主義指導者。サウジ王家の飲酒、女色、贅沢を糾弾し、教育・道徳の頽廃を訴えた。ジュアマンは二週間後に捕えられ部下の六十三名と共に公開処刑された。

訳注６：一九七九年のメッカ・カアバ神殿占拠事件は、イラン革命に呼応するかのようにサウジアラビアのワハブ派が起こした、サウジ王制を否定しイスラム国家の樹立を目指す反乱。イラン革命はイスラム革命であると同時に、王制の打倒を目指す共和革命でもあり、イランを超えて全てのムスリムに王制の打倒を呼びかけた。一般信者に多数の犠牲者を出して終息したが、サウジアラビアをはじめ湾岸諸王国は王制批判の波及防止のため、イラン・イスラム革命のイスラム性を否定し、シーア派の特殊な事態に過ぎないとして、革命をイラン一国に封じ込める方策をとった。

訳注７：フランス国家憲兵隊治安介入部隊（Groupement D'Intervention De La Gendarmerie Nationale）フランス国家憲兵隊機動憲兵隊所属のテロ対策特殊部隊。現在隊員約百二十名うち将校は十二名前後、本部はマルセイユ。一九七六年、ジブチでのソマリア解放戦線の人質事件。ニューヨーク―シカゴ便でのＴＷＡ機ハイジャック事件。一九七九年、サンサルバドル、フランス大使館人質事件。一九八二年、バスク過激派指導者拘束。一九九二年から一九九五年までボスニアーヘルツェゴビナ紛争に出動。一九九四年、エッフェル塔突撃を意図したエールフランス機ハイジャック犯四名をマルセイユ空港で射殺。

訳注８：トゥルキ・アル・ファイサル（Turki bin Faisal Al Saud、一九四五〜）。故ファイサル王の末息子。ジョージタウン大学時代はクリントンと同期。イギリス、アイルランド大使を経て二〇〇五年から二〇〇六年までア

メリカ大使。一九七七年から二〇〇二年まで総合情報局（ＧＩＤ）長官としてサウジアラビアの対外諜報活動を担当。一九七九年のメッカ・カアバ神殿占拠事件ではテロリスト排除の重要な働きをした。アフガンでの反ソ活動のためにオサマ・ビン・ラディンを援助したが、９・11後にアメリカ大使を更迭された。アルカイダとの関係を取沙汰されている。

訳注９：アメリカの国際政治評論家、作家。フーバー協会研究員。『私の言う通りにしなさい（私がやる通りではなく）：リベラル派の欺瞞』『ブッシュ一族：王家の肖像』『レーガンの戦争：共産主義との四十年の戦いと最後の勝利』など著書多数。ドキュメンタリー映画「悪の顔」を製作。アモコ、アーサー・アンダーソン、全米独立石油協会、バージニア大学、フロリダ州立大学などで講演。

訳注10：スピロ・アグニュー（Spiro Theodore Agnew、一九一八〜一九九六）。第三十九代合衆国副大統領（ニクソン政権）。ギリシャ移民の息子としては最高位に出世した人物。しかし、一九七三年に脱税疑惑で副大統領を辞任、脱税疑惑は不問に附されたが、別の収賄事件で敗訴、メリーランド州の市民権も剥奪された。

訳注11：ＡＷＡＣＳ（Airborne Warning and Control System）の直訳は空中警戒管制システム。早期警戒管制機のこと。戦闘空域もしくは警戒空域において、敵軍・友軍を含むあらゆる空中目標を探知するだけでなく、分析、管制を行なう能力を備えた航空機のこと。Ｅ－３セントリー（アメリカ、イギリス、フランス、サウジアラビアが使用）、Ｅ－７６７（日本の航空自衛隊が使用）、Ａ－５０、Ｔｕ－１１４（ロシアが使用）、空警２０００（中国が使用）。

第九章　挑発と裏切り

一九八八年四月八日、八百万人の犠牲者を出した八年に及ぶイランとの戦争で、バグダッドは兵力こそあったが一方では精魂尽き果てていた。中東では肩を並べる者のいないイラク軍隊は壮観であった。一九八〇年当時は十師団であったがそれが五十五師団に増え、常備兵百万人、航空機五百機、戦車五千五百台（米軍、西ドイツ軍を凌ぐ数）を有していた。一方、完全な経済破綻を来してもいた。開戦当初、イラクの外貨準備高は三百億ドルあった。それが八年後には、対外借款は一千億ドルに達していた。

サダム・フセインは外国からの賓客に対して、イラクはこの八年間「ペルシャの脅威からアラブの兄弟たちを守る真の楯」であり続け、「中でも最も裕福な国であるサウジアラビア、アラブ首長国連邦、クウェートがわれわれの借金をすべて返す手助けをしてくれる」のを期待している、と言い続けて止まなかった。

一九八八年八月九日、まさに停戦の翌日、クウェートはＯＰＥＣ内の協定に違反して石油増産を決定、特にイラクが自国領であると主張し続け、激しい国境論争の対象になっている国境地帯のルマイラ油田からの採取を増加した。

クウェートの方針をサダム・フセインは挑発と裏切りであると受け取った。それは石油市場を支配していた生産過剰状態を悪化させ、市場価格の下落を促進した。この措置により、九割を石油に依存していたイラクの歳入は七十億ドルに急降下し、借款負担も同じく七十億ドルに上昇した。正真正銘の経済麻痺である。

すべての石油の二十パーセント

一九九〇年初頭、アラブの主要石油資本は中東で最も影響力のある銀行の一つが作成したばかりの、イラクの経済状態に関する秘密の報告書を入手した。その分析はまず、一九七二年から対イラン戦争が始まった一九八〇年までの間に、イラクの年間石油収入は十億ドルから二百五十億ドルに上昇していることを確認している。しかし一九九〇年、イラクの将来に関する銀行の分析はきわめて悲観的になる。利息すら払えないほど溜まった膨大な負債は、「年率三十パーセントを超える利息の借金はこの国の政治を無謀で危険な方向へ導く」であろうと強調した。報告書の最後の章は優れた明晰さで今後を予測している。

「サダム・フセインは今、自国経済が置かれた状況を熟知している。このイラクにどのような選択肢が与えられているだろうか？　それはわずかしかない。だが、クウェートがある。国境から数キロメートルのチャット・アル・アラブには大量の軍隊が暇をもてあましている。イラクはペルシャ湾に進出する必要に駆られている（原注1）」

黒い黄金のお蔭でクウェートは二百億ドルに上る国民総生産（ＧＮＰ）をもって世界一の金持ち国家になった。盲目的、非妥協的なクウェートの首脳には、この国が嫉まれ、ありとあらゆる捕食動物の格好の餌食になる可能性が見えていなかった。

一方、サダム・フセインは瀕死寸前であった。

一九九〇年八月二日、数週間前からクウェート国境近くに集結していた彼の軍隊がこの首長国に侵攻した。世界中が驚き、ショック状態となった。だが、数ヵ月前から事態を懸念する報告がなされていた。ワシントンが静観したのは、知らなかったからなのかそれとも意図的なものか？　どちらにせよ、サダム・フセインは数時間で力関係を変えた。クウェートの油田を抑えることによって、以後フセインは世界の石油生産の二十パーセント以上を支配した。クウェートの投資は、フセインにさらに膨大な軍事費と、欧米経済により強い圧力をかける手段をもたらす。

クウェートの資産は千億から千二百億ドルで、その内三百億ドルが株式や国債の形でアメリカに投資されている。スペインでは、クウェートは海外からの最大の投資国と見られており、アメリカではメディア産業、防衛産業そして石油産業など影響力のある多くの大企業の取締役にクウェート人が名を連ねていた。イギリスでは、クウェートの投資ファンドが巨大石油企業ＢＰの資本の二十二パーセントまでを所有していたが、イギリス政府の反発から九パーセントにまで削減した。ドイツにおいては、首長国クウェートはダイムラーベンツやヘキストなどの多くの企業の主要株主の一つで、日本では株や国債の形で海外最大の投資国であった。


「サウジアラビアは目と鼻の先」

突然起きた危機に誰も無関係ではいられなかった。アメリカからすれば、これは非常に興味深い固有の次元の問題であった。アメリカ大統領が築いた財産の主要部分は、クウェート政府が一九五〇年代に、海底油田の開発のために譲与した利権で得られたものだ。

バグダッド攻撃に結集した圧倒的兵力の軍事同盟を指揮したノーマン・シュワルツコフ将軍も同様の経過を経ている。シュワルツコフの過去は、アメリカがペルシャ湾地域に適用した政策にルーツがある。彼の父もウェストポイント陸軍士官学校出身で、一九四二年に王位に就いたばかりのシャーの安全を守るために、ＣＩＡの情報員としてテヘランに派遣されていた。彼はまた、ソ連への供給物資の輸送隊の安全保障任務も帯びていた。この至難な任務専門の男は一九五三年、当時の首相モサデクを追い落とし、シャーを権力の座に就けるＣＩＡのクーデターを組織するため、ふたたびテヘランに潜入する。一九四六年、十二歳のノーマンは、建国者イブン・サウドと協議するためにサウジ王国を訪れた父についてサウジアラビアに行っている。

堂々たる体躯の、無愛想だが陽気な性格のシュワルツコフ将軍は、「西洋の安全と経済の生死に関わる」地域の安全を守った。イラン・イラク戦争停戦後わずか三ヵ月の一九八八年十一月、彼はペンタゴンに極秘報告を提出した。

「湾岸地域に起こりうる最悪の事態は、イラクがサウジの油田を奪うことであろう。バグダッドはこの地域最強の、おそらく世界で四番目に強力な軍隊を保有しており、この国にとってサウジアラビアは目と鼻の先にある。しかるに、わが国はこの地域に軍隊を駐留させていない」

イラクの脅威の仮説を立てたのは彼が最初であり、ここから戦争の中で恐るべき心理的効果を発揮したスローガン、「世界で四番目の軍隊」という概念が生まれたのである。

ぬいぐるみの熊

筆者は戦争終結の二年後に彼と会った。彼は回想録を書くために退役したばかりで、数百万ドルの支度金を手に、名誉ある退役軍人を優遇するいくつかの会社の取締役に就任していた。

フロリダ州タンパの新築ビルにある彼のオフィスには大小さまざまの熊のぬいぐるみがところ狭しと飾ってあり、保育園にでも紛れ込んだようであった。

ブルドッグのような風貌の巨漢シュワルツコフは、みんなに「ベアー」(熊)の愛称で呼ばれ、彼のことを敬愛する人たちがプレゼントしてくれたものだと説明してくれた。イラク侵攻の際、彼はタンパ近郊マックディル基地にあるセントコム(セントラル・コマンド＝司令本部)の司令部で指揮を執っていた。ペンタゴンの指揮官は世界の軍事介入地帯を分担している。セントコムのそれはケニアからパキスタンまでの二千六百万平方キロメートルに渡る。世界の石油供給地域の七割がシュワルツコフの責任管轄地域であった。

ぬいぐるみに溢れた部屋で、彼の前に座った筆者は、ブッシュが登用した国防長官ディック・チェイニーとの最初の出会いについて聞かされた。

チェイニーはイスラム原理主義の台頭とイランのテロリズムについて話し、それからシュワルツコフに尋ねたという。

「ペルシャ湾の安全を脅かすのはイランとイラクのどちらだと思うかね?」

「私は彼に躊躇せず答えた。イラクです」(原注2)

兵士総員二千五百名、後にも先にもそれだけ

とにかく、一九八九年八月にチェイニー国防長官に届いた最高機密文書が国防長官を動揺させ、これがそれ以降の彼の行動の流れを説明してくれる、と筆者は考える。この文書とは「国家軍事戦略」と題された報告書で、当時の陸海空統合参謀本部長、ウィリアム・クロウ・ジュニア元帥の手になるものであった。その内容は、アメリカの軍事的優先順位を列挙するもので、チェイニーはその分析が、ペルシャ湾というアメリカの利害にかくも重要な地域を、取るに足らない場所としか認めず「アフリカとその天然資源の保全」と同列に置いていることを知って唖然とさせられた。

実際、ブッシュ政権は戦略論の問題に直面した。ペルシャ湾への軍事介入の可能性は十年来控えられてきたものだ。一九七九年にシャーが放逐された時、ジミー・カーターは地域の油田地帯の防衛を最優先任務とする迅速な兵力展開を行なった。コード名九〇－一〇〇二という秘密作戦が採用された。この計画はたった一つのミスしか犯さなかったが、そのミスが大きなものであった。計画は、クウェートの敗戦もサウジアラビアの敗戦もイラクの攻撃も予測していなかった。想定していたのは湾岸地域におけるソ連との衝突だけであった。

セントコムは、この秘密計画を実施する任務を帯びて一九八三年に設立された。軍事力の近代化と強化のために、八年間で二兆ドルが費やされたにもかかわらず、アメリカ軍首脳部は行き詰っていた。アメリカの軍隊は、ヨーロッパや朝鮮半島などの戦区での戦闘で作り上げられ訓練されてきたが、石油鉱床を守るための砂漠での戦闘経験は無かった。しかも、ペンタゴンは不意をつかれた。参謀本部の首脳

の一人が「われわれはゼロからスタートした」と告白している。今すぐどれだけの兵力が使えるか、とブッシュが訊いた時、返答は、ノースカロライナ州フォート・ブラッグズ基地第八十二空挺師団兵士総員二千五百名きっかりであった。後にも先にもそれだけであった。

チェイニーのひらめき

八月四日朝、メード基地にある国家安全情報局本部にスパイ衛星から画像が送られてきた。画像は問題の地帯をキロメートル間隔で撮影し、十万人のイラク軍兵士がクウェートとサウジアラビアとの間の中立地帯に侵入し、サウジ国境から一キロメートルの所に陣地を敷くまでをとらえていた。すぐさまホワイトハウスに送られてきた分析は、これがサウジアラビア侵攻を主目的とする動きと判断していた。「ダーラン（主要石油プラントの一つ）近郊の港湾、飛行場はクウェート国境から三百キロメートルに位置する。この地帯にはあらゆる経済的生命線が集まっており、ここが陥落すればサウジ軍のペルシャ湾に向かう道が閉ざされ、アメリカの援軍の到着も妨害される」

臆病で虚弱体質の、唯一の楽しみと言えばギャンブルで、モンテカルロで一晩に六百万ドル負けたこともあるというファード王は、まるで途方に暮れたようだった。彼はジェームズ・ベーカー国務長官に強い調子でこう打ち明けた。

「私は一九七九年からサダム・フセインを知っているが、彼は毎日電話してきた。イランとの戦争の後も、私が与えた経済援助に救われたと何度も言ったし、私のことを英雄と思っているとも言った。それが八月三日になって突然、私が憎い奴になるとは。国務長官、こんな馬鹿なことがあるかね？」(原注3)

アメリカ政府首脳にとって危機は新段階に入った。アメリカは、クウェートの石油生産停止とイラクの原油に打撃を与える禁輸措置による供給不足を補うために、サウジアラビアに対して日産四百万バレルの増産を要求したところであった。だが、世界的な供給量はまだまだ不足する恐れが多分にあった。サウジアラビアはそれまでの数年間に最新兵器一千五百億ドル分の買い物をしていたのに、自衛能力の無いことが明らかになった。もしサダムがサウジの油田地帯を抑えたら、世界の石油埋蔵量の四割を握ることになり、アメリカを含む全世界の支配も可能だ。

この危機がディック・チェイニーに最高のひらめきを与え、このことがアメリカ史上最強の副大統領になった後の彼の行動を説明する、と筆者は考える。本書の執筆のために取材を続ける中、筆者は彼への会見を画策したが無駄であった。最後に会えたのは一九九一年の終わり、国防長官を辞任する前であった。会見は二十分と制限していた報道担当官の大憤慨をよそに、彼は一時間半も取材に応じてくれた。

チェイニーの印象は、冷淡で頭が良く権威的で、眼鏡の奥からシビアーさが伝わる。私は彼の仲間にも接触を試みた。これも無駄であった。明らかに、チェイニーは信頼を託したくなる人物ではない。私が取材を申し込んだ人たちは話すのを恐れていたようだ。二人の人物だけが、匿名を条件に短時間の取材に応じてくれた。一人は彼と議会で一緒だった人物だが、彼の話ではチェイニーにはインテリで保守的な妻とごく普通の二人の娘がいて、趣味はハンティングで文化活動や奉仕活動も行なっている、といった感じで、あまり話題性がない。

この平板で模範的な人物像も、二〇〇〇年の大統領選キャンペーンで彼を手伝った二人目の人物の証言で少し修正され、補完された。

「うわべは平板だが、何だかよく分からないけれど人を魅了するような力を持っている。秘密好きで、小さなグループに所属して秘密に物事を決めるのを好む」

サダムのクウェート侵攻と軍事同盟（訳注1）の結成は、実物大の本物の戦争ゲームを彼にプレゼントしてくれた。一九九五年、世界一の石油サービス企業であるハリバートン（訳注2）の社長になった時、彼の確信は強まる。彼は一九九〇年の危機で、アメリカがその石油供給の安全性を保障してくれる地域に軍事的に対応する用意が無いのを知った。彼の昔の同僚が言う。

「彼は、世界の石油資源の六十五パーセントが湾岸地域に集中しているなんて本当におかしい、と話していた。『これはあってはならぬ』要約すればこれが彼の考え方の基本だ」。これは同時に政府と石油産業界の考え方を反映している。

ブッシュ戦略の核、石油

一九一四年、一九三九年、一九五六年、一九七三年、一九七九年、一九九一年とそうであったように、今も石油は戦略の核である。この戦略は今、ジョージ・W・ブッシュ政権に引き継がれている。またそれは、ディック・チェイニーの考え方でもある。

ロナルド・レーガンは選挙後間もなく、こう言った。

「アメリカ人のライフスタイルは売ることができない」

彼に続く大統領全員が文字通りに受け継ぎ、採用した主義だ。アメリカ人はこれまでになく大量の石油を消費し、大部分は生産活動よりも乗用車とトラックに使っている。一九九〇年代、アメリカ人の家庭が購入する自動車は次第に大型になり、各家庭は一日に平均十一回、車で移動していた。アメリカ人は年間二百億キロメートルを車で走行していた。しかし石油は安価であり続け、アメリカ人消費者も他の西洋人社会もその上にのうのうと胡坐をかいていた。

一九九一年一月、ワシントンが「砂漠の嵐」作戦を実行に移した時ですら、石油の市場価格は一バレル二〇ドル以下に下落し、一九九〇年代のほとんど全体に渡ってこの水準で安定していた。特殊情報を得ていたチェイニーにとって、これは偽りの平穏であった。

一九九一年、フランスのテレビ局TF1のインタビューに応じてくれたチェイニーは、楽しそうに笑って目の前のテーブルの上に置いた書類を私に差し出した。

「この湾岸戦争とその結果に大変関心がおありのようですから、これを参考にでもして下さい」

私はペンタゴンの七階にあった彼のオフィスを辞去しながら、書類の数頁に目を通した。それは、クウェート侵攻の五週間後に上院の軍事委員会で発表された軍事介入に関するものであった。

「ペルシャ湾地域におけるわが国の戦略的利害については十分に理解されていると考えるが、ここで繰り返すに値する。ペルシャ湾における獲得目標であるところのエネルギーにわれわれは明らかな関心を持っている。(さらに付け加えて)もし、サダム・フセインをクウェートに留まらせ、軍隊を展開させるなら、彼を世界のエネルギーを凌駕する政治的立場に立たせることになる。それはわれわれの経済だけでなく、他の多くの国々にまで彼の支配が及ぶ事態を招くことになる(原注4)」

「いずれ枯れるのが石油採掘の特性」

一九九〇年代の中頃、アメリカの石油資源の減少は次第に顕著となり、エネルギー需要の五十パーセントを輸入に頼るようになる。

そんな中でチェイニーは、父親ブッシュのお蔭で一九九五年に世界一の石油サービス企業ハリバートンの会長になり、閉ざされた社会の一員となった彼は、巨大エネルギー企業に優先的に流される世界の石油事情の実情をこれまで以上につぶさに知る立場になった。

一九九九年の秋、ロンドン石油研究所の昼食会で、彼は一字一句がそれ以降のブッシュ政権の政策を明示する演説を行なった。

「石油は特殊である。なぜなら本質的に戦略的なものであるからだ。オートミールスープやレジャーウエアの話をしているのではない。エネルギーは世界の経済にとって真に基本的なものだ。湾岸戦争はこの現実の反映であった」

「石油産業の観点からすれば、われわれは百年来、厄介な問題と向き合ってきた。石油を発見し、地下から汲み上げる度に、競争から取り残されるのが怖くて、すぐに周りを見渡してもっと見つけようとする。石油とはもともと、いずれ枯れるという特性を持っている。来る年も来る年も、これまで通りの水準に留まらんがために、これまでと同じ量の石油を発見し開発しなければならない。石油企業にとってこれは現実であり、さらに広げて言えば、世界経済にとっても現実なのだ。エクソンとモービルの合併は、毎年十五億バレル以上の供給量を新たに保障するもので、現在の産油量に匹敵するものだ。

これは純利益百パーセントのビジネスを企てるか、それとも五億バレルを生産する新鉱床を四ヵ月ごとに一ヵ所発見するようなものである。石油企業は、世界の総需要に応えるために、そして新たな需要に応えるために、毎日消費されている七千百万バレル(原注5)に匹敵する石油を発見し開発しなければならない(原注6)」

　名前は出せないが、この昼食会に出席したBP首脳の一人はチェイニーの発言を完璧に憶えていた。

「彼は王様の代弁者のようでは全くなく、むしろ石油帝国の利害を心配する政治家のように話していた。私たちはうれしくもあったが不安でもあった。ハリバートンの成長はチェイニーの経営手腕というより、彼が取り持つアメリカ政界の人脈に負うところが大きい。それでも、彼は自分を皮肉っぽい人物像に見せかけようとしていた。彼がこう言ったのをよく憶えている。『なぜ政治家を辞めてハリバートンに行ったのかとよく訊かれたよ。だからこう言ってやったのさ。自分と意見の合わない連中にはこれ以上我慢もできなかったし、おい、君の腕なら立派な社長さんになれるよ、などと言った連中を許せなかったからだよ』。横で彼の秘書は控え目に笑っていた(原注7)」

「追加五千万バレル」

　彼の話の続きは、こんにち私たちに回されているツケの大きさを際立たせながら、事の背景をくっきり浮かび上がらせている。

「ある試算によれば、来年度以降数年間の世界の石油需要の年平均増加率は二パーセント、それに対して現在の供給量の年平均減少率は三パーセントとなっている。つまり、二〇一〇年には毎日五千万バレルの追加が必要になるという意味だ。この石油はどこから来るのか？　明らかに石油関連資産の九割は各国政府と国内石油企業が管理している。石油は基本的に政府のビジネスである。世界の多くの地域から大きなビジネスチャンスのオファーがあるけれども、世界の石油の三分の二を産出し、採掘経費が最も少ない中東地域の石油が最も低価格であることに変わりはない」

そして幻滅するような注釈で話を結んだ。

「確かに、テクノロジーあり、民営化あり、また一定の国々が門戸を開放したことで、世界の多くの地域で多くの石油企業がチャンスを探ってはいる。一九九〇年の初めにソ連や中国などで新たな石油資源が期待できると私たちは夢見たけれど、やはり現実は筋書き通りには行かなかった」(原注8)

それどころか、中国は世界第二位のエネルギー消費国になり、インドまで世界の舞台に登場し、これまでのデータはすべて役に立たなくなった。一九九九年にチェイニーが立てた新予測は木っ端微塵に吹き飛んだ。二〇一〇年に毎日五千万バレルの追加が必要になる、というのはぞっとするような数字だが、すでに廃棄処分となった。比較のための簡単な要素を挙げる。二〇〇〇年、OPEC加盟国全体で日産二千二百万バレル、そして現在、二千九百万バレルに到達している。

多くの専門家が、中国の石油生産は二〇〇三年にピークに達し、それ以降の油田の減退と枯渇状況は年間三・七パーセントで、依然として石油の世界市場に緊張を与えていると見ている。

エクソンの社長で取締役副会長のハリー・ロングウェルはこの新しい現実を認めている。

「需要が伸びているのに、生産は落ちている。二〇一〇年の地平に立った規模で再編成するためには、予測され、期待されている需要に呼応した日産量の半分も現在開発できていない。これはすべからく石油生産者が立ち向かわねばならない挑戦である」(原注9)

一バレル発見するごとに六バレル消費

ＢＢＣ放送は二〇〇四年に行なった石油減産に関する調査で、このことをさらに的確に表現した。「現在、私たちは一バレル発見するごとに六バレル消費している（原注10）」

ジョージ・Ｗ・ブッシュとその一党が二〇〇一年一月にホワイトハウス入りした時、彼らはこの事実を十分承知していた。石油の臭いをかくもぷんぷんさせる者がアメリカの政権の指揮を執ったことは今までになかった。

ブッシュに加え、多くの高官が直接、石油業界からやってきた。現国務長官のコンドリーザ・ライスは当時シェブロンの取締役社長で、特にカスピ海油田の投資を担当していた。シェブロンは二〇〇一年十月にテキサコを吸収合併し、千三百億ユーロ以上の売り上げを実現した。ジョージ・Ｗ・ブッシュの親友のドナルド・エバンス商務長官は、大エネルギー企業トム・ブラウン社（訳注3）の会長だった。ドナルド・ラムズフェルドは閣僚の中で最も金持ちで、その分厚い経歴書には多くの石油会社の重役の肩書きが載っている。内務長官（環境担当）のゲール・モートンはＢＰの利益を代表している。しかし、この政権の非妥協性と怪しさを体現しているのは、何といっても副大統領ディック・チェイニーである。

就任してすぐ、ブッシュが強い不快感を表明したのが温室効果ガスの削減をめざした京都議定書（原注11）であり、ここに彼の一貫した姿勢が示されている。一九八八年に父親ブッシュの下にホワイトハウス入りする前、彼は下院議員の席にあったが、環境保護に関する法案にはほとんどすべてに反対票を投じている。それは、法案の内容が、彼がつねに近しい関係を保ってきた石油大企業の利益に明白に反していたからである。

ハリバートンの会長になった彼は一九九六年、エネルギーに関するある講演で、世界のいくつかの政治体制に対してに課せられた経済制裁[訳注4]に苛立ちを表明した。

「わが国の政府（ビル・クリントン政権のこと）は制裁を好ましく思っているようだ……問題は、神が必ずしも民主主義国家に天然ガスや石油をあてがうことが相応しいと思われなかったことだ[原注12]」

こう遺憾の意を表明した後、二〇〇〇年のＡＢＣテレビとのインタビューで、イラク問題における非妥協性とバグダッドに打撃を与えた禁輸措置を再確認した。

「私の、イラクと一切の関わりを持たないとする貿易封鎖政策は、たとえ合法的と判断される和解協定があったとしても、断固として揺るがない」

残念ながら、これは正確さを欠く。一九九七年の上半期と二〇〇〇年の初頭、ハリバートンの系列会社二社、ドレッサー・ランドとインガーソル・ドレッサー・ポンプが汲水ポンプ、石油産業用部品、パイプライン機材を、すべてフランスの系列会社経由で[原注13]イラクに売っている。フランスは、ディック・チェイニーが推し進めた民主主義の戦争に反しイラクで自分の利益だけを守った、とアメリカに非難されたことをここで思い起こしておきたい。

「尻を蹴飛ばす方が楽しい」

イラクは二つのブッシュ政権の関心の的であり続けている。部分的には、ニコラ・サルキスが言うところの破廉恥の極みに属する理由からだ。

「私は、一九九二年にマドリッドで開催された世界石油会議に出席した。演壇に立った一人に元CIA長官で国防長官でもあったジェームズ・シュレジンジャーがいた。彼は第一次石油ショックの後、アメリカの石油政策を決定する役割を担い『エネルギーのツァー』とも異名をとっていた」

「彼は演壇に登ると、こう言って列席者を唖然とさせた。『湾岸戦争でアメリカ国民が学んだ教訓は、犠牲を買って出るよりも、中東の人間たちの尻を蹴飛ばす方が楽しいということである。（ここで一息ついて、さらにこう付け加えた）もちろんこれは私自身の考えではない。ただ、ワシントンの政界上層部で思われ、口にされていることを繰り返したまでだ』（原注14）。もし、アメリカの政治エスタブリッシュメントの中心人物が誰かと言えば、それはジェームズ・シュレジンジャーに他ならない。ワシントンのアンタッチャブル、シュレジンジャーがアメリカの政治指導者の心理の有様を白日の下に晒す、知られざる真実を提供してくれる時が、ある日突然やってくるかもしれない。

ブッシュとチェイニーが最高権力の座に就いた時、彼らの最優先課題は、繰り返し大合唱されたプロパガンダで大衆に信じ込ませたイラクの大量破壊兵器でもテロの脅威でもなかった。そうではない。エネルギーと石油の供給のみが、彼らの真に唯一の関心事だったのだ。彼らのもとに届けられた情報は間違いなく気がかりなものであった。世界の石油生産に必要な埋蔵量は、二〇〇一年には産油国が採取できる限界を超えようとしていた。石油生産は取り返しのつかないピークに達するのだろうか？

「秘密社会」

二〇〇一年一月二十九日、新大統領の議会承認からわずか一週間後、ディック・チェイニーはNEP

D、国家エネルギー政策開発委員会を設置した。この委員会は、メンバーが誰であるか、どんな仕事をしているかについても、あらゆる場合を考慮して完璧な秘密と謎に覆われていた。

『ワシントンポスト』紙で最も評価の高い記者の一人、ダナ・ミルバンクはこのチェイニーが率いる委員会を「秘密社会」と規定し、秘密漏洩防止のための警戒体制についてすべて調べた。

「外部の人間やグループが参加する委員会が行なわれる時は毎回、委員会メンバーから参加の事実を記録しないこと、漏洩を防ぐため文書のやり取りも共有も行なわないこと、マスコミとの接触は一切行なわないことが厳しく要求された」

ミルバンク記者は、委員会に招請された高級官僚二人に電話取材をしたが、接見も名前の公表も拒否された(原注15)。

ホワイトハウスは委員会委員の身分の公表を断固拒否したが、それが主要石油企業の幹部であることはまず間違いない。ミルバンクは問う。「なぜそんなにも隠したがるのか?」おそらくブッシュ政権と石油業界との密接な近親的関係を隠すためであろう。

だがしかし、チェイニーが組んだ態勢を議会が派手に叩き始める。例えば、カリフォルニア選出の下院議員ヘンリー・ワックスマン(訳注5)だ。ワックスマン議員は同僚と一緒に、委員会のメンバーの公表と議論の内容の公表を要求した。この行動は、公共活動の透明性を目指す連邦法令に基づくものであった。

ワックスマンはこう主張した。

「チェイニーはエネルギーに関する委員会を私的に開催し、政治献金者を含む私的個人およびグループ

からの資金を受けている」(原注16)

議会の監査を担当するGAO(会計検査院)も委員会委員の身分、論議主題、活動の総経費を書類で明らかにするよう求めた。チェイニー副大統領は一切の書類の提出を拒否し、この明白な議事妨害に対し、GAOは連邦法廷に提訴した。しかしこれは、9・11テロの後、却下された。

二〇〇一年九月の悲劇でホワイトハウスは一息ついた。しかし、政府の偏向を監視するジュディシアル・ウォッチ(訳注6)と、環境保護グループのシエラ・クラブの民間二団体が「情報の自由」(自由情報法令)と「公開集会」に関する法的手続きを起こした。法廷闘争は二年続いた。審理は最高裁まで持ち込まれ、そこでチェイニーは関係者、友人多数を記載した「ワシントンDC第〇三ー四七五法廷リチャード・チェイニー控訴案件」なる文書を準備した。

この手続きを妨害するため、ホワイトハウスの弁護団は機密保持の権利は大統領特権であるとした。原告側は、委員会の協力者はエネルギー省やその他の省庁に勤務しており、したがって争点になっている文書等はホワイトハウスの所轄とするには当たらない、と反論した。

二〇〇三年七月十七日、連邦控訴院は商務省に対して、チェイニー委員会の活動に使われた文書の公開を命令した。チェイニーは怒り狂った。それがなぜかは理解できる。暴露内容は氷山の一角にすぎないが、そこから驚くべき事柄が明らかにされるからだ。この文書は筆者の手元にある。まず、油田、パイプライン、精油所の位置、タンカーの停泊地が印されたサウジアラビアとアラブ首長国連邦の詳細な地図がある。そして、両国における石油と天然ガスの主要プロジェクト、その経費、能力、関係企業をリストアップした目録が続く。

「**9・11の六ヵ月前**」

さらに驚くべきは三番目の地図だ。イラクの詳細図である。油田地帯、パイプライン、精油所の他に、サウジアラビア国境近郊に位置するイラク全土のほぼ三分の一に当たる広大な地域が、開発予定地として八つのブロックに正確に区切られている。そして、サダム・フセイン政権と石油協定を交わした企業と国家をアルファベット順に並べたリストが地図に添付されている。チェイニー委員会が作成したこれらの地図には、9・11の六ヵ月前の二〇〇一年三月の日付が書き込まれている。(原注17)「イラクのテロリズム」はまだブッシュ政権の優先事項にはなっていなかったが、イラクの石油はそうであった。

二〇〇一年の三月。これは、想像を超えた事実が否応なしに明らかになる空恐ろしい時であった。ブッシュ政権は就任早々、イラクへの軍事介入を計画し、九月十一日の惨劇をイラク攻撃開始とサダム政権転覆の口実に利用したのか？　分かっているだけでも、一千百二十五億バレルにおよぶ埋蔵量を有すると考えられ、例の地図に印された地域だけでも二千億バレルが見込まれるというイラクは、地球上で二番目の石油資源保有国とされる。

ワシントンにとって、バグダッドは急速に生産の落ちてきたリヤドに代わる供給源となりうるのか？さらにこの疑問を深める要因がある。二〇〇三年一月、国防省で開かれた作戦指令説明会で、トミー・

フランクス将軍は出撃予定部隊の将校たちに対し「破壊の危険から守れとの命令に従い、油田地帯の安全を確保し優先的に防御せしめる戦略」(原注18)を伝えた。イラク北部キルクークの油田地帯の安全確保の他に、バグダッドに進軍するアメリカ軍が指令された優先事項は、イラク石油省を支配下に置くことと、文書等の破壊破損を避けることであった。

イラクの首都が無政府状態に陥ると、辱めるべき象徴である省庁舎の略奪が始まったが、石油省は装甲戦車に守られ海兵隊が警戒にあたり、この体勢は長く続けられることになる。

アメリカは平和と民主主義を定着させるために来た

アメリカは、イラクに平和と民主主義を定着させるために来たのかもしれないが、イラク国民に日常生活を取り戻させることはアメリカ軍の優先事項ではない。水道、電気などの公共サービスは機能せず、それは今も変わらない。しかし、全土を支配下に治めると間もなく、イラクの石油会社に勤めていた人たちはアメリカ軍が護衛する中で石油採掘を再開させる命令を受けた。

ポール・ウォルフォヴィッツ国防次官は、石油の採掘の速やかな再開は、一に国家の再建を促進する目的のために行なうものである、と語った。これまた事実とははるかにかけ離れた都合のいい発言である。イラク戦争が終結してから数ヵ月後に、筆者はアメリカ輸出入銀行の作成した計画を知る機会を得た。これは輸出事業への融資を行なう公共機関であり、返済が履行されない場合は納税者の負担で補われる。輸出入銀行はしばしば、トップに就く人たちを介して政治権力の中継地の場となってきた。一九八四年一月、当時副大統領の父親ブッシュの要請に応じて、この銀行はサダム・フセイン政府に五億ドルの融資を行ない、一ヵ月後の七月には二億ドルを短期信用貸ししている。銀行にとってイラクが初めての顧客であったとは言い難い。

この銀行が秘密裏に流し、副大統領のチェイニーが食指を動かした計画があった。それは、イラクの復興のための建設契約に充てるために輸出入銀行が民間銀行からの貸付資金を集め、保証し、返済はイラクの石油の販売代金でまかなう、というものである。計画はまた、千二百億ドルにも上る気の遠くなるような負債を抱えるアメリカの国家財政の建て直しをも視野に入れている。ここでもまた、仕掛けの核になっているのは石油だ。プロジェクトの仕上げのために、輸出入銀行はロビイストグループのコアリション・フォー・エンプロイメント・スルー・エクスポート（輸出による雇用促進連合）と組んだ。その代表的メンバーが、ハリバートンとベクテルであった。（原注19）

この時期、アメリカの副大統領が在籍した会社は、イラクの――特に炭化水素を大量に有するイラク南部地域の――石油保護契約を入札募集抜きでしっかりと獲得し、社主がブッシュ一族と近親関係にある世界一の土木建設会社ベクテルも復興計画のために五億六千万ドルの契約を確保した。

石油界の重鎮とＣＩＡのトップ

筆者の手元には、一九九九年から二〇〇二年の間、つまり二〇〇〇年の大統領選をはさむターニングポイントとなった時期に動いた六百三十万ドルの政治献金、そのうち四百五十万ドルは共和党すなわち父親ブッシュ政権に向けてであったが、これを行なったエネルギー部門に関わる主要三十九企業のリストがある。各社の幹部の氏名はおそらくチェイニー委員会にも登録されているに違いない。

『ニューヨークタイムズ』の記者、ジェフ・ガースの内部リポートによると、二〇〇三年十月五日、匿名を希望するホワイトハウスのある次官がこう語ったという。

「イラク戦争の数ヵ月前、政府閣僚は公共で発言する場合には石油問題に言及するのを避けていた。それは、政府の選択と行動が石油産業を援護するものと受け取られる恐れがあったからだ[原注20]」

実際は、事実は完全に異なる。二〇〇二年九月から、石油企業各社の顧問弁護士でもあるポール・ウォルフォヴィッツの側近のネオコン、ダグラス・フェイス国防次官補は同僚に、アメリカの軍事介入があった場合のイラク石油産業の状況と将来に関する計画案を作成するよう指示した。フェイスは、石油界の重鎮とCIAのトップから寄せられる最重要の機密情報を再結集するためのエナジー・インフラストラクチャー・プランニングなるグループの結成を決定した。目的は、戦中戦後を通して油田の安全を確保すること。次に、最大限の生産能力を回復させること、である。

これらの専門家から見れば、イラクの石油生産能力は理論的には日産三百万バレル以上であるが、老朽化した設備と禁輸措置が原因で日産二百十万から二百四十万バレルの能力に留まっていた。このグループが出した計画案は、年間「最善の条件下で、つまりテロ妨害、軍事的衝突による破壊、破損が無ければ二百五十億ドルから三百億ドル、悲観的に見積もっても百六十億ドル」の石油収入を見込んでいた。最悪のケースは「大きなテロ妨害や戦闘による破壊」があり、一切の石油生産ができなくなることである。

ブッシュ政権の誰一人としてこのような悲観的仮説を支持しなかった。チェイニーは四月、バグダッドが陥落したその日に、石油生産は年の終わりまでに日産三百万バレル、収入も年間で二百億ドルを突破することができるだろうと語った。六ヵ月前、ポール・ウォルフォヴィッツは下院議員を前にして「(イラクの)石油収入はここ二、三年の間に五百億ドルから一千億ドルになるだろう」と見積もっていた。

この桁外れの楽観主義は、大部分がサウジアラビアの変化を目の当たりにした経験から生じたものである。

公表よりはるかに少ない資源

四十年近くの間、アラムコ内でまとまっていた最大石油企業のうちの四社、エクソン、テキサコ、モービル、シェブロンは、この国の指導者の誰よりもはるかによく通じているサウジの油田を自由気ままに掘りまくってきた。彼らには資源の状況が良くわかっていた。一方、身内であるアメリカの代々の政府は一九五〇年代、米海兵隊に売った石油代金の水増しを咎めたりもしなかった。

一九七六年、サウジがアラムコを国有化した。それでも、コンソーシアムは経営者の立場を継続し、サウジの石油の八割の採掘と輸出を確保し、バレル当たり二十一セントの代金を受け取っていた。

一九七六年の春に、リヤドのホテル、アル・ヤママのスイートルームで最終的な合意がまとまったが、奇妙にもサウジは彼らにとって最重要課題であるこの合意が一九九〇年に批准されるまで十四年間も待たされた。これは紛れもなく、アラムコがどこで一役買っていたかを示すものだ。サウジ王室が、どんな手を使ってでも隠しておきたかった厄介な秘密を握っていたのもアラムコに他ならない。

一九七四年と一九七九年に、ジャーナリストのジャック・アンダーソンとシーモア・ハーシュが出版した暴露本は巧妙にもみ消された。しかしながら、心配は残り、いつもサウジの油田に陣取っているアラムコの幹部が、この国の石油資源が、公式に発表されている数字よりはるかに少なく、主要な油井は次第に鈍化の兆候を見せていることを、いつなんどきディック・チェイニーとジョージ・ブッシュにばらすかもしれない。それ以降、替わりとしてイラクに白羽の矢が立った。軍事介入に踏み切っても見合うだけの「おいしい危険」である。

ブッシュ政権の中枢では二種類の議論が存在した。一つ目は「われわれは、石油供給の問題を中東の地図を塗り替えることで処理できる」という公式な立場。しかし、非公式には「アメリカはサウジの石油を買いすぎだ」という別の立場があった。

ブッシュと彼の側近は9・11から、エネルギー問題は消費を抑えながらではなく、逆により安定した供給を確保することで解決すべきである、という教訓を得た。

かくして、イラク占領はこの新しい戦略の大団円の場となった。最初に適用された政策は、石油開発に名乗りを上げたロシア、フランス、中国の外国企業を一切遠ざけることであった。アメリカの目的は、今後十年間のアメリカの石油供給を保証する軍事的優位性をもってOPECの生産を押さえ込み、従わせることである。ペルシャ湾を支配すれば、ヨーロッパと中国に圧力をかけることができる。

情報は少しずつ浸透する。私は取材を終えるに当たって、副大統領のもとを去ったある高級官僚に、9・11のはるか以前からチェイニーの目的がイラクで日産七百万バレルを調達する最大限の採取にあったことを聞いた。そんなことをされた日には、原油価格は一バレル十四ドルにまで下落し、産油国は負債を抱え、またぞろ石油開発をアメリカの企業にあけ渡す羽目に陥ってしまう。筋書きはその場の状況次第で変わるが、目指すところはただ一つだ。アメリカ人のライフスタイルを変えるわけには行かない。「正式な」報告に書き込まれ、チェイニー委員会で柔らかく表現された目的、それは「エネルギー確保をわが国の貿易と外交の優先事項とする」(原注21)ことではなかったか?

原注1：ピエール・サランジェ、エリック・ローラン共著『湾岸戦争、秘密報告』オリビエ・オルバン社、一九九一年。
原注2：筆者との対話、一九九二年。
原注3：エリック・ローラン著『砂漠の嵐、ホワイトハウスの秘密』オリビエ・オルバン社、一九九一年。
原注4：米上院議会軍事委員会、湾岸地域の危機に関する聴聞会、ワシントン、一九九〇年九月十一日。
原注5：この数字は一九九九年にさかのぼる。世界の総消費量は現在では一日当たり八千五百万バレルを超えている。
原注6：ディック・チェイニー演説、ロンドン石油研究所、秋の昼食会、一九九九年。www.petroleum.co.uk/speeches.htm
原注7：筆者との対話、二〇〇〇年七月。
原注8：ディック・チェイニーの演説、同上。キエル・アレクレット著『ディック・チェイニー、ピークオイルとファイナル・カウントダウン』ウプサラ大学、スウェーデン。
原注9：「石油・天然ガス産業の未来、過去のアプローチと新しい挑戦」『ワールド・エナジー』誌、第五巻第三号、二〇〇二年。
原注10：「世界の石油は激減しているのか?」BBCオンライン、二〇〇四年六月七日。
原注11：一九九七年に調印された京都議定書の目標は、先進工業国における温室効果ガスの排出を二〇〇八年~二〇一二年を目途に平均五パーセント削減することである。
原注12：「ペトローリアム・ファイナンス・ウィーク」一九九六年四月号。ケニー・ブルーノ、ジム・ヴァレット共

著『チェイニーとハリバートン、石油のあるところを目指せ』マルチナショナル・マガジン、二〇〇一年五月号。ケン・シルバースタイン『では独裁者と取引きするのか』マザー・ジョーンズ誌、一九九八年四月二十八日号。
原注13：『ワシントンポスト』、二〇〇一年六月二十三日。ジェイソン・レナード著『ハリバートンとイラクに関するチェイニーの嘘』『カウンター・パンチ』誌二〇〇三年三月十九日。
原注14：筆者との対話、二〇〇五年六月。
原注15：ダナ・ミルバンク「極秘のエネルギー・タスクフォース」『ワシントンポスト』二〇〇一年四月十六日号。
原注16：スコット・トンプソン「ディック・チェイニーはイラクの石油を長い間狙っていた」『エグゼクティブ・インテリジェンス・レビュー』二〇〇三年八月一日号。
原注17：「チェイニー・エナジー・タスクフォース文書、イラク油田地図」『ジュディシアル・ウォッチ』二〇〇三年七月十七日。
原注18：国防省「ペンタゴン・ブリーフィング」二〇〇三年一月二十四日。www.eia.dol/gov/cabs/iraq.html
原注19：「イラク石油抵当化計画の背徳」『オブザーバー』誌二〇〇三年七月十三日。
原注20：ジェフ・ガース「イラクの石油に関する暗い側面のリポート」『ニューヨークタイムズ』二〇〇三年十月五日。
原注21：国家エネルギー政策開発グループ発行「国家エネルギー政策」ホワイトハウス、ワシントン、二〇〇一年五月。

訳注1：イラクのクウェート侵攻をめぐり一九九〇年十一月、国連安保理で決議案六百七十八号が通過、イラクに一九九一年一月十五日を期限とする撤退勧告が下され、同時にクウェート政府と協力関係にある国連加盟国に武力行使を認める決議案六百六十号の適用が認められた。アメリカのベーカー国務長官は三十四ヵ国からなる対イラク軍事同盟を召集した。結果的には、全兵力六十六万人の内アメリカ兵が七十四パーセントを占めていた。多くの同盟国が参戦に消極的で、経済援助や借款免除で応じた。
訳注2：コロラド州デンバーに本社があるエネルギー企業。前身はステラートン・エナジー社。
訳注3：テキサス州ヒューストンに本社がある土木建築と石油開発の多国籍企業。最近ドバイに本社移転する事を発

表した。一九一九年にアール・ハリバートンが創業。二〇〇〇年まで会長を務めた。副社長はディック・チェイニー副大統領。イラク戦争では米軍の土木建築関連業務や設備機器を一手に引き受け大きな疑惑を呼ぶ。二〇〇五年には、ハリケーン〝カタリーナ〟被災地の復興事業契約を獲得したが、下請け会社のLAPが本社の注文に応える能力が無かった。二〇〇七年には、ハリバートンが引き受けた傷痍軍人の介護等で不十分な対応をしたと訴えられた。

訳注4：制裁（外交制裁、経済制裁、軍事制裁）は主に国連安保理の決議によって、核実験、人道主義の観点、軍事侵略等の国連規約に違反した国に課せられるが、例えば温室効果ガスについてはインド、中国、東南アジア諸国が規制対象外になっている。チェイニーはこの矛盾を問題にしていると思われる。

訳注5：ヘンリー・ワックスマン（Henry Arnold Waxman、一九三三〜）。カリフォルニア州選出の民主党下院議員。連邦議会屈指のリベラル派と目されている。二〇〇二年にはイラク侵攻に賛成票を投じたことから支持者の失望を買った。二〇〇六年の中間選挙での民主党勝利を受けて議会改革委員会議長となった。

訳注6：一九九四年に設立されたアメリカの行政司法監視団体。訴訟手段を主要に大衆の関心を呼ぶやり方で、クリントン政権には十八件の訴訟を起こした。中国共産党がクリントン陣営に選挙資金を提供していた一九九六年のチャイナゲート事件を最初に暴露した。反クリントン派からの多額な援助を受けてもいる。最近では、チェイニー副大統領のエネルギータスクフォースのメモの公開を求めてブッシュ政権を訴えている。

第十章　サウジアラビア石油生産の衰退

アメリカとサウジアラビアの関係は揺るぎないものに見えていた。それどころか、二〇〇〇年にブッシュ一族が権力の座に返り咲いてからというもの、両国はまさしくねんごろな協力関係にあった。その関係は、サウジの石油が二〇〇四年にジョージ・W・ブッシュの再選を有利に進める強力な武器になったほどに密接なものであった。『ワシントンポスト』の記者、ボブ・ウッドワードが明らかにしたところによると、サウジのバンダル王子は大統領にこう確約していた。

「大統領選が近づく二〇〇四年の夏の終わりには王国は、明瞭な形の価格低下につながるよう、石油を数百万バレル増産することができる（原注1）」

このことを尋ねられたバンダルは、サウジの関与を否定せず、サウジ政府の目的が経済成長を阻害しないやり方で石油の国際価格を安定させることにあると認めた。さらに、サウジとしては当時三十三ドル前後を行き来していたバレル当たりの価格が、二十二ドルから二十八ドルの間を分岐点に引き下げられることが望ましいとも付け加えた。

かくなる提案と大統領の選挙対策とは事実上符合する。民主党の対立候補ジョン・ケリーは、原油価格の高騰を抑えられないブッシュ政権の無能をますます強く批判していた。

贔屓の候補者を再選させるために、こうしたえげつない市場介入と価格操作をするサウジアラビアは、アメリカの政治経済の舞台に欠かせない存在と思われた。サウジには、石油の市場価格を下げることも据え置くことも自由に操作できるだけの資源がある、と思われた。ＩＭＦが二〇〇〇年に出版した調査資料は、バレル当たりの価格が五ドル上がれば、アメリカの年間総生産が〇・三パーセント低下すると指摘している。西洋の繁栄の監視人サウジアラビアはまた、国債を大量購入してアメリカの財政赤字の補塡に一役買ってもいた。

「見合い結婚」

にもかかわらず、世界一の超大国と世界一の産油国の関係は、ある専門家に言わせれば「恋愛結婚よりも見合い結婚」で、二人の仲は石油が取り持つ縁である。

流浪のベドウィン族王朝が、三十年の間に気がつけば超石油大国になっていた。サウジはスイスのピクテル銀行にかなり高額の金を預けてはいるが、メインの預金はアメリカの銀行が相手だ。ロンドンのレーマン・ブラザーズの副社長で元駐英アメリカ大使のレイモンド・サイズによると、サウジの国庫の三分の一はアメリカに投資されており、残りをヨーロッパとアジアに振り分けて投資しているという。アメリカ経済に投資された資本は五千億から七千億ドルに上る。一部がシティバンク傘下にあるサウジ・アメリカ銀行の主任エコノミスト、ブラッド・バーランドは、これをすでに七千億から一兆ドルという気の遠くなる数字に上方修正している。モルガン・スタンレーの元社長リチャード・デブスは、サウジのことを「非常にまともな」(原注2)お得意さんだと評価している。

しかしその裏で、ワシントンは神経を尖らせ出す。王室内部におけるCIAの活動はほとんど開店休業状態のままだが、この十年近くスパイ衛星とNSA（国家情報局）の傍聴センターが王室内部の会話を盗聴していた。そこから、それぞれに意見が割れていることが明らかになったが、同時に幹部の腐敗、そして数百万ドルの現金がイスラム原理主義組織に渡っており、その資金が王家転覆のために使われているのではないかとサウジの要人たちが憂慮していることも分かった。一九九六年に入ると、防諜した情報から、アメリカは五億ドルにも上るサウジの金がビン・ラディンやペルシャ湾地域、中東、東南アジア等の過激派組織を支えていることを知った。こうした無数の組織は早晩、アルカイダ軍団へと連合していく。(原注3)

サウジに支払われた石油代金はテロのために使われ、ブッシュ政権はこの都合の悪い事実をひた隠しにした。

「妻は仕事場ではスターです」

サウジの石油はまた、ホワイトハウスと諜報部との間の政略や対立が入り混じった重大事の中心にあった。ジョゼフ・ウィルソン大使とその妻が主役の、どこまでも奇妙なエピソードがある。ウィルソンは優秀で教養のある外交官で、一九九〇年に任地バグダッドで戦争勃発前に最後にサダム・フセインに会ったアメリカの高官である。彼は民主党シンパであるにもかかわらず、二〇〇〇年にジョージ・W・ブッシュのキャンペーンに千ドル提供している。イラクがナイジェリアからウランを購入した際には、調査のため彼をナイジェリアに派遣する話がささやかれた。彼が提出した報告にディック・チェイニー副大統領は強い不満を表明した。ウィルソンは、ウラン購入の話はでたらめだと主張した。だがアメリカ大統領は、イラクによる大量破壊兵器の脅威に触れた演説で、このことを再び持ち出した。二〇〇三年七月六日、『ニューヨークタイムズ』は、この説に明確に反駁するウィルソンの主張を掲載した。これで導火線に火がついた。

「ブッシュの戦争と秘密の世界」を映画化した「ブッシュの世界」の中でジョゼフ・ウィルソンは全容を長々と説明し、アメリカ政府高官、特にチェイニー副大統領を攻撃している。まず疑わしいのが官房長官ルイス・リビーで、そこからチェイニーのラインを経て、ブッシュ大統領の顧問、実力者カール・ローブへとつながるのは分かっている。

二〇〇三年七月十四日、ネオコンに近い出版社のロバート・ノヴァクが「二人の高級官僚」の話を元にして書いた記事を出版した。それによるとウィルソンは、彼の妻が秘密に情報局の仕事に携わっている関係から、ＣＩＡによりこのナイジェリアの任務をまかされたのであった。すべて極秘となっていたのに、彼の妻の名前がヴァレリー・プレームということも暴露された。事態は徐々に興味深い展開になる。

筆者は珍しい写真を見る機会を得たが、そこには四十歳代とおぼしきシャロン・ストーン風のブロンド美人が写っていた。

名前が明らかになると、ブッシュ政権は彼女の身の安全を放棄し、その正体を完全に暴露した。しかるに、ヴァレリー・プレームとはＣＩＡのトップ諜報員の一人であった。正確には第一次湾岸戦争の終わりごろから彼女を知るある情報局員が匿名を条件に話してくれた。

「ヴァレリー・プレームはＣＩＡでも少数のエリートグループに属している。彼らは非公式作戦専門の部署に配属されており、正体がばれた時には情報局、政府はその安全を一切保障しない」

二百社以上の米企業と、その他の外国企業が首脳部にこのようなＣＩＡの秘密エージェントを抱えている。

プレームはすでに一度、生命の危機を免れている。長年にわたりソ連のスパイだったＣＩＡの幹部オルドリッチ・エイムズは、彼女が海外でこうした任務についていた時にその名前と身分をＫＧＢに教えた。すると即刻、彼女に帰国命令が出た。

きわめて優秀であることに加えて、彼女を養成し、隠密に仕立て上げるために費やされた代償の大きさから、彼女の存在は非常に貴重であったとエイムズは言う。

調査を進めるうちに、ヴァレリー・プレームがブリュースター・ジェニングス＆アソシエイツなる会社の相談役を務めていたことが分かった。この会社が提出した税務申告には、プレームは一九九九年から雇用されているとあった。さらに掘り下げていくと、この会社は一九九四年に設立されており、プレームがワシントンに戻った年であることも興味深い。社名には手こずった。これはコンサルタント会社でエネルギー部門が専門であった。二〇〇一年度のボストンの電話帳には類似した会社が二つあった。ブリュースター・ジェニングス＆アソシエイツとジェニングス・ブリュースター・アソシエイツである。電話を掛けてみた。はたして電話帳の番号は使われていなかった。ブリュースターとジェニングスとは何者なのか調べ始めた。分かる者はどこにもいそうになかった。ある取材相手が面白い手がかりを教えてくれた。

「ブリュースター・ジェニングスというのはモービルの前身、ソコニ・バキューム・オイル・カンパニーという石油会社の社長だった人の名前ですよ。この会社はその後、エクソンに吸収合併されました」

はっきりした証拠が出た。ブリュースター・ジェニングスはおそらく、プレームの動きを隠すためだけにＣＩＡがでっち上げた会社である。ジョゼフ・ウィルソンは、テレビインタビューの中で「妻は仕事場ではスターです」と洩らしている。その仕事たるや、集まったすべての証拠から、サウジの石油事業関連の情報収集なのである。彼女は何度もサウジ王国に滞在し、アラムコの依頼を受けて調査していた。

サウジの権力にきわめて近いブッシュ政権は、この国の石油事情に関する情報をＣＩＡに押えられたくなかった。あるワシントンの観測筋はこう解説する。

「二〇〇〇年以降、サウジアラビアはホワイトハウスの不可侵地帯になっていた。この領域に侵入したものは高い代償を払うことを覚悟しなければならない」

おそらくこれがヴァレリー・プレームのケースである。もう一つ、奇妙なめぐり合わせがある。プレームはワシントン駐在の不動のサウジ大使、バンダル・ビン・サルタンとつながりがあった。秘密諜報員という身分が暴露されると「アンタッチャブル」であるはずのバンダルが突然辞任し、王国のすべての内部情報の保有者で、元情報局長官のトゥルキ・アル・ファイサルが後任となった。

虚偽の数字

ダーラムの砂漠の近くに建つガラス張りのビルがアラムコの本部である。訪問者は一本の映画を見せられる。「私たちは世界の需要に毎日応えているのです」。こんなナレーションが巨大なスクリーンから流れてくる。このコメントはその後使われなくなる。アラムコの一幹部がこれに対して匿名希望で予言した。

「これまで世界はサウジアラビアの石油を当てにしてきた。しかしこのような状態がいつまで続くかは分からない」

アラムコの専門家は二〇一一年の可能産油量を日産一千十五万バレルと見積もっている。ところが、アメリカエネルギー省によれば、世界の需要に応えるためにはサウジ王国は二〇一〇年に日産一千三百六十万バレル、二〇二〇年には一千九百五十万バレルを採掘しなければならない。(原注4)

唯一の問題は、これらの計画総体が全く信頼性を欠いていることである。この時期の、サウジの産油量は明らかに低下し、それに対し世界的需要は爆発的に拡大し、予測生産量を超えてしまうだろうからである。

筆者は調査を進める中で、恐るべき事実を確認した。産油国あるいは国際石油資本から発せられている世界の石油資源の実際の規模に関する数字は虚偽なのだ。沈黙と虚偽の正真正銘の陰謀である。産油国は自国の埋蔵量を誇張し、影響力と経済的重要性を高めようとする。国際石油資本は、同じ行為を通して利益を保証するメッセージを投資家に向けて発する。消費国の政府は、民意の反感を避けるためにそれに目をつぶる。しかも、消費者が払う石油代金は、税金を通して国庫に収まるという見事な富の流れである。フランスでは石油の課税率は、消費税を加算すれば七十五パーセントを超える。石油を問題にし、勇気あるそして必要な対策を求めるのは、すべての政治家にとってきわめて危険である。ジミー・カーターはアメリカ世論に対して、海外の石油への依存を減らそう、これは「戦争をするようなものだ」と訴えた。こんな凶報の配達人は再選されなかった。

確認された石油埋蔵量について、正式に発表された数字を注意深く検討した結果、第一に発見できたことは、OPEC加盟国の総埋蔵量は、一九八二年の四千六百七十三億バレルから一九九一年には七千七百十九億バレルとなり、実に六十五パーセント以上という驚異的な伸びを見せたことだ。この三千億バレル以上の増加が確かなものであるという確証は実はどこにも無い。この増加は、OPECが一九八六年に適用を始めた新しい輸出割当制度(訳注1)と呼応している。この新しい評価システムのお蔭で、サウジアラビアの確認埋蔵量は千六百九十億バレルから二千六百億バレルへと上がり、クウェートのそれは五十パーセント近く上がった。アラブ首長国連邦のアブダビでは一九八五年に三百億バレルと発表されたのが、一九八八年には九百二十億バレルに増え、イラクでは一九八五年の四百九十億バレルが一九八八年には一千億バレルになっている。

ただ単に数字を書き換えるだけの、根拠の無い粉飾報告という手を使って、OPEC諸国は輸出を増やし、収入を上げたのである。

ニコラ・サルキスは今回、イランに関する別のデータをくれた。テヘラン政府は二〇〇三年に、埋蔵量は三十五・七パーセントアップし、一九九九年末には九百六十四億バレル、二〇〇二年末には千三百億バレルになるという再評価を発表した。イラン当局は、この再評価の異常な数字は、石油の回収率の向上によって説明できるとしている。この主張は、専門家の間では大きな疑問があると囁かれているものだ。(原注5) この誇張は、「確認」埋蔵量が産油国と国際石油資本のでっち上げで、こうした数字は毎年石油業界の参考資料年鑑の『BP統計レヴュー』と『オイル&ガス・ジャーナル』に発表されているが、その信頼性と情報の事実性が問われたことはない。

埋蔵量の四十六パーセントが虚偽

コリン・キャンベルによると、OPECの主要国が公表している埋蔵量の四十六パーセントが「疑わしい」か、もしくは「虚偽」である。そしてこの現実に対して各国政府は、残念ながら誤った情報を得ているか、間違った対応しかできていない、と彼は言う。(原注6)

彼は古くからの英国人地質学者であるが、その主張するところは石油大企業によって巧妙に疎外され、押し殺されてきた。なぜならば、彼らにとって危険であり、しかも正しいことを言っているからである。というよりも、正しいから危険なのだ。

切迫する石油の衰退に関して確かな根拠がある彼の分析は、公式な主張や事実を粉々に叩き潰してしまった。彼はベテランの地質学者や石油企業グループの探鉱責任者たちを結集して石油ピーク研究組織、ASPO(原注7)を設立した。キャンベルは地質学者として、テキサコ、BP、アラムコで働いた後、ノルディック・アメリカン・オイルカンパニーの社長となり、その後スタトイル、モービル、アメラダ、シエル、エクソンのコンサルタントを務めた。したがって彼は、王宮から追放された反体制派と言える。彼の仲間にはフランス人のジャン・ラエレールがいる。三十七年間トータル社で働き、長くグループの開発技術を引っ張って来た男だ。

彼らに言わせれば、今も流布している捏造された埋蔵量の公式データは広汎かつ組織的なものである。キャンベルは言う。

「もし本当の数字が分かったら、経済市場はパニックに陥るであろう」

ラエレールが付け加える。

「こんにち、石油地質学者は引退でもしない限り石油ピークについて開けっぴろげには話せなくなっている」(原注8)

二人によれば、埋蔵量の問題を綿密に扱うなら、「可採埋蔵量」つまり一鉱床から採取できる石油の総量の意味で、現在使われている「確認埋蔵量」とか「暫定」とか「推定」などの概念は放棄しなければならない。存在する石油の四割も、技術的理由から採掘できないでいる油田もいくつかある。

産油国による埋蔵量の正確な数字の改ざんを評して、ラエレールは「石油埋蔵量の公式な数字は、純粋に科学的なデータとは遠くかけ離れているものだ。その時々の利害に応じて、国家が評価を上げ下げする経済資産の反映と言える」と述べている。(原注9)

「輝き無き未来」

キャンベルとＡＳＰＯの分析を勇気づける人物がまだいる。テキサスの銀行家マシュー・シモンズだ。

彼はヒューストンで、世界最初のエネルギー部門専門の投資銀行を設立し経営し、現在五百二十億ドルの資産を運用している。彼はジョージ・W・ブッシュの顧問をしていたが、現在の政権とは距離を置くようになった。彼はどんな意見を持っているのか?

「再生不可能のエネルギーが最も重要な資源だとしたら、当然ながらそれは重大問題だ。エネルギー無しでは……水を得るのも難しくなり、農業も持続できなくなり、健康すら危うくなる……『石油埋蔵量のピーク』がエネルギーの観点において真に意味するのは、もし一旦そうなれば供給の増加は終わるということだ。なぜこの問題があんな議論になるのか? 私がまず思うに、『ピーク』という言葉は残念ながら輝きの無い未来を思わせる。将来、エネルギーの価格が上がることも示唆している。どれもこれも嬉しい事ではない。楽しい方を好むのが人間の本性だと思う。狼が、家の前まで来たわけでもないのに、来た、と叫ぶ者は何も分かっていない。そういう人間は大抵物事に乗り遅れる。危機とは無知の産物だ。そして、これまで起きた大きな危機はすべて、手遅れになるまで気がつかなかった(原注10)」

コリン・キャンベルとASPO主催による石油ピークに関する第二回会議で、シモンズは時代と人の行動様式が変わる兆しについて、ヒューストンからの二元中継を通して話した。二〇〇三年五月二十七日に、フランス石油協会で開かれたこの会議には百人以上の専門家が参加した。経費の一部は二大石油企業、トータルとシュルンベルジエ(訳注2)が提供した。

フランス石油協会の会長オリビエ・アペールは、基調報告で世界の石油生産は毎年五パーセントから十パーセント減少しており、増加する需要に応えるには一日当たり六千万バレルの補充能力が必要になる、と述べた。石油業界が、異端的な発言をする者を悪魔扱いし、のけ者にしてもかまわなかった良き時代は終わりを告げたようだ。アイルランドの小さな村に隠居するキャンベルは勝利の味を噛みしめつつある。以来、石油大企業の幹部がこっそりと彼を訪ねてくる。助言を求めてのカノッサへの旅だ。つい最近訪ねてきたジャーナリストに彼はこう答えた。

「シェルとＢＰの人には私と会ったことを話さない方がいいですよ。私をテロリスト扱いしていますからね」

確かにそれ以来、世界の石油状況はあら皮（訳注3）のようになってしまった。アメリカ、インドネシア、ガボンは瞬く間に衰退期に入ってしまった。キング・ハバートが予測した一九七〇年の石油ピークに、アメリカはサウジアラビアと同量の日産九百六十万バレルを記録した。現在、産油高は三百万バレルを下回る。テキサスがまず落ち込んだ。この衰退はメキシコ、ノルウェー、アラスカ、ロシア、北海へと及ぶ。イギリス領海の北海で採掘されているフォーティーズの主要油床は二十年前には日産五十万バレルだったのが、今では五万バレルにすぎない。石油鉱床を「聖域」とみなし、採取と生産を低く抑えてきたノルウェーでさえ、毎年五・五パーセント減というペースで激しい落ち込みを見せている。

一九六八年に発見されたアラスカ、プルードー湾の巨大鉱床は埋蔵量二百億バレルと考えられ、一九八九年末まで日産百五十万バレルを記録していたが、突然日産三十五万バレルにまで激減した。ロシアの油田地帯サモトロルも同じ時期に開発されたが、似たような減産状況に落ち込み、一九八三年以降は三百五十万バレルから十分の一の三十二万バレルへと沈降していった。

ＢＰは、有望だとされていたが不振に終わったアラスカ、ムクルークの油田に続き、フォーティーズの油田地帯も売却した。イギリス企業が見つけたのは、期待した石油ではなく、費やされた二十億ドル近い開発経費のごとくしょっぱい味の海水だけであった。

この大失敗は、石油企業にとって新たな鉱床を発見するのがますます難しくなってきたことを如実に示している。

ハーバード大学教授で歴史学者のダニエル・ヤーギンは、最低限の正確さを欠いた歴史的議論を引用して、石油の輝ける未来を予言するという絶対的誤りを犯した。彼はこう言ったのだ。

「ペンシルバニア以外では石油は絶対見つからないだろうと宣言して、スタンダードオイルの創設者の一人が自分の持分を売却した一八八〇年以来、石油は足りないものだと思い込まれている(原注11)」

「掘りつくされた」惑星

人類が、持てる資源の正確な状態を把握することに視点を定めて以来、百二十年以上の時が経った。石油が発見され、一九六四年に世界的ピークを迎えた。そして次第に下降線を辿る。ジャン・ラエレールによると、世界中で五万ヵ所以上の従来型油田が発見されている(原注12)。コリン・キャンベルはもっとすっきりしている。

「大発見はすべて六十年代に集中している。地球は掘り尽くされた。地質学の知識は、これ以上大きな鉱床の発見がほとんど望めないほど優れていた」

石油発見の「ピーク」は一九六五年で、六百六十億バレルが発見された。因みに現在は四十億バレルにすぎない。

二〇〇〇年、日産五億バレル（世界の石油消費の一週間分に相当）を埋蔵する鉱床が十三ヵ所発見されたが、二〇〇一年には六ヵ所、二〇〇二年には二ヵ所、そしてついに二〇〇三年には研究ペースの加速、洗練されたテクノロジーによる探鉱と採掘にもかかわらず一ヵ所も発見されなかった[原注13]。

一九九〇年代の終わり、カスピ海地域にある石油がペルシャ湾の石油を代替するかに思われた。アゼルバイジャンとカザフスタンが、クウェートの再来として脚光を浴びようとしていた。この地域での調査については次章で述べる。しかし、期待した分、幻滅も大きかった。二〇〇一年、オフショアーとオンショアー（海底と内陸）の二十五ヵ所の油井のうち、二十ヵ所が不可と判断された。二〇〇二年、BPとスタトイル[訳注4]がカザフスタンから撤退し、一年後にその他の企業もそれに続いた。シェブロンが開発するテンギズ[訳注5]油田だけが期待に応えているようだ。

石油企業にとって、深海油田の掘削は設備投資に大きな負担がかかる。平均五千万ドルである。掘削やぐらの維持費だけで毎日二十五万ドルが消えていき、水深千五百メートル、油井全長七千五百メートルが可能な新型モデルのやぐら、マエルスク・エクスプロアラーを使用した場合には、それが四十五万ドルに跳ね上がる。一地点における探鉱は六ヵ月が限度である。さらに悩みの種は、実地調査で分かった海底から採取できる石油の量は最大でも約六十億バレルしか無く、世界の総生産量の五パーセント、もしくは世界の消費量の三ヵ月分にも満たないということだ。

世界の石油事情を知るとめまいを起こしそうになる。われらが地球では十二日間に十億バレル、したがって一年に三百億バレル以上の石油を消費しており、これは巨大油田一つ分に相当する。人類が本当に愚かだとすれば、それは盲目であるが故であろう。リットルへの換算だけでもさらにびっくりさせられる。石油一バレルは百五十九リットルに相当するのだが、私たちが消費する量は一日に八千四百万バレル、つまり百二十七億九千万リットルということになる。

二十年以上前にコロラド州の太陽エネルギー研究所所長のデニス・ヘイズが行なった先駆的研究にはこう書かれている。

「先進工業国が石油危機の到来を予測できない理由はおそらく、石油の世紀がきわめて短いことによる」

「石油世代は、この時代がいかに短いものであったかを忘れてしまう傾向にある。少なくとも五十年前、世界のエネルギーの四分の三は石炭が原料で、石油は十六パーセントにすぎなかった。一九五〇年、石炭はまだ全エネルギーの六十パーセントを供給していた。一九六〇年代に石油が石炭の消費を抜いてから（正確には一九六七年）二十年経過した。こんにち、石油だけで世界のエネルギー予算の三分の二を代表している」(原注14)

もし……

石油はもうすぐ無くなるのだろうか？　私はそう思う。しかし多くの「前向きの姿勢」の支持者、楽観主義派の支持者がこのような仮説を馬鹿にしてはばからない。われわれは、その尽きるところも終わりも分からないエネルギーにこんなにも支配された世界に生きている。石油はずっと安いままで、いずれ有望な油田地帯が発見されると思われている。こうした考えから出たのがクエ方式(訳注6)である。もしO

PECが生産水準に限度を設けなければ、もし石油企業がアラスカのような開発禁止区域を掘削することを許されれば、もしイラクの反政府武装集団がパイプラインを破壊しなければ、われわれは欲しいだけの石油を得ることができる。もし、もし、ときりがない。

石油の側面においては、世界はもはや終わりだ。もうこれ以上、世界のどこを探しても大油田の発見は期待できない。エルドラドの再来とも言われたアフリカの例を上げてみよう。アフリカのエコシステムは地球上で最も脆弱である。アフリカ大陸には地球の石油の四・五パーセントがある。とは言っても「確認」埋蔵量のことだ。つまり、存在は発見されたが、まだ掘削はされていない。楽観主義的立場の組織だが厳正正確な仕事をするUSジオロジカル・サーベイ（地質調査組織）は、七百億バレルの石油を発見できる確率は五十パーセントと判定した。これは、実際の掘削で存在自体すら確認されていない「未発見」の鉱床の話である。非現実的な仮説だが、たとえこの七百億バレルが発見され、その全部が採取できたとしても世界の消費量の二年分強にしかならないのである。

コリン・キャンベルが立ち上げ、他の専門家によって補強された研究によると、私たちの世界は今日まで約九千四百四十億バレルの石油を消費し、地下にはまだ一兆五千億バレルの石油が眠っているとされる。キャンベルは、この数字はすでに見たように、産油国が作為的に手を加えたまやかしで、三割は割り引いて考える必要があるという。同様に、イギリスの地質学者によれば、これら「未発見鉱床」の相当部分が「鉱床」の名に値しない、技術的にも経済的にも成立しないものである。

こうした限界性を考慮に入れて「確認埋蔵量」から差し引いた、それらしい数字としては、九千億

バレル前後ということになる。(原注15)

しかしその後、この世界はまたもや変化する。消費が爆発的に拡大した。それまで消費された九千四百四十億バレルの石油の大部分は巨大油田から容易に採掘されたものだ。地質学者の説によれば、これからの石油は「より粗悪で、より深い」ところにあり、発見も採掘も困難だが精製も同様に困難になる。探鉱は困難になり、残された鉱床を発見することがますます実現しにくくなる。バクー油田の開発を行なっているフランス企業の幹部は皮肉な表現で事実を述べる。

「石油の開発はハンティングに似ている。ハンターは銃を開発、改良すれば良い。獲物の数が減っても彼には関係のないことだ」

キャンベルに言わせれば、このペースで行くと世界の石油生産は今年（二〇〇六年）ピークに達する。石油を見つけ、汲み上げ、精製し、運搬するために使う全エネルギーが、採取した石油量と変わらない場合もある。このような水準にまで落ち込むくらいなら、そのまま石油を地下に眠らせておいた方がより経済的だろう。

低下する生産

無愛想な風貌だがストレートに向き合い、率直なものの言い方をする七十歳のピッケンズは伝説的存在だ。彼は一九五六年に二千五百ドルを元手にメサ石油を設立し、今では世界有数の独立系石油・天然ガスグループに育て上げ、ダラスでは投資ファンデーション、ＢＰキャピタルを経営する。私はこのオクラホマ生まれの暴れん坊と何度も会っている。彼は大企業と一戦交えるのを好み、あの大ガルフ石油に盾突いて派手な企業買収をやったこともある。世界や石油の将来を見る目は確かで、ずばり要点を衝く。

二〇〇五年五月、彼はパームスプリングスにおいて先駆的とも言える発言をした。

「NYMEX（ニューヨーク商業取引所、石油取引市場）に惑わされてはいけない。二〇〇五年の終わりには、バレル価格は三十五ドルに下がるというのが大方の専門家の予測だ。私は、六十ドル（正確に今の水準のまま）になると考えている。（さらに続けて）いくつかの事実を思い出して欲しい。現在の世界の総生産は日産八千四百万バレルで、これを大きく上回ることはできないだろう。私はサウジのアブダラ王子（その後王位を継承した）やウラジミール・プーチンや石油の埋蔵量や生産に関わるその他の政治指導者の言うことは全く問題にしていない。生産は、世界中の大油田で低下していると私は考える。こうした国々にあるという（確認）埋蔵量を勘定に入れたなら、すでに取り出した石油の後にはもう何も残らない。手短かに、もう一つ別の状況を考えてもらいたい。日産八千四百万バレルということは一年三百六十五日で三百億バレルがすっかり無くなるということを意味する。世界の石油産業を一まとめにしても三百億バレル近くを用意できる力など無い」

「ここで二〇〇五年度の最後の四半期の見通しを見てみよう。日産八千六百から八千七百万が必要になる。アメリカ経済は若干減速しているが、中国とインドは急速に成長している。メジャーは、石油は大量にあり、さらに増産できると言うが、エクソン、モービル、シェブロン、テキサコ、BPなどのグループを調べてみれば、どれも生産が落ちていることが確かめられる。彼らは生産した分を補充できないのである。したがって、増産することなど無理なのだ（原注16）」

一九九八年以来、大企業グループは吸収合併により規模を拡大することで弱体化を懸命に覆い隠してきた。一九九八年八月、BPはアメリカ国内の天然ガスと石油の利権を大量に所有している会社の一つ、アモコを買収して大作戦を開始した。一九九八年から二〇〇五年までに、BPは総額千二百五十億ドルのM&Aを展開し、そのうち十億ドルは二〇〇〇年にロシアの新企業グループTNK/BP(訳注7)への五十パーセントの出資に充てられた。一九九八年十一月には、新たに二つの大合併が行なわれた。エクソンがモービルの経営権を獲得し、トータルがペトロフィナ(訳注8)を買収した。二〇〇〇年十月、シェブロンがテキサコの経営権を取得する。

石油業界にかくも長く君臨してきた「セブンシスターズ」は五つに数を減らしたのであったが、仲間であることに変わりはない。この戦略は、短期的に見れば良い事づくめである。合併は株式市場に活気を呼ぶ。新たな石油が発見できないという落胆すべき現実を前に、グループは利益を拡大するための巧妙かつ投機的な手段を見出したのである。

本当のところは、これは石油の最前線における現実を隠そうとするための絶望的な前向きの逃亡である。一九九六年から一九九九年の間、世界中に存在する百四十五の、様々な規模と資力のエネルギー企業は、全体の生産水準つまり日産三千万バレルを維持するためだけに、四千百億ドルという巨額の金を費やさねばならなかった。「ファイブシスターズ」は、一九九九年から二〇〇二年の間に、その生産水準を日産千六百万バレルからわずか千六百六十万バレルに上げるために、彼らだけで千五百億ドルを貪り食った。二〇〇三年には、四百億ドルの投資を受けたにもかかわらず、彼らは毎日六万七千バレルを失った。(原注17)

罹災した石油産業

秘密情報を握っているので評判のエネルギー関連コンサルタント会社ウッド・マッケンジーによると、石油トップ企業十社は二〇〇三年に探鉱のためだけに八十億ドルの金をかけたが、発見できた石油がもたらした利益は四十億ドルを下回った。(原注18)

この結果は、油田の発見が減少した二〇〇一年から二〇〇三年の期間の後に現われた。テクノロジーを駆使した精密な検証から、この結果はさらに心配なものになった。現実的に、もう楽な掘削は存在せず、危険な掘削をしても結果はノーである。それからというものは、有望な鉱床はきわめて正確に位置測定される。エクソン・モービルの開発責任者ジョン・トンプソンは現存する鉱床の四パーセントから六パーセントが衰退していると推定し、二〇一五年には石油業界は、現在生産されている十バレル当たりのうち各々八バレル分の石油と天然ガスを発見し、開発し、生産しなければならなくなるとつけ加えている。(原注19)

成果の乏しさに対して、探鉱経費は高くなりすぎている。(原注20) ウッド・マッケンジーの主要アナリストの一人、ロバート・プラマーは企業の葬式に捧げる祈りともおぼしき分析をしている。

「彼らは成長を維持するためにさらなる発見を必要としている。(中略) 問題は、開発が期待通りの見返りを生まなかったことだ。この失敗が、石油企業が二〇〇八年までに生産水準を確保できることを期待しつつ、中東やメキシコなどのすでに知られた油田地帯にふたたび舞い戻るために開発予算を削減させるのである(原注21)」

二〇〇四年、ウォール街のエネルギー専門調査グループ、ヘロルドは、大企業各社が発表した埋蔵量、発見した鉱床、生産水準を比較検討した。結論は、全企業の生産は四年後、つまりちょうど二〇〇八年に低下する、であった。

現在の株価の高騰と、各社が公示する利益の裏に真実が隠されている。石油産業は、一九八六年から一九九二年の間に百万人が失業した自動車産業や鉄鋼業と同様に、罹災者の世界なのである。

これら石油企業グループの頂点に立つ人々の厚顔無恥な戦略に幻滅を感じずにはいられない。時間稼ぎをし、身の安全と利益をしっかり守り、株価を高値に操作して株主を喜ばせ、ストック・オプション（自社株購入権）で繁栄の幻想を抱かせる。これこそ死の踊りだ。彼らの目的はもう石油の発見ではない。石油が汲みつくされたことを彼らは誰よりもよく知っているのだから。

原注1：CBS「シクスティ・ミニュッツ」二〇〇四年四月十八日。
原注2：ロバート・カイザー「アメリカ国庫に注ぎ込まれる莫大な富」『ワシントンポスト』二〇〇二年二月十一日。「合衆国会計監査院報告「OPECの金融ホールディングはアメリカの銀行あるいは経済にとって危険か?」『ワシントンポスト』一九七九年六月。
原注3：シーモア・M・ハーシュ『ニューヨーカー』二〇〇一年十月二十二日。
原注4：「石油需要増加予測と疲弊するサウジ油田」『ニューヨークタイムズ』二〇〇四年二月二十四日。
原注5：ニコラ・サルキス『アラブの石油と天然ガス』誌論説、二〇〇四年七月一日号。
原注6：「エネルギーの袋小路」二〇〇三年十一月二十八日、www.transfert.net.d51
原注7：Association for the Study of Peak Oil, www.peakoil.net
原注8：「エネルギーの袋小路」前掲書。

原注9：「エネルギーの袋小路」前掲書。
原注10：ASPO国際会議、於フランス石油協会、リュアイユ・マルメゾン、二〇〇三年五月二十七日。
原注11：ダニエル・ヤーギン「国際政治」二〇〇二年―二〇〇三年冬季、第九十八号。
原注12：ジャン・ラエレール、前掲書。
原注13：「自転車に乗ろう」『ザ・ガーディアン』紙二〇〇四年六月八日号。
原注14：デニス・ヘイズ『希望の光線』ノートン社、ニューヨーク、一九七七年。
原注15：ジョン・ヴィダル「石油の最後は思ったより近い」『ザ・ガーディアン』紙二〇〇五年四月二十一日。
原注16：トーマス・ブーン・ピッケンズの講演、第十一回全国都市美化会議、パームスプリングス、二〇〇五年五月三、四日。ASPO、www.peakoil.net
原注17：マシュー・R・シモンズ、ASPO国際会議、於フランス石油協会、リュアイユ・マルメゾン、二〇〇三年五月二十七日。
原注18：ジェームズ・ボクセル「石油トップグループ、開発コストの回収に失敗」『ニューヨークタイムズ』二〇〇四年十月十日。
原注19：ジョン・トンプソン「革命的変化」エクソン・モービル株主報告第八十五号、二〇〇三年。
原注20：エネルギー省「国立エネルギー・テクノロジー研究所報告」二〇〇五年二月。
原注21：ジェームズ・ボクセル、前掲書。

訳注1：一九八二年の時点でOPEC加盟国それぞれが満足出来る輸出割当制度は無く、各国の産油量はつねに限度を超えていた。一九八六年の夏には原油価格はバレル当たり一〇ドルまで下がった。OPECはそこで日産百七十四万バレルから日産百八十万バレルまで上限産油量を上げた。そして加盟国に平等で継続性のある割当て方式を確立するため、配分システムを慎重に検討した結果、八項目の基準を設定した。埋蔵量、産油能力、それまでの産油量分配、国内石油消費量、生産コスト、人口、輸出依存度、対外借款である。しかし画一的適用は困難で各産油国にとって事情が異なることから、この輸出割当て制度の欠点は今日まで未解決の

ままである。

訳注2：フランス人コンラッドとマルセルのシュルンベルジェ兄弟が一九二六年に始めた石油探査事業から発展した世界最大の油田事業会社。世界八十ヵ国で活動し従業員七万人を擁する。探鉱、探査、評価、油井テスト、掘削、油井建設など全てを行なう。フランス、アルザスのペシェルブロンで一九二七年に初めて電動油井を稼動させ、一九二九年にカリフォルニアのカーンで最初の掘削を行なった。現在、アメリカのケンブリッジ、イギリス、モスクワなど七ヵ所の研究所があり、日本には相模原に探査道具、ソフトウェア、解析ツールを作る開発製造センターがある。

訳注3：バルザックの小説集『人間喜劇』の一作『La Peau de Chagrin（あら皮）』のことで、貧乏な青年があら皮を貰い、そのお蔭で幸せを享受するが、皮は次第に小さくなり、無くなってしまう。そして青年も死ぬ、という話。

訳注4：ノルウェーの石油会社。一九七二年設立。北海地域最大。ノルウェー国家が資本の七割を保有。原油販売とヨーロッパ各国への天然ガス供給を主としている。北海海底油田以外にも、アルジェリア、アンゴラ、アゼルバイジャン、イラン、リビア、アメリカ、ベネズエラなどに進出し、エジプト、メキシコ、カタールなどでも調査を行なっている。中央アジアのＢＴＣ（バクー―トビリシ―セイハン）パイプラインにも関わっている。

訳注5：カザフスタンにある巨大油田。カザフ国有会社とシェブロンの合弁会社テンギズシェブロイル（一九九三年設立）が操業する。埋蔵量六十〜九十億バレル、現在日産十八万バレルで、二〇一〇年には日産百三十万バレルが見込まれている。建設中のテンギズとノヴォロシイスクを結ぶカスピパイプラインで輸送する予定だが、いくつかの問題もあり、イラン経由または交換方式も考えられている。イラン経由にはアメリカが難色を示しており、バクー―セイハンパイプラインとつなぐカスピ海横断パイプラインでアゼルバイジャンの原油と合体させる計画もある。

訳注6：フランスの心理学者クエ（Émile Coué、一八五七〜一九二六）が考え出した自己暗示によるサイコセラピーの治療方法。「自分は毎日回復する」と繰り返し言い聞かせるプラセボ効果（擬似薬）が基本で、自意識の強

い人よりも弱い人の方に効果があると言われる。

訳注7：ロシア第二の石油会社で西シベリア、ボルガーウラル地区、東シベリア、サハリンなどで石油採掘をしており、ロシアとウクライナに五ヵ所の製油所を所有している。経営者のブラヴァトニク（Len Blavatnik）は四十九歳、ロシアで生まれ、二十一歳の時にアメリカに移住し米国籍をとった。ハーバードビジネススクールのMBAを取り、一九八六年にAccess Industriesを設立、その後ロシアの友人及びロシアの富豪と組んでTyumen Oil Co.（TNK）を設立、更にBPとの合弁で二〇〇三年にTNK―BPを設立した。このほか、Len Blavatnik は Siberian-Urals Aluminum やカザフスタンの電力会社、アルゼンチンや英国の不動産などに投資している。二〇〇五年の『フォーブス』誌のアメリカの富豪番付で、純資産三十五億ドルで第六十一位となっている。

訳注8：ベルギーの石油会社だったが、一九九九年にトータルと合併、トータルフィナとなった。トータルは一九二四年にフランス石油会社（CFP,Compagnie Française des Pétroles）として設立され、一九八五年にトータルフランス石油に改名、さらに一九九一年にトータルに社名変更した。二〇〇〇年にはフランスのエルフアキテーヌを吸収しトータルフィナエルフとなったが二〇〇三年に社名をトータルに戻した。日本では、エンジンオイルのメーカー、F1レースでウィリアムズ・ルノーや現在のルノーF1のスポンサーとして知名度が高い。

第十一章　地獄に堕ちたシェル

二〇〇四年一月のある朝、世界の産業界において最強にして最も誉れ高く、百年近い歴史を持つ大企業の一角が、わずか数分の間に崩れ始めた。この時、シェルの地獄への第一歩が始まった。同社は投資家に対して、その石油の「確認埋蔵量」の数字を二十パーセント下方修正すると発表した。それは四十億バレル近くに相当する量である。一ヵ月後の二〇〇四年二月五日、この多国籍企業は二〇〇三年の年間収益額を百二十七億ドルから百二十五億ドルに修正し、新たに北海油田二ヵ所の産油量を過大に評価していたことを認めた。

世間を大きく騒がせたことに対して激しい批判を浴びる中、グループは首脳陣三人の辞任を発表した。社長のフィリップ・ワッツ、生産開発担当取締役のヴァルター・ファン・デ・ファイファー、経理担当取締役のユーディ・ボイントンである。

四月二十一日に出された社内報告は、社長と開発担当取締役が株主と会計監査官に対して問題を故意に隠蔽した、と結論している。ファン・デ・ファイファーは、グループの社長に宛てた電子メールでこう告白している。

「私は会社の原油埋蔵量を水増しした虚偽の言辞と、あまりにも過激で楽観主義的な発表内容を再検討する作業に心身ともに疲れ果ててしまいました」

同取締役は、二〇〇二年九月の「極秘」メモで、一年前の二〇〇一年九月にシェルが下した生産増加予測幅を下方修正する決定が、市場の信頼を失い株価の下落を引き起こしたことに触れている。「補充供給量と生産増加幅が水増しされていたのは事実である。可能性と現実性を超えた高い成長率を印象づけるような埋蔵量を、過度にかつ時期尚早に提示した」

事実は簡単である。シェルは一九九七年から二〇〇二年の生産水準を四十四億七千万バレル、すなわち全体の五分の一多めに報告したのだ。事の重大さは明白であった。石油企業の行為は、ちょうどOPEC加盟国が所有する原油埋蔵量の数字を過大評価するのと違わない。シェルのケースはまた、グループの原油埋蔵量がその評価とは逆に、恒常的生産量の三分の二以下で、探鉱と採掘経費が一バレル当たり四・二七ドルではなく七・九ドルと、発表されたものより多いことも露呈した。

「大いに議論すべき」数字

投資家側とSEC（アメリカ証券取引委員会）の結論ははっきりしていた。シェルはルールに違反し、不正行為を働き、嘘をついた。競合他社の行動にまで疑いの目を向けさせた。SECは、この英オランダ企業グループに一億二千万ドルの制裁金を科し、アメリカ法務省の永久監視下に置かれることになった。シェルは弁護団に九百二十万ドルの弁護料も支払った。シェルの首脳陣は二十三パーセントの埋蔵量「過大評価」によって会社が四億三千二百万ドルの利益を上げたことも認めた。(原注1)

また、このスキャンダルによって石油企業が確認埋蔵量あるいは推定埋蔵量を経営的に悪用していたことも露呈した。発見量を過大評価することで株価を高め、多額の銀行融資を可能にするという利点があった。ＳＥＣはこの事件で、委員会の監督基準が甘すぎ、それがこのような企業活動に大きなスキを与えていたことを悟った。

建前として、新しく採掘が始まった際には、石油企業は初年度から油田全体に課税される。この財政負担を分割し、高価格を維持するため、企業は申告時期を延ばしたり、すでに開発された古い油田で新しい採掘が行なわれたように見せかける虚構の申告をすることさえある。

コリン・キャンベルは「埋蔵量に関しては大いに議論すべき数字が多々ある」とし、シェルの失態について「虚偽の埋蔵量は、パイプラインに仕掛けられた爆弾と同じくらい石油供給の安全を脅かすものだ」とコメントしている。そして、石油の生産と消費は政府によって管理されるべきであるという興味ある考えを提示している。

「エネルギー確保の安全性を高める方法は、消費を抑制することである（原注2）」

正しい方向性を持った示唆である。だが残念なことに、それが実現される日は遠い。

能力の限界に達したＯＰＥＣ

このことを筆者は、二〇〇五年六月十五日のＯＰＥＣ総会に出席して理解した。大勢の記者やカメラマンがコメントを求めて各国代表の周りに群がり、欧米諸国が自分たちのことをあらためて見直す様に悦に入っている男たちに無数のマイクが向けられ、ウィーンの本部は往年の絶頂期の頃の雰囲気が甦ったようであった。先進工業国は不安の渦中にあった。原油価格の高騰が始まっていた。私は本部内の各部屋や会議室を覗いて回った。七十年代の中頃に訪ねたＯＰＥＣ本部の様子と比べて何も変わったところはなかった。いつも同じ出し物をやっていて、休演日も多く、しょっちゅう閑古鳥が鳴いているような芝居小屋を思い出させる、何の変哲もない事務所ビルだ。

一九七三年と一九七九年の危機の後、欧米諸国は価格が引き下げられるとともに付き合いを弱め、それからＯＰＥＣのことを無視し、見下すようになった。

一九八〇年の半ば、たった三人の取材陣しか出席しなかった会議が思い出される。ＯＰＥＣは最早、心配されていたようなカルテルではない。しかしこの六月十五日、またもや戦慄と不安のようなものが湧き上がっているのが感じられた。加盟国の石油大臣たちは意味の無い声明を出しては楽しんでいる。ＯＰＥＣの最大生産量は一気に、二千七百五十万バレルから二千八百万バレルに跳ね上がった。現議長国クウェートのシェイク・アーメド・アル・ファード・アル・サバーはもちろん王家の一員である。彼はいつも笑っているさえない男で、眼鏡をかけて、カメラのフラッシュを浴びるとびっくりしたのか嬉しいのか、梟のように目をぱちくりさせる。彼が何を隠そうとしているのかはみんな知っていた。ＯＰＥＣは生産能力の限界に達していたのだ。同じ質問が繰り返される。

「もし価格が下がらなければＯＰＥＣはどうするのですか?」

彼は少し躊躇してから答えた。

「わが国とアラブ首長国連邦、それにサウジアラビアは、世界市場に必要とされる石油を供給するために来月から増産を開始する」

これは嘘である。ふたたびサウジの代表、石油大臣アリ・アル・ヌアイミに人々の視線が向けられる。彼によると、サウジは少なくとも日産百五十万バレルの余剰生産能力を持つ唯一の国である。大臣は、スフィンクスのように謎めいた風に、そして前任者シェイク・ヤマニの行くところぞろぞろつきまとっていたのと同じように、周りを取り囲む報道陣の大騒ぎを楽しそうに見ながら、笑う。本当は、最悪の時を迎えているサウジアラビアの姿を見ていたのである。

「サウジはどれだけ信用できるのか?」

シェルの裏工作の取材で訪れたロンドンで目にした、二〇〇四年五月二十三日付けの『ロンドンタイムズ』の記事がある。

「シェルが教えてくれたように、一体どれくらいの石油があるのかは私たちにはよく分からない。シェルの数字が最早信用できないのなら、サウジの言うことがどれだけ信用できるのか? OPECが提出する数字は、インフレ操作のためであるとずっと疑われてきたのだから」

サウジ王国は長年にわたって、ブッシュ政権寄りの多くの広告代理店や弁護士事務所に毎年金を払い、強力な政治的情報交換の装置をアメリカ国内に確保してきた。代理店や事務所の方は、王国の安定性、アメリカとの戦略的親近性、世界一の産油国である以上、いつでも石油を増産し欧米諸国を手助けする用意をしているという積極的姿勢などをネタにサウジを売り込んできた。

圧力団体が展開するロビー工作の努力も、ある懐疑論にぶつかった。「最後の頼みの綱」世界の石油供給の中心、サウジ王国がどうやら足踏み状態になってきたのだ。

二〇〇三年のナイジェリア、イラク、ベネズエラからの石油供給には減少と中断が見られ、北海油田は毎年五パーセントの減産が続いており、他方イランとクウェートの埋蔵量状況に関する情報には不安が付きまとっていた。

同じ頃リヤド政府は、サウジが状況の安定化のために原油を最大限に採取する、と断言した。結果は失敗であった。増産は一度も実現せず、この時、世界中の専門家はサウジアラビアが生産の限界に達したことを悟り、その規範や価格を石油市場に押しつける力を失ったことを知った。

それが分かったところで、いい知らせとは言えない。なぜなら、この事態を治められる者が今後どこにもいなくなるからだ。この事は、一年も経たない二〇〇四年の夏、ニューヨーク市場でバレル価格が五十ドルに急騰した時点ではっきりした。サウジは改めて増産を約束したが、それがいつになるかはまったく分からなかった。二〇〇四年八月、逆に生産量は五十万バレル減少した。アラムコとサウジ首脳が進める石油増産予測は、次第にソ連時代に発表されたゴスプラン(訳注1)の数字に似てきた。往年のユーゴスラビアの共産主義指導者が「呆れ返るような嘘をつく国」と評価したソ連では、すべては輝いていた。実際は工業設備が再起不能の昏睡状態に陥っていたのに、工業の成長は順調そのもの、モスクワ政府は極秘裏に穀物数百万トンをアメリカの大企業から買っていたのに、収穫は十分、とされていた。

ウィーンでサウジ石油相アル・ヌアイミに取材したことを思い出す。

「サウジアラビアには二〇〇九年には日産千二百五十万バレル、その後それ以上の生産能力がある」

「具体的な数字は?」

彼はやや口ごもり、軽く首を振り、しばし考えて言った。

「千五百万だ」

ぐるぐる回る数字のウィンナー・ワルツ。筆者の手元には、サウジアラビアの産油量が各月ごとに詳細に記入された貸借対照表とおぼしき帳簿の抜書きがある。それを見ると、日産一千万バレルのレベルに到達したのはただの一回、それも少しの間だけで、それからまた落ち込んでいる。私はIEA、国際エネルギー機関が二〇〇四年に発表した予測も検討してみた。この組織は、ヘンリー・キッシンジャーによってOECD加盟国の主要先進工業国を結集して一九七四年に設立されたものだ。私は、欧米諸国がいかに無思慮なまま罠にかかったかを知り、呆気にとられてしまった。IEAによると、サウジアラビアは二〇〇二年には日産千八百二十万バレルを生産し、二〇五〇年には世界的需要を満たすために日産二千二百五十万バレルを生産しなければならない、とある。この予測はサウジの生産能力にまったく依拠していない。ただ消費国の需要量に根ざしているだけなのだ。(原注3)非現実的である……。

世界は石油不足に備えよ

何かと多弁なサウジの首脳は、その行動から異常に秘密好きなことが分かる。王国の公式発表によると、サウジには地球上の石油の六割以上を占める地域があり、その中に世界の原油埋蔵量の二十二パーセントから二十五パーセントが存在する。これはつねに繰り返されてきた主張だが、今では真面目な話、もう威力を失っている。これについてニコラ・サルキスが解説してくれた。

「サウジは世界の期待がこの国に集まっていることをよく知っている。なぜ、埋蔵量の実態の秘密を保持し、専門家による正式監査の権限を拒否するのか？　サウジは産油国の中でも、外国勢力すべてに対して最も対立的な立場をとる国なのだ（原注4）」

　サウジアラビア人は石油を戦略的一次産品としてだけではなく、最も大切に守るべき国家的機密と考えている。数字は慎重にセレクトしてから発表される。勇敢なる戦士、サウジ石油相アル・ヌアイミは、ワシントンでの石油に関する会議でまたもや発言する。

「皆さんの前ではっきり申し上げたい。サウジの埋蔵量はふんだんにあり、各国が強く望むならわが国はいつでも生産水準を上げる用意ができている。（さらにつけ加えて）技術革新によって世界一の量の石油を採掘できるだろう（原注5）」。世界一と来た。

　末期的症状か、アラムコの頭脳と目されていた男が辞めた。グループのナンバー2で主任地質学者のサダド・アル・フセインは、一九七三年にブラウン大学に学び、以後三十年近くキーマンとして働いてきた。その後の彼は控え目に慎重に発言したが、その言葉は公式発表をずばり斬るものであった。なぜ生き方を変えたのかについて彼はコメントを避けたが、根底には石油政策をめぐるサウジ首脳との見解の相違があったと思われる。彼の意見は間違っていない。世界は石油不足に備えなければならない。彼は、カスピ海とアフリカで発見された新しい鉱床にふれて、「世界が直面している大きな課題は需要の大増加だ。二〇〇二年は一日七千九百万バレル、二〇〇六年から二〇〇七年には一日八千六百万から八千七百万に増える」と言う。この課題を解決し、現在の世界の生産低下を補うには「もう一つのサウジアラビアを見つけ、開発する（原注6）」しかない。しかしこれが現実性の無い話であることは、かく言う本人が一番よく知っている。

彼自身の国については、日産二千万バレルなる仮説は非現実的なものだと言う。『ニューヨークタイムズ』のピーター・マースが引用するもう一人のサウジ人専門家マワフ・オバイドがこの話を締めくくる。

「サウジ首脳は、日産千五百万バレルの目標なら達成できることはよく分かっている。しかしそれにはかなり危険が伴う……アラムコには手の負えない過度の減産状況を引き起こす危険だ[原注7]」

七つの油田だけでサウジの総生産の九割を確保している。ペルシャ湾岸から二百五十キロメートルにもおよぶ、地球上最初にして最大、「油田の帝王」ガワール油田はサウジの総生産の六割を産する。一九四八年から採掘されてきたこの油田に、数年前から枯渇の徴候が見え隠れしてきた。アラムコは加圧を維持し原油の噴出を促すため、七百万バレルという大量の海水を、それも毎日のペースで注入している。ジェームズ・カンスラー[訳注2]は「海水が加わり採取量は表面上増すことになる。二〇〇四年夏の採取量の五十五パーセントは『混合水』、言い換えればガワール油田の石油の半分以上は水である[原注8]」と述べている。

油田が採取不能になることから、注入量が原油の四十パーセント、最大でも五十パーセントを超えることはあり得ないと判断して、この主張に反論する専門家もいる。アラムコのサウジ人専門家は——信用できるかどうか——注入海水量は三十六・五パーセントと言う。それにしても大量の水だ[原注9]。

いずれにせよ、ガワール油田は年八パーセントのペースで衰退しており、一九六七年以降、国内で大油田は発見されていない。ガワールの減産を補填するためアラムコの幹部は、水平掘削や灌水採掘など一時的に生産を立て直す新技術に頼ることにしたが、油田の枯渇は進行する一方である。「若ければ回復は早い。美顔術などインチキだ」とは銀行家マシュー・シモンズのセリフだ。

石油業界に出現したこの男は、エネルギー部門専門に投資する銀行を経営し、サウジ首脳を怒らせ、かき乱している。

サウジの石油は「すぐに底をつく」

彼は、二〇〇三年の二月にサウジの油田施設を訪れた時がすべての始まりだったと言う。

「われわれ代表団を案内していたアラムコの幹部がある時、サウジ王国の天然ガスと石油の採取の最大化を確実にするため、アラムコは以後『ファジー理論』(訳注3)を導入する必要があると説明した。それまでアラムコの幹部からこんなファジー理論表現を聞かされたことは一度もなかった。この一件もあって、サウジの石油のミラクル性が俄然疑わしくなってきた(原注10)」

サウジの首脳が確かだといくら繰り返しても、おそらく彼ら自身が採取可能な原油が今どれくらいあるのか分かっていないように彼には思えた。あるいは、逆に知りすぎていたのかもしれない。

一九七〇年の初め、アラムコを構成するエクソン、シェブロン、テキサコ、モービルの四社は、ガワール油田で原油六百億バレルが採取可能と見積もっていた。現在、すでにここから五百五十億バレルが生産されているから、もう終わりに近づいている(原注11)。ところが、アラムコは国有化された一九七六年以降、埋蔵量は千二百五十億バレル残っていると評価している。

二種類の情報が交錯するこの「オメルタ」(沈黙の掟)を破るべく、シモンズは探偵に変貌する。サウジの公式文書は何一つ信頼できない。サウジの資源と生産活動に関連する二百の技術的報告に根拠を探した。大部分は、アラムコのデータを入手できる立場にある石油技術者協会所属の技術者による広報、出版資料であった。そこで発見できた事柄を、彼はワシントン国際戦略研究センターにおいて発表した。主旨は「サウジの石油はすぐに底をつく」である。

検証した文書から、油田の老化そして世界最高水準の洗練された技術を使っても、採取量増加の不可能性に直面するアラムコの困難性が明らかになった。(原注12)

同社の産油量が二〇〇四年七月に日産九百五十万バレルに到達したとし、この水準は五ヵ月間維持されてきたとする公式報告と、国際エネルギー機関が出した数字に対して彼は反論した。IEAは産油国別に石油輸出リストを作成しているが、それによるとサウジの生産レベルは日産四百五十万から四百六十万バレルの間を行き来しているにすぎない。

この事実に対してアラムコの上級幹部の一人で、シモンズのことを「科学者になりたい銀行屋」と片付けていたナンセン・サレーリは「私は神経学の論文を二百本だって読めますが、だからといってあなたの身内を治療してくれと私に頼んだりはしないでしょう」(訳注4)とやり返した。(原注13)

この反撃にシモンズは静かに答えた。

「サウジ人が私を間違っていると証明するのはたやすいことだ。一つ一つの油田の生産報告と埋蔵量の情報を公開すれば足りる。そうすれば二、三日もせずにみんなこう叫ぶに違いない。『シモンズは完全に間違っている！』あるいは、こう言うかもしれない。『彼は楽観的すぎる！』」

「エネルギーの津波」

ニコラ・サルキスは言う。

「彼のせいでサウジの連中は文字通り頭がおかしくなった」

匿名希望のアメリカ人上級幹部が話の後を受ける。

「怒りで頭が変になっていた。連中はホワイトハウスを責め立てた。大使アブダラが公的な支援を求めてブッシュに電話した。(原注14) シモンズはサウドの宮殿をぐらつかせる勘所をしっかり摑んでいたようだ。」

それ以降、シェルが埋蔵量を誇張してせしめた利益など大したことではなくなった。

サウジは一九八六年に、可採埋蔵量が二千六百億バレルに増えたとしていた。数十年にわたって油田を厳重に管理してきたアラムコの四社は、これが重大な虚偽であることを知るに適切な立場にある。極秘にされていた彼らの評価は千三百億バレルに上がっている。

唯一、全員が一致している点は、すでに消費された石油の量である。油田が発見されて以来一千億バレルが採取された。アメリカの石油企業の計算が正確ならば、アラビアの砂漠から採取できる原油は三百億バレルということになる。それはつまり……世界消費のたった一年分である。

国務省の専門家が言う。「ガワール油田の衰退はサウジ王国が認めた感がある」。

かくして石油の全未来に宣告が下されたようであり、数字がよみがえる。毎年発見される石油の量を検証すると、増加したのは一八六〇年から一九六八年の期間であった。その後、石油企業が発見した量は毎年減る一方である。一九九五年以降、世界の消費量は年平均二百四十億から三百億バレルで、発見されたのは九十六億バレルでしかない。ウッド・マッケンジーが行なった調査によると、石油産業には必要分の四十パーセントしかまわされていない。

実際には変人でも何でもないマシュー・シモンズがこう言う。

「恐ろしい事実が巧妙に隠されている。本物のエネルギーの津波がもうすぐ世界経済に襲いかかってくる」

サウジの増産は不可能

ゆっくりと、ゆっくりすぎるくらい、私たちは知られざる、否定されたはずの証拠を見つけるだろう。石油は、これこそ実に稀有な現象である。古代の有機物に巨大な圧力がかかり化学的連鎖が起こり、水素と炭素の原子結合に変化した。ジェームズ・カンスラーによれば「石油の源の有機物とは、三億年から三千万年もの長い年月にわたる地球の高温な時代に水中や海中に生えていた藻類である。この藻類の死骸をケローゲン（油母）と言い、これが海底の沈殿物として溜まり、地殻変動により二千六百メートルから四千六百メートルの深さまで押さえつけられ堆積した。この深さの温度（と強い圧力）があってはじめて、原初ケローゲンを含有する堆積物を飽和炭化水素の堆積岩に変化させることができた」(原注15)石油は世界の姿に少し似ている。それは石油のお蔭で建設した世界だ。複雑で、衰退が運命づけられ、そして消滅していく。

私たちはおそらく石油絵巻の最終章に生きているのかもしれない。サウジの石油の棺桶の蓋に不本意ながらも釘を打ち込んだのは、国際エネルギー機関の主任エコノミスト、ファティー・バイロルである。この実務屋組織の楽観主義と三百代言ぶりはいつも変わらない。二〇〇四年六月の初め、石油に関する会議で発言したバイロルは、世界の需要の増加に応えられるだけの石油はもう無くなるだろうという悲観主義的立場に反論した。ところが一旦演壇から降りると、マイクに入らないところでの彼の意見は根本から異なっていた。彼は言った。

「剰余能力はついに無くなった。二〇〇四年四半期の終わりには日産三百万バレルを期待する。もしサウジが今年の終わりに日産三百万バレルの増産ができないなら、われわれは……どう言えばいいのか、非常に難しくなる。困難な時期を迎えることになる」

そばにいたBBCの記者が、サウジの増産は現実性のある話か、と訊いた。ファティー・バイロルはそれに答えて「あなたは報道関係の人ですか？　これは書いてもらっては困る」と言った。(原注16) 記者はそこで他の代表にも同じ質問をした。その答えは曖昧さのかけらもなかった。多くの代表が、サウジの三〇〇万バレル増産は絶対に不可能である、たとえ三十万バレルでもサウジからの供給の増加を考慮に入れるのは非現実的なことだ、とまで言い切るのだった。

一年後、トーンが変わる。二〇〇五年十一月七日、国際エネルギー機関の年次報告書「世界エネルギー展望二〇〇五」の刊行に際して、バイロルは非OPEC産油国の石油生産が「二〇一〇年直後に」減少する、と発表した。そして言った。

「石油は恋人のようなもので、いつかはあなたから去って行くのは最初から分かっている。傷つきたくないなら去られる前に自分から別れた方が良い」(原注17)

産油国の多くが生産力を急速に低下させていることをようやく告白しておきながらバイロルは、石油の帝国がそんなに強力だったことはない、だから「石油離れ」なんて愚かなことだ、とアドバイスまでしてくれた。(訳注5)もう一つびっくりさせられたのはエクソンである。グループの先頭に立ってカッサンドラを晒し首にしたこの会社がこの時から、世界は五年以内に「石油ピーク」を迎える、と認め始めたのである(原注18)。

原注1:テリー・マカリスター「第四位に格下げされたシェル」『ザ・ガーディアン』紙二〇〇四年五月二十五日。カール・モーティシュト「シェル百年の名声はいかにして吹き飛んだか」『タイムズ』紙二〇〇四年一月十日。
原注2:「世界の石油はすぐに無くなるのか?」BBCオンライン、二〇〇四年六月七日。
原注3:ピーター・マース「臨界点」『ニューヨークタイムズ』二〇〇五年八月十五日。
原注4:筆者との対話、前掲書。
原注5:ピーター・マース、前掲書。
原注6:前掲書。
原注7:前掲書。
原注8:ジェームズ・カンスラー著『ロング・エマージェンシー』アトランティック・マンスリー・プレス、ニューヨーク、二〇〇五年。
原注9:トレバー・サイクス「危機の石油をみつめて」『ファイナンシャル・レビュー』二〇〇五年一月十五日。
原注10:マシュー・R・シモンズ著『砂漠の黄昏、始まったサウジ石油と世界経済のショック』ジョン・ワイリー&サンズ、ニュージャージー、二〇〇五年。
原注11:A・M・サムサム・バクティアリ「世界の石油生産モデルは採取ピークを二〇〇六年~二〇〇七年と示唆」『オイル&ガス・ジャーナル』二〇〇四年四月二十六日号掲載の研究より。

原注12：マシュー・シモンズ、同上。世界安全分析協会「エネルギー安全保障」ワシントン、二〇〇四年三月三十一日。
原注13：ピーター・マース、前掲書。
原注14：ジェフ・ガース「サウジの約束・石油は蜃気楼の彼方」『ニューヨークタイムズ』二〇〇五年十月二十六日。
原注15：ジェームズ・カンスラー、前掲書。
原注16：アダム・ポーター「世界の石油はすぐに無くなるのか？ ベルリン、石油ピーク会議」BBCニュース、二〇〇四年六月七日。
原注17：国際エネルギー機関「世界エネルギー展望二〇〇五」ル・モンド、二〇〇五年九月二十日。
原注18：エクソン・モービル「エネルギーの展望：二〇三〇年」エジンバラ、二〇〇四年九月十五日。

訳注1：ゴスプラン（国家計画委員会）は一九二一年に「ソビエト・ロシア連邦社会主義共和国」時代の国家建設計画として原型が作られ、一九二三年に「ソビエト連邦共和国」となってソ連邦労働防衛委員会において作成された。一九二八年の五ヵ年計画の導入により、ソ連共産党の責任下におかれた。
訳注2：ジェームズ・カンスラー（Jamez Howard Kunstler）アメリカの評論家、作家。著書に『Geography of Nowhere』『The Rising & Decline of America's Manmade Landscape』『The Long Emergency』などがある。
訳注3：ロトフィ・アスカー・ザデー（Lotfi Asker Zadeh, 一九二一〜）が提唱した理論。ファジィ（Fuzzy）とは複雑なシステムを「曖昧」にとらえることで最適に制御する方法論。境界がはっきりしない集合（ファジィ集合）に帰属する度合をメンバーシップ関数として表わすことで曖昧な主観を表現することができる。多くの変数からなる複雑な系を扱うのに有効である。アゼルバイジャン人だが、イランで育ち、テヘラン大学で学ぶ。一九五九年から一九九一年までカリフォルニア大学バークリー校教授。一九六八年の論文"Probably Measure of Fuzzy Events"において、「ファジィ理論」という言葉をはじめて使用した。
訳注4：論文を読んだだけでは医者にはなれない。資料を読んだだけで実際の経営はできない、という意味。
訳注5：トロイの陥落を予言した王プリアモスの娘カッサンドラを誰も信じず、死刑台に送ったというギリシャ神話。

第十二章　中国、支配の世紀

グローバリゼーションが新しい地平を開き、その要因も理解されていることと思われる。中国の工業生産は、現在ドイツと並んで世界第三位に位置する生産高五億ドルから、二〇一〇年には十億ドルへと成長し、アメリカを除くすべての競合国を抜いてしまうだろう。ジャック・グラヴローは指摘する。

「中国はこれから、世界の玩具の六十パーセント、カメラの五十パーセント、エアコンの五十パーセント、DVDの四十五パーセント、オートバイの四十二パーセント、テレビの四十パーセントを生産する。その成功の鍵の一つが賃金である。労働者の平均時給は〇・七ドル。それに対してタイでは二ドル、ポーランドは四ドル、フランスは十八ドル、アメリカは二十一ドルである(原注1)」

エリック・イズラエルヴィッツは著書の中で、彼が北京で聞いた話を紹介している。

「中国にとって、十九世紀は屈辱の世紀であった。二十世紀は再建の世紀、二十一世紀は支配の世紀となるだろう(原注2)」

そうかもしれない。しかし私は、これほど断定的な規定には懐疑的にならざるを得ない。「確かなものの中で最も確かなのは懐疑である」とはショーペンハウエルが好んだ言葉だ。経済の飛躍は、科学の進歩をイメージさせる。夢遊病者が歩く姿だ。「夢遊病者」とはアーサー・ケスラーの著作の一つで、あのような光り輝く精神に私は今まで出会ったことがなかった。それは、科学的発見のときめくような過程を描き出していた。

「死ぬ数ヵ月前、ロンドンのモンペリエ広場の彼の部屋で上昇函数は存在しない、と彼は私に話した。科学も経済も、夢遊病者のように手探りし、ジグザグしながら進んでいくものだ。予想外の偶然が果たす役割は計り知れず、そこで得られた前進はそれまでの大きな後退を一気に取り戻す」（原注3）

ケスラーも、中国の変化の規模を見たかったに違いない。中国の進歩を凝縮したような北京のホテルの部屋で私はそう思った。ホテルは市の中心の閑静な広場の奥にある。清王朝の皇帝の第三皇女の宮廷だった建物で、戦争中はここに北京地区に属する陸軍の司令部があった。

中国要人、実業家、資本家を対象に中国共産党が資本主義的に経営している。

増加する中国の犠牲者たち

目立たないが、党はどこにでも存在する。中国のテレビ局CCTVは五十チャンネルほどあるが、どれも似たような下らない番組を延々と流している。胡錦濤国家主席の動きをまとめて伝えるチャンネルもある。握手を交わし、工場を視察し、発電所を見て回る、まさに権力サイドのスタハノフ主義者である。（訳注1）黄色や青のヘルメットを被り、注意深く説明を受け真剣にうなずいている。中国の政策のプラグマティズム志向と真剣さを反映する万華鏡ではなかろうか。

プッチーニや愛国歌の合唱を流すチャンネルもある。揃いの作業服にヘルメットの男たちが歌っている。炭鉱夫や油田労働者を讃える特別番組だ。このいかにもキッチュな光景は、中国が直面している劇的な現実と大きな課題を覆い隠している。この番組で英雄として祭り上げられている探鉱夫は成長する中国の犠牲者たちなのだ。毎年、老朽化し、安全基準が守られていない炭鉱で、数千人もの労働者が亡くなっている。石油の需要は爆発的に拡大しているけれども、依然として石炭が国家のエネルギー需要の六十八パーセントを占めているのだ。

私が会った中国要人は皆、「中国は世界第二位の石油輸入国ではなく、アメリカに次いで第二位の石油消費国である」ということが肝心だと強調する。部分的には正しい。中国は一九九三年まで単なる輸出国であったが、世界第二位の原油輸入国になった。

中国の主要なエネルギー専門家で政府顧問のファン・フェイのオフィスは、元外務省だったこの上なくスターリン様式のビルにあり、彼はその向かいのホテルのバーに来てくれた。大きな眼鏡をかけた、まだ学生のような風貌のフェイは通訳を通じて解説してくれた。

「石油消費の大きな拡大は一部、電力不足に起因している。（中国の総生産の六十パーセントを占め、外国投資の七十五パーセントが集中している）沿岸地域は電力供給が困難なことから、発電会社グループを使っているが、それが石油を大量消費する。（さらにつけ加えて）中国の石油消費量は日本を追い抜きアメリカに追いつこうとしている。現在のところ、中国の消費は世界の七パーセントに上る」

公式な数字では、この十年以上つねに九・五から十パーセント前後を保っている中国の年間経済成長率の増加がある。私は言った。欧米諸国の専門家は誰もこの数字の有効性を信じていない。この国の経済成長は、本当はもっと高度で（これは二〇〇五年に正式に確認された）、中国の指導者は世界の国々を驚かせたくないので正確な数字を隠しているのだ、と。彼は困ったような笑いを浮かべ、タバコに火をつけると、私の問いをかわすように言った。

「わが国の急激な経済成長は確実に石油価格に影響を与えたであろうし、成長の実現がバレル価格のより良い安定化につながることは確かだ。中国の石油生産は最大でも二億トンだ。つまりわが国は必要な石油の六十パーセントを外国から輸入しなければならない。この極端に高い輸入依存のレベルはアメリカと同じだ。しかし、中国にはもう一つの弱点になり得る問題に直面している。われわれには、最低七十日分の備蓄を義務づけた国際エネルギー機関加盟国のような戦略備蓄がないことである。中国はこの機関に加盟していないし、加盟するには時間がかかるだろう」

ファン・フェイは中国の抱える懸念材料をほのめかすように話を結んだ。

「わが国はまた、輸入供給源を多様化する必要がある。今は中東諸国に依存しすぎだ。ロシアとの関係改善も解決策の一つになるだろう。例えばカスピ海の石油だ。そして、油田開発に直接投資するといった協力形態の多様化も必要だ。（結論を言う前に彼は大きく笑った）中国はまだまだチャレンジしていかなくてはね」（原注4）

北京の町は突如、土砂降りの雨になり、通りから人影が無くなった。すると、バーの窓の外をゆっくりと歩く男が見えた。片手で傘をさし、ズボンを膝までたくし上げて左の肩に犬を担いでいる。ファンと私は顔を見合わせて笑った。これが北京の新しい風景だ。私は彼に、毎年新車はどのくらい売れているか質問した。「ああ、たった五百万台ですよ」。大食漢の、飽くなき欲望の国、中国。エネルギーを求めて首都北京は今にも破裂しそうであった。

エネルギー絶対優先

私が知っている八十年代初頭の北京は、自転車のベルの音が自動車のエンジン音よりうるさく、「環状道路」は二本だけ、ゆえに新興住宅地も市内に限られていた。数年後の九十年代半ばには、北京は環状道路が四本に増え、先を急ぐ自動車がクラクションを鳴らしながら自転車の群れを掻き分けるように走っていた。今や北京は、人口一千五百万人、環状道路は六本、首都を端から端まで横断するには五時間もかかる、完全に自動車のために捧げられた巨大都市に変貌した。

北京は、国家のあらゆる野望をむき出しに、二〇〇八年のオリンピックを控えて、拙いところは全部隠すためのショウアップに懸命だ。摩天楼が生えて、筆者が滞在していた迷路のような小道の胡同（フートン）[原注5]は姿を消し、昔日の北京が跡形もなく消えていく。毎朝、タクシーを拾うためにホテルを出ると、半ズボンに上半身裸の男が出てきて家の前の道端に九官鳥の籠を二つ置く。夕方には、近所の人たちと同じように、男は妻や隣人たちとマージャン台を囲み口角沫を飛ばしている。この人たちは立ち退きを迫られている。もうすぐこの辺りの住宅は取り壊され、この人たちは市内から三十キロも離れた公団アパートに追いやられてしまう。

低賃金労働力として使われる農民

欧米の大企業のほとんどが入居する高層クリスタル張りビルが林立するヘンダーソン地区など、まるでマンハッタンのようだ。近くには大ショッピングセンターがオープンした。売り場には香水やアパレル製品など高級品が並び、無いのは客だけだ。

「世界最大の縫製工場」中国の月平均賃金は百五十ユーロから二百ユーロである。北京では、国内の他の都市と同じように市民の五十パーセントに医療アクセスがない。中国の別の顔を発見したいなら建国門大路の未来志向の摩天楼群から百メートルも歩けば足りる。中央駅の前は数万人もの通勤客や旅行者が行き交っているが、彼らはみすぼらしい荷物を膝に抱えて地べたに座っている人間たちの集団を見向きもしない。広東でも事情は変わらない。やはり駅の前に同じ風景が見られるが、その数は北京よりもずっと多い。

中国当局は、新しい工場建設のために農民をむりやり農地から根こそぎ追い出しておきながら、彼らを厄介者扱いしている。都市周辺の工場の排出ガス汚染で喘息患者が増大している。

この国が依然として、人口十三億人のうち九億人がごく小さな土地を耕して生きている農業国であることを海外の中国観測者は忘れているようだ。彼らから土地を奪うことは仕事と生きる糧を奪うことであり、彼らを企業のための従順な低賃金労働力に変えてしまうことである。かくして三億人もの「民工」(ミンガン＝流浪する農民)が、賃金がいくら安くなっても、一日でも、数時間でも、わずかの仕事を求めて国中をさまよっている。

私は彼らの表情を見た。精根尽き果て、絶望しきった顔だ。過酷極まりない暴虐に耐えかねて、反逆する農民の数は次第に増えている。当局によると二〇〇五年には七万四千件の農民蜂起が報告されている。この数は当然事実に反して、少ない。

所詮、中国指導者の政治哲学は根底的には毛沢東主義と変わるところがない。何人死のうが構わぬ、前進せよ、である。ここに政治と経済のパラドックスがある。世界一の経済成長を見せつけ、資本主義の最も反社会的なやり方を取り入れている国家が共産主義体制であるとは。その成功は不安の上に成り立っているのだ。

北京の東地区はビジネス街で、南は貧民街、西は政治権力の中心である。大使館、党本部、幹部の官舎などがある。閑静な佇まいだが、次第に穏やかでなくなりつつある。国内の緊張は高まり、国際的には海外依存と脆弱性を思い知らされてきている。私が来る少し前、胡錦濤主席がエネルギーを国家の安全のための最優先課題とすることを初めて公けに表明した。

世界第二位の石油消費国中国は、世界の石油状況の急速な悪化の要因の一つである。自由になる石油が次第に少なくなる一方、需要はますます増加する。この方程式に答えは無い。調査の果てに、一つの疑問が浮かんでくる。中国の飛躍は遅すぎたのではないのか？　列強の仲間入りをするには、先はまだずっと遠く、険しい。だが、時間に限りがある。このゆり戻しに対する準備が実は無いようにも思われるし、エネルギー不足が経済を狂わせる「命取り」になるかもしれない。（訳注2）供給の不足によって惹き起こされる、マイケル・クレア言うところの「資源の戦争」が実際に起こり、世界が暴力的対立に巻き込まれないとは限らない。アメリカのイラク占領はその序曲かもしれないではないか？　もしこれが現実性のある話だとすれば、アメリカと中国の対立は不可避な様相を帯びてくる。この問題に関して、興味深い光を当ててくれたのがマー教授であった。北京在住のジャーナリストや外交官はめったに中国の高官や専門家に会うことがなく、入手できる情報は非常に少ない。彼らの名誉のために言うと、高い地位や重要な任務にある中国高官は外国人に対して尊大に振る舞い、相手にしないからである。

頤和園のそばの党学校

マー・シャオチュン教授は、中国指導部にエネルギーの確保と供給に関する意見、対策を答申するブレーンの一人だ。影の存在として、中国の政治権力にとって最も微妙である外交問題、政治地理的問題を扱う専門家だ。台湾問題、欧米との外交関係、国家のエネルギー保障などは最近、北京政府の最優先事項となっている。

彼に取材する直前、『フォーチュン』誌に掲載されたばかりの記事を読んだ。それによると、世界の石油需要増加の四十パーセントは中国に由来している、という。この増加は自動車の増加によるものだけではなく、電力生産用の石炭の供給体制が崩壊し、石油が代替エネルギーになったことが原因になっている。記事は「こんなにも早い時期に石油の世界市場に依存せざるを得なくなり、中国当局はショックを隠しきれない」と結んでいる。

これは確かに事実であるが、中身に少し手を加える必要がある。中国人一人当たりの石油の年間消費量は、ヨーロッパ人の十七バレル、アメリカ人の二十八バレルに対して、一・八バレルにすぎない。予想では数年のうちに、アメリカは一日に七百五十万バレル余計に消費するが、これは現在の中国とインドの消費量を合計した量である。

中国のこの大量消費は、国内総生産一千USドルを生産するのに、世界平均の倍に当たる一・五バレ

ルを消費していることによる。（原注6）

マー・シャオチュン教授への取材は、彼のことを昔から知っている友人の女性が調整してくれた。教授は、彼が重要な地位にある中央党学校での夕食に招待してくれた。中国共産党中央党学校は中国共産党の上級政策決定者、実行者などの幹部養成機関で、長年にわたり党総書記が校長を務めてきた。

私は彼に尋ねた。

「学校の場所はどこですか？」（訳注3）

「分かり易いですよ。頤和園のすぐ隣にあります。昆明湖沿いに歩いて行くと突き当たりに標識が出ていますから」

皮肉な設定だ。共産主義権力が清の皇帝の権力の象徴の傍らにあるとは。

北京の町から十キロほど行ったところに建つ頤和園は壮大で、ややキッチュなデザインの中国版ヴェルサイユ宮殿だ。入り口の案内板は、この避暑用宮殿が一八六〇年にフランスとイギリスの軍隊に占拠されたと書いてある。見学者の一団が林の小道や大きな人工湖、昆明湖の畔を散策している。皇帝の愛用した白い大理石製の風変わりな舟が繋がれている。マストが十七本あり、まるで大きな橋のように湖水に張り出している。

中国共産党中央委員養成学校の校舎が木陰の道の奥に姿を現わす。そして広大な芝生の真ん中に白い大理石の碑が立っていて、金文字で毛沢東の語録が刻まれている。

「事実の中に真実を探る」

真実にしばしば冒瀆と異端が潜んでいるこの国で何とも含蓄のある言葉だ。静寂とつつましい瀟洒さが支配する場所である。

赤の伝統衣装を着た優美な姿の若い女性に先導されて廊下を行く。通されたサロンには六人掛けの赤い円卓が置かれていた。マー教授はまだ来ていなかったが、ある学者夫婦が招かれていた。党学校から研修でパリに派遣されていたという二人は見事なフランス語を話した。

彼らによれば、この学校は研究と養成だけでなく、党の幹部や外国の賓客のためのホテルとレストランとしても使われているという。

「今度来られた時はぜひここに……」

お互い微笑みながら名刺を交換していると、短髪でチェックのシャツにグレーのパンツの若い女性が加わる。彼女がマー教授夫人で、北京市内のある地区で働いている。私のホテルがある地区だ。彼女は、旧市街の解体が進んでいるが、今後は残された文化遺産を保護する必要性があると話した。知的で魅力のある女性であったが、私はまるでパリのサンジェルマンデプレで食事をしているような気分になった。

「中国の立場と懸念」

少し遅れてマー教授がやって来た。まだ六時半だったが、中国では夕食の時刻だ。五十歳代、中肉中背、ポロシャツにコットンパンツ姿のにこやかで気さくそうな人物だ。給仕が円卓に次々と料理を運んでくる。マー教授は料理に箸をつけながら、最近行ってきたネオコンの巣窟、ワシントンの話をした。教授は、研究者を何人かブッシュ政権の中枢に送り込んでいるというアメリカ企業協会主催によるエネルギーに関する講演会に招待されたという。協会の柱は米副大統領の妻リン・チェイニーと、ネオコングループのリーダーの一人であるリチャード・パール(訳注4)である。

「出席者の中には、ジョージ・W・ブッシュ政権の前エネルギー省長官のスペンサー・エイブラハム、共和党下院議員連盟の元委員長ニュート・ギングリクトがいました。このギングリクトは大変な人物ですね。中国に真っ向から敵意を抱いているのですよ(笑い)。わが国は何度も彼を中国に招待しましたが、共産主義体制である限り一歩も足を踏み入れたくない、と断り続けています」

筆者もギングリクトのことは知っている。政界では埋もれた存在ではあるが、保守派の知識人で政治的立場はブッシュ政権寄りである。私は教授に訊ねた。

「彼とはどのようなやりとりになりましたか?」

「まずかったですね。私の話に激しく反論しましたよ」

「あなたは何と言われたのですか?」

回転テーブルの上の料理をつまむ教授の箸が乱れた。

「私はエネルギーに関する中国の立場と懸念について話しました。いいですか、ブルネイ、ベトナム、インドネシアなどを除けば、アジア諸国はすべて石油の輸入国です。アジアの急速な経済成長で、消費が格段に増えています。現実に、北東アジア諸国の石油消費はヨーロッパの十五ヵ国の消費を超えて(彼はヨーロッパが二十五ヵ国に拡大したのを忘れているようだった。世界の石油情勢にさらに影響を及ぼすことになる要素である)、アメリカの水準に近づいています。しかるにですよ、東アジアは世界の石油生産高の二十七パーセントを消費しているのに、需要の九パーセントしか生産していない。石油は戦略的に最も重要な原料です。歴史的に、石油の役割と価格は、経済原則だけでなく政治的ファクターによっても統制され、管理されてきました。産油国は国際関係において、石油を武器として利用できます。アラブ―イスラエル戦争でのOPECがそうでした。こんにち、グローバリゼーションによって、石油の供給に影響する政治的選択がどうあるべきかを予測するのはさらに難しくなっています。イラク戦争以後、アメリカは中東地域への支配を強化し、主要産油国イランに圧力をかけ、それがアジアの石油供給の不安を増大させています。アジア諸国への石油輸送の大部分は海上ルートを使いますから、特にマラッカ海峡のテロや海賊は中国への納品を紊乱させています」

ここで一息つくと、マー教授はタバコに火を点けて椅子の背にもたれた。

「これが、東アジア諸国はエネルギー問題に対しては確固たる立場がとれていないということも含めて、私がワシントンで喋った内容です。国際エネルギー機関の存在は工業国とOPECとの交渉を可能にし、輸入国同士が変に対立するのを回避させるものです。その逆に、アジアの国家間の協力関係が無ければ、この地域が石油価格に与え得る影響力を弱めてしまいます」

俄然、語調が激しくなり声の調子も高くなり、話し方が迫力を帯びてくる。

「こうした状況において、日本の責任は重大です。日本はドイツとは反対に、第二次世界大戦の過ちを決して認めていません。そして歴史教科書の中で戦争犯罪を隠したり、逆に讃えたりして、しばしば他のアジア諸国の怒りや抗議を買っています。中日関係は政治的には冷たく、経済的には熱い、それが現実です。領土問題も難航していますし、相互不信もエネルギー問題の方向を見定めにくくしています。日本の傲慢さも、中国の発展に対する反応を見れば明らかです。八十年代から、日本の景気は低迷していますが、中国は高度成長を維持してきました。特にエネルギー問題をめぐる韓国と中国の協調に対して、日本は硬直した立場を選択しました。日本政府はロシアの中国向けパイプライン建設の中止を説得するため、石油を高額で買っています。もし中国が中東からの供給を増やすことができなくなれば、経済成長は大きく阻害されることになるでしょう」

「威圧的かつ驚愕的」

目を半分閉じて、すぐ左隣に座る私を時々見ながら、マー教授は自説を展開した。考えていることも話すことも明快である。

「アメリカも主要な役割を演じています。世界のエネルギー資源供給の支配力を強化することがアメリカにとって他国の競争力を抑制し、防ぎとめる手段なのです。石油生産の支配力を強化するために、ワシントンはイラク戦争を仕掛け、カスピ海油田を持つロシアに対抗したのです。もし、東アジア諸国にエネルギーの協力関係が成立すれば、日本と韓国は同盟国アメリカの暴力的対応を期待するに違いありません。しかし、エネルギー協力が日本にとって最優先課題ではないことから、そのような協力関係は実現性の小さい仮説でしょう。輸入に依存しているにもかかわらず、日本は供給の確保を保証するシステムを機能させています。日本は中東の産油国と友好的関係を維持してきました。日本の海上輸送による輸入量は中国を超えています。しかも、日本政府は中国政府と違い、国際エネルギー機関に加盟しており、補充供給も機構が保証してくれるのです。これが私のワシントンでの発言内容でした」マー教授は笑顔でこう結んだ。これが中国政府首脳の確認している立場である。しかし、それに対するギングリクトの反論を聞いて私は非常に驚いた。彼は議論を中国の軍事的脅威に持っていったという。

「どのような言い方でしたか?」

「威圧的かつ驚愕的でした。まず初めに彼は、もし原油価格が上がり高価格を維持するなら、それは世界的にその価格が適切であるというコンセンサスが成立するからだ、と述べました。石油にはコーヒーのような自然な原価というものは存在しない。その基準は消費者が決める価値観を反映する」

教授が、石油は経済的存在だけではない、という私の考えは正しいとした上で、引き合いに出してきた例は私には衝撃的であった。彼は間違いなくこう言った。

「アメリカの石油禁輸措置決定を受けて国の命運が懸かったと判断したということを抜きにして、一九四一年に宣戦布告した日本帝国主義の真意は理解できないでしょう。日本は太平洋戦争でそれに対抗したのです。日本を擁護するつもりはないが、日本は石油を国の命が懸かったエネルギーと考えていたのですから」

「中国は今のうちに叩いておけ」

議論が一気に白熱化した。一座の誰もが驚き、マー教授に食ってかかる。すると教授は突然北京語から英語に変わり、言った。

「あのアメリカ人の最後の発言が、あの国の首脳の現在の精神状態を表わしています。彼は、湾岸地域からの石油輸送の防衛を口実に、中国海軍が補強される危険性を口にしたのです。彼は言いました。あのような規模の海軍は『アメリカにとって脅威である。なぜならわれわれは攻撃の意思の有無ではなく攻撃能力を分析するのであるから』とね。そして最後にこんな事を言いました。『中国への内政干渉と受け取ってもらいたくないが、台湾については一言申し上げておきたい。二千四百万人の自由主義陣営の市民を中国が軍事的支配下に置くようなことがあれば、それはほとんど確実に一九三六年のヒットラーによるラインラント進駐、あるいは一九一四年のベルギー中立侵犯(訳注5)と同等に解釈されることになろう。ここでわれわれが確認できることは、二千四百万人を武力で征服する意志を持つ攻撃的中国ならば、早いうちに叩いておく方が良いということである』(原注7)と」


教授はこの報告を通して、二つの国の間に起こり得る不協和音と対立の規模を把握した精密なデッサンを小一時間のうちに描き上げた。かくも長く屈辱を舐めた中国は今、復興期にある。テーブルを囲む人たちの厳しい表情を見ると、アメリカ人の言辞や脅し文句が西洋人の傲慢さを浮き彫りにする侮辱的、屈辱的行為として怒りを呼ぶ心根の在りかが良く分かる。一九四九年、毛沢東の権力掌握はアメリカ合衆国に強烈な衝撃を与えた。新聞は「中国を失ったのは誰のせいか?」という見出しでハリー・トルーマン政権を非難した。国務省の元外交官がある時、筆者に言ったことがある。

「アメリカ人は中国人をアジア版アメリカ人と考えていた。自尊心が高く、厳格で、勤勉だと。この判断を見直すのには何年もかかった」

ボルドー産の苗木の葡萄で作った北京地方の美味しいワインを飲みながら、四十種類にも及ぶ料理を賞味した。教授は「中国は、世界のエネルギー環境を支配したがるアメリカの思惑を大きな問題だと考えている」と言った。こんな言い方をしていてはとても中国の本音を隠しきれるものではない。彼はロシアとのエネルギー協力はまったく考えていなかった。プーチンがいくら中国を「国際政治の重し役」と持ち上げてもそれは変わらない。ここでもエネルギーが両国関係の中心にある。目下のところ、ロシアは中国に鉄道輸送で石油を売っている。この輸送方法は経費が高く、時間がかかり、大量に運べない。中国は、日本も食指を示しているシベリアのダーチン油田に近い東北区までのパイプラインの建設を提案した。決して中国領土内に入ることなく、パイプラインをアムール川沿いに沿海州のウラジオストックまで通し、そこから日本列島まで船で運びたい日本は、中国の提案を否認した。モスクワと北京は接近を見せたが、結局日本が勝ちを収めた。パイプラインはダーチンではなく、沿海州のナホトカまで届くことになった。日本はそこから目の前だ。

このプロジェクトは、アーマンド・ハマーが先鞭をつけ、開発したとてつもなく野心的な夢の実現である。この億万長者は言っていた。

「誰がなんと言おうがビジネスはビジネス。でもね、ロシアは私のロマンなのさ」

一九七三年六月十日に、八十億ドルでまとまった協定書がそもそもの始まりだった。共同プロジェクトの顔ぶれは、世界第一位の銀行、バンク・オブ・アメリカ、巨大建設企業のベクテル、テキサスの石油天然ガス会社エルパソ、政府のバックアップを受けた日本の企業グループであった。主役はオクシデンタル・ペトローリアム。エルパソの社長は「ソビエト連邦と渡りをつけることができたのはハマーだけだった」と言う。目的は、中央シベリア、ヤクーツクの巨大ガス田の天然ガスを、ウラジオストックから東京に送り、さらに日本の協力でロサンゼルスにも送ることだ。アメリカ西海岸と日本全土を潤す百億ドルのソ連天然ガスの輸入プロジェクトは、一九八〇年に完了する予定だった。

「張子の虎」

プロジェクトはしかし、政治的配慮から陽の目を見なかった。一九七三年、中国が永い眠りから覚め、国際舞台に恐る恐る登場してきた。キッシンジャーとニクソンは毛沢東と国交回復交渉を行なったが、不合理な経済制度と文化革命のせいで中国は底なしに貧しい後進地帯と化していた。ベトナム戦争たけなわのこの時期、中国のすべての紙幣に肖像が印刷されていた「偉大なる指導者」毛沢東主席は、アメリカを「張子の虎」と評した。それは現在の中国にそのまま当てはまる言葉である。

国防問題が専門のマー・シャオチュン教授は、中国政府首脳と変わらぬ悪夢に憑かれている。中国は十年前の七倍に当たる七百万バレルの石油を毎日消費している。そして間もなく、必要な石油の六割を輸入するようになる。石油を積載したタンカーをホルムズ海峡から上海までの一万二千キロメートルの長い航海が待っている。もし台湾に危機が訪れたとしたら、このすべての海域に配備された米艦隊が即座に輸送ルートを断ち、石油供給の道が途絶えてしまうだろう。

中国は支援先や中継地を求めて、パキスタンには深い港湾整備、ビルマにはパイプラインの設置や港湾設備の提供を交渉中である。

両国間に高まる緊張のしるしか、私が来る少し前に中国人民軍の将軍が、もしアメリカが台湾情勢をめぐる対立から中国に核弾頭ミサイルを撃ち込んだ場合、中国はアメリカ西海岸に核兵器で反撃する、と発言した。私は教授にこの軍人の正確な名前を訊ねた。彼は迷惑そうな顔で口ごもる。誰にもよく分からないらしい。教授が言った。

「とにかく、愚かな人物です。それに、彼にはこの問題に介入する権限は全然ありません」

私は、中国通として定評のある石油専門家のエイミー・マイヤーズ・ジャフが書いた七月二十七日付けの『ワシントンポスト』紙の記事を読んでいたが、彼もしっかり読んでいた。それにはこう書かれていた。

「一九三〇年代、アメリカと日本の石油供給をめぐる緊張関係が誇大妄想をエスカレートさせ、それが第二次世界大戦の勃発を促した」

彼はこの比較は当たらないと言う。

「当時の日本は好戦的で領土拡張主義でした。中国は満州侵略で最初にその被害を蒙ったのです。中国はただ、発展を望み、それに必要なエネルギーを獲得したいだけです」

この執拗で頑な固定観念を前に私は、中国指導部がエネルギー問題を優先的に考えてきたのはかなり前からなのかどうかを質問した。彼は即座に、しかもきわめて明瞭に答えた。

「おそらく彼らには予測がつかなかったのではないでしょうか。指導部は大部分が技術系の人たちで構成されていますから（原注8）」

もうすっかり日が暮れていた。窓のむこうに、湖畔に浮かぶ宮殿のシルエットが見える。この国には、象徴的な意味を持つ場所が多い。皇帝となった毛沢東は歴史を好んだ。彼は権力の永続性と自身の継続性を表現するべく、封建体制の権化である清王朝の皇帝が暮らしていた王宮の、まさにその場所に中央党学校を設置したのだ。

夕食が終わり、サロンを出る私を教授は玄関まで送ってくれた。庭園の芝生の上に立つ大理石の碑に照明が当てられ、毛語録が浮かんでいる。サウジアラビアを筆頭にした湾岸諸国の石油パワーが世界の需要にどう応えるか、私はこれまでの調査で高まってきた疑問を彼に伝えた。彼はかすかに困ったような笑いを浮かべると、言った。

「この話を食事の時にされなかったのは幸いでしたね」

そういった時には、彼はすっかり真剣な表情に変わっていた。


「中国の石油外交」


北京市内のモダンな王府井地区のブティックが並ぶ大通りのカフェで、最近は危なくなっているので名前は出さないで欲しいと固執する中国人ジャーナリストに会った。

「権力当局は情報統制を強めていて、批判的な声はすべて抑えられている。胡錦濤一派は『労働者階級の上にテクノクラート独裁』体制を築いている。地方から入ってくる情報はひどいものだ。不満が増大し、成長と分配は沿岸地方と内陸部地方ではあまりにも格差がありすぎる。中国社会は世界で最も不平等な社会の一つだ。五パーセントの富裕層が富の半分以上を所有している。それにエネルギー問題がある。都市でも地方でも停電が絶えない[原注9]」

機械設備が老朽化しているので、中国はヨーロッパに比べて四倍のエネルギーを浪費している。

この国はエネルギーを求めて世界の至る所に顔を出す。ベネズエラとは一日三十万バレルの輸入を交渉中で、アンゴラとスーダンとも関係を結んでいる。

二〇〇四年のクリスマス前、また新たな政策がとられた。中国第三位の国有石油会社CNOOC[訳注6]（中国海洋石油公司）の代表、傅成玉《フ・チエング》がロサンゼルスに赴き、石油企業ユノカルに同社を買収したい旨を申し出た。中国は、一九九九年にタリバン政権とアフガン領内のパイプライン建設の交渉をしたこともあるアメリカ第九位の会社の経営権を、買収金額百三十億ドルで要求した。アメリカ議会は、敵対的な国による「戦略的」と判断された企業の買収に強く憤慨し、神経を尖らせた。ブッシュ政権は、議会と同じく、石油代金をしばしば武器で払っている中国の「石油外交」を批判した。

アメリカ第二位のシェブロン石油企業グループは政府の後押しを受けて反撃に出た。CNOOCはさらに金額を即金で百八十五億ドルまで吊り上げた。このようなことは企業買収史上一度も無かった。それも無駄に終わる。ユノカルの米市場でのシェアーは一パーセントにしかすぎなかったが、このような買収は「アメリカの安全を脅かす」とした政治の圧力が勝つ[原注10]。

食事の時、マー教授は「中国にとって本当の問題は石油価格の引き上げではなく、供給の保証にある」と認めた。アメリカと同じですね、と言ってやればよかった。

途方に暮れた中国は、遅ればせではあったものの、西側世界の戦略を深く支えている地続きの地域に徐々に興味を向け出した。中央アジアである。ウズベキスタン航空の週に二便しかない北京・タシュケント便が、世界の中心の帝国「中華」と「帝国の中心」(原注11)とを結ぶ唯一の交通手段だ。雲ひとつ無い空、高度一万メートルの眼下に果てしなく広がる感動的な風景。

五年前の二〇〇〇年、筆者は同じ行程を列車で行った。百聞は一見にしかず、だった。離陸後一時間、人の居住地域は無くなる。ゴビ砂漠上空だ。砂と岩の広大な大地が続き突如、雪と氷の巨大な壁が立ちはだかる。ヒマラヤ山脈だ。氷河が陽光を反射し、砂丘はその下で姿を消す。生命の形跡すら無い。ゴビ砂漠はタクラマカン砂漠に続いている。二つの砂漠に挟まれて新疆がある。人が住み、耕作をする。上空から見ると巨大なオアシスのようだ。中国と中央アジアを分かつこの美しき自然の境界線に、もう一つの事実が確認できる。中国の人口は過剰ではない。しかし、人口分布が偏っている。十三億人のうち八割が国土の三分の一に集中している。この巨人は、体の器官が長すぎたり萎縮していたりする身障者だ。しかし、気力だけはずば抜けている。

この旅の四ヵ月後、中国の経済成長が上方修正されたという記事を見た。二〇〇五年度の新しい数字によると、中国経済は世界第九位から一気にイギリス、フランスを抜いてアメリカ、日本、ドイツに次ぐ第四位に躍り出た。さらにまた、エネルギーと政治の緊張が高まる。

原注1：ジャック・グラヴロー「HECユーラシア協会」二〇〇五年。

原注2：エリック・イズラエルヴィッツ「中国が世界を変える時」グラセット、二〇〇五年。
原注3：筆者との対話。一九八三年、ロンドン。
原注4：筆者との対話。二〇〇五年七月、北京。
原注5：小さな通りが交錯した昔の市街。
原注6：『アルベール・ブレッサン、フュチュリーブル』（予測専門家）誌、三一五号、二〇〇六年一月。
原注7：筆者との対話、二〇〇五年七月。
原注8：筆者との対話、二〇〇五年七月。
原注9：筆者との対話、二〇〇五年八月。
原注10：「北京が仲間入り」アジア版『ウォールストリート・ジャーナル』二〇〇五年七月二九〜三一号。
原注11：ルネ・カニャ、ミッシェル・ヤン共著『帝国の中心』ロベール・ラフォン、一九九〇年。

訳注1：アレクサンドル・スタハーノフ（一九〇六〜一九七七）ソ連のドンバス炭鉱の炭鉱夫で、第二次五ヵ年計画中の一九三五年、独自に考案した採炭技術で自発的にノルマの十四倍を採炭して注目され、自発的生産性向上運動の元となった。
訳注2：マイケル・クレア（Michael Klare）アメリカの国際問題評論家。ブッシュ政権の石油戦略の問題点を明らかにした著書『血と油、アメリカの石油獲得戦争』は有名。
訳注3：頤和園（いわえん）。北京西北部にある庭園公園。西太后の避暑用宮殿。昆明湖（人造湖）に隣接する。一九九八年に世界遺産に登録された。
訳注4：リチャード・パール（Richard Norman Perle、一九四一〜）。アメリカの政治家でロビイスト。レーガン政権下で国防副長官を務め、一九八七年から二〇〇四年まで国防政策委員会委員長の席にあった。多数の民間シンクタンクに席を置き、イラクの政治体制変革を唱え、一九九八年にはクリントン大統領に書簡を送り、フセイン政権への軍事介入を求めた。フセイン政権崩壊後のイラク政策については批判的で、現在では時に自らのイラク軍事介入論を間違っていたとも言っている。

訳注5：ベルギーの中立侵犯。一九一四年八月、フランス侵攻を目的にドイツ帝国軍がゲメリッヒでベルギー国境を突破し第一次世界大戦が開始された。アルベール国王はドイツの恫喝を拒否し徹底抗戦を命じたが、中立国であったがゆえに軍事的に対抗できなかった。

訳注6：中国海洋石油総公司（China National Offshore Oil Corporation）。中華人民共和国の国有石油・天然ガス企業グループ。中国石油天然気集団公司（CNPC）、中国石油化工集団公司（シノペック）に次ぐ第三位の規模。事業内容は、中国大陸沖合における石油および天然ガスの探査、採掘、開発。子会社の民営企業、中国海洋石油有限公司（CNOOC Ltd）が実際の海中油田探査・採掘事業を行ない、香港証券取引所およびニューヨーク証券取引所に上場しており、ハンセン指数の採用銘柄にもなっている。東シナ海中央部において探査活動を続け、東シナ海ガス田問題を起こしている。二〇〇五年にアメリカの大手石油会社ユノカルの買収に乗り出したが失敗に終わった。

第十三章　帝国の中心

二〇〇五年八月の夏だった。まず感じたのは、飛行機を降りた時の強烈な暑さだ。第一印象は、全体を支配する無気力さだ。あの北京のぐらぐら煮え立つような興奮状態の対極にあるように、のんびりと事が進む。そして最初に確信したこと。タシュケントは、戦艦ポチョムキンが大きな村になったようなものだ。ウズベキスタンは一九九一年に独立したが、飛行場を出て町を横切ると、時間が止まってしまったような感じになる。遠い昔のソビエト共和国時代のまま放置されたような風景。幅の広い空っぽの道路、開花してしまった木々の並木。ピンクの塗料が剥げた醜悪な公団住宅。道を走っているのは、くたびれたソ連製のラダ、真っ黒な排気ガスに包まれたがたがたのトラック、窓ガラスの割れたでこぼこだらけのバスだけだ。

数十年間、ソ連に支持された分担産業として、この国は棉花と、共産主義権力の上層部と密接につながるマフィアの生産に携わってきた。共産主義体制はまた、ポルトガルの国土ほど大きいアラル海の干ばつという最悪の環境破壊を招きもした。湖は漁民の村から何キロも遠い沖まで水を湛えていた。アラル海はシルクロードの中継地であった美しいキバトの町からブカラまで続くが、報道関係者は立ち入り禁止だ。砂漠の真ん中を行くこの道の先には、土と砂の大地以外には何も無い。唯一の人間はと言えば、めったに通らないドライバーを検問しては金を巻き上げる警官ぐらいなものだ。時間が止まったようなこの国は一九九〇年半ばに、欧米人にとってホンモノの石油天国に見えた。しかしそれは蜃気楼、彼らは盲目だったのだ。この大地の下に巨大な石油と天然ガスの鉱床が隠れている、と思われた。ソ連政府はいくつもの鉱床を採掘したが、劣悪な性能の設備機器と採掘の失敗で多大な損失を生んだ。以来、欧米の石油企業が参入し、そして撤退した。ウズベキスタンが新たな石油エルドラドになることはもうない。

恐怖の国

古びたホテル、タシュケント・パレスのサロンではピアニストとバイオリニストがラーラのテーマを演奏していた。取材相手の男は低い声で話した。

「ここは、ソ連時代と同じ秘密警察国家だ。電話は盗聴されているし、そこいら中に盗聴器が仕掛けてある」

彼はヨーロッパ人だが、ある欧米系の会社に勤めていて、ここに来て二年になる。中央アジアにとても詳しい。

「石油の話に欧米の企業は幻滅させられたが、天からの賜り物を夢見たソ連もがっくり来た」

利権は二社だけに与えられた。ユーコス（会長のホドルコフスキーはプーチンに捕えられシベリアに追放された）とガスプロムである。彼は、元ＫＧＢの司令官が保安責任者になりウズベクの石油会社を経営している、と話してくれた。

彼は、車に乗って街を走りながら話を続けた方が安全だと言う。ソ連時代の共産党委員長で、現在大統領のイスラム・カリモフの話になった。独立以後、彼はイスラムに再帰依し、サマルカンドに葬られている英雄をなぞり「現代のティムール」(訳注1)を名乗る。カリモフは、トルクメニスタンやカザフスタンの親玉連中と同じように、単なる田舎豪族にすぎない。中央アジアというところは不思議な呪いにでもかかっているようだ。彼は、キルギスタンの国境の町アンディジャンで二〇〇五年の春、イスラム武装勢力の排除と称して七百人から千人を抹殺した。国際社会の非難に逆上したカリモフは、二〇〇一年九月の同時多発テロ以来駐留していた米軍基地の撤去を命じた。

　陰険で心配性のカリモフは、モスクワと……北京に接近する。取材相手は言った。

「ここは恐怖の国だ。権力が国民に抱く恐怖、国民が国家に抱く恐怖。国民がここまで貧しく、すかんぴんになったことはなかった。この国の権力構造は単純だ。すべて大統領とその家族、そして一族一党が握っている」

　カリモフの娘が良い例だ。大金持ちで、会社を数社経営し、国営テレビを抑えている。

「アメリカに亡命してコカコーラの代表者になったウズベク系アフガン人と結婚した。結婚式直後、コカコーラの大工場が建った。二人はすぐに離婚した。その当日か翌日、工場は操業を停止した」

　タシュケント界隈でキルギス料理を食べる。山ほどある古倉庫の中庭に建てられた白い大きな二つのモンゴル式ゲルがレストランだ。テーブルが十卓ほどある。私の前に座っている男は三十八歳になるウズベク人で石油省の高官である。共通の友人を介して交渉していた取材を彼はかなり躊躇していた。

「役所には秘密警察のスパイがうようよいます。石油企業からのコミッションは大臣が懐に入れるだけでなく、大統領、その家族、親戚まで受け取っています。そんなスケールの話ですよ。欧米諸国はこの国の石油の可能性には落胆しました。しかし、ロシアと中国がどっとやってきたのです。ユーコスとガスプロムのロシアの両グループが、中国最大の石油会社CNPC（中国石油天然気集団公司）と競合しました。一方、北京はアンディジャンの虐殺の数日後、カリモフを正式招待して強いラブコールを送ったのです」

彼はほとんどひそひそとこの話をしたが、彼が「虐殺」という言葉を使ったのに驚き彼をじっと見た。

「疑いないのですね？」

「まったくありません。カリモフ一派はこれを外国に知られるのが怖い。ここでは物事は沈黙のうちに処理される。あなたの国のメディアでは農民が過酷な暮らしに抗議して道路を封鎖したことや、全国的に広がっている農民一揆（彼はモスクワで勉強したというフランス語のすばらしいボキャブラリーで正確に事態を表現した）が警察と軍隊の激しい暴力的弾圧を受けていることを報道していますか？」

答えを促すように私を見る。

「全然」

彼はこの答に納得したようにうなずいた。

「これからどちらへ？」

「カザフスタンです。その後アゼルバイジャンとグルジアに行きます」

「シルクロードだった道が今、オイルロードに変わりましたよ」

何かあきらめたような笑いだった。

「北京からここまでは週に二便しかありませんよね。カスピ海を横切るタシュケント・バクー便も同じです。この国はまるで隣国から軽蔑され無視されているようです。世界史の上では、石油に関する章で短く扱われるだけの国なんだなとよく思いますよ」

独裁同族権力

どうしようにも身動きがとれなくなってしまった国、ウズベキスタンの国境を越えて隣のカザフスタンに入ると、そこも同じような権力が支配するところではあったが、まだ少し余裕が感じられた。カリモフなどはカザフ人の同類ヌルスルタン・ナゼルブライエフに比べればまだまだ迫力不足だ。この男も元共産党委員長で、フランスの五倍の面積を持つこの広い国が一九九一年に独立すると大統領になった。ナゼルブライエフは厚顔無恥この上ない不正選挙を行なった。彼は二〇〇五年十一月には賛成票九十パーセントを獲得して、ロシア人五十パーセント、カザフ人五十パーセントというソ連時代の純粋培養国家の元首に再選された。その権力は独裁かつ同族支配である。長女は三つのテレビ局を支配して情報を押え込み、彼女を支えているのが元KGB幹部で外務副大臣の夫だ。末娘は不動産と奢侈品ビジネスに手を染め、次女のアリアナは石油部門の要人の妻である。

隣国のウズベクと異なり、カザフスタンには欧米の石油資本が擦り寄ってきている。テンギズ油田とカシャガン油田が富をもたらし、ナゼルブライエフ一族の財産を増やした。しかし国民の生活水準は上がらなかった。失業率は倍になり、対外借款は八十億ドルを突破した。国庫の財産の五分の一がスイスの銀行に眠っている。
アルマアタ（訳注2）の町はオイルダラーの恩恵を蒙ったにもかかわらず、共産主義時代の陰鬱な、打ち捨てられたような顔をしていて、人の表情も暗い。唯一変わったことといえば、豪華ホテルがいくつも建設されたことであるが、うち二つは大統領官邸のそばにあり、どれも石油業界の要人の宿泊専用に利用されている。しかしこの都市は目指す国のイメージに程遠いことから、ナゼルブライエフは首都を他に移した。

アメリカ政府はカザフ権力に対して非常に肯定的である。現在政権の座にあるタカ派に近いネオコンのブルース・ジャクソンは民主化移行のエキスパートを自認しているが、『ル・モンド』紙のインタビューでナゼルブライエフについてこう述べた。

「なぜ民衆の支持を受けている大統領が再選のために専制君主的方法をとったのか？（そうですとも！）民主主義を脅威と感じたのだろうか？（この問いは十二分に吟味に値する）（原注1）」

ジャクソンの言葉にはディック・チェイニーの考え方の偽善的性格が反映されている。後に副大統領になるチェイニーは、ハリバートンの社長をしていた一九九六年には、いくつかの国に対してとられていた経済制裁に早くも強い不満を表明していた。

チェイニーは、実際に前大統領に対しては非常に不当な動きをしていた。ビル・クリントンの補佐官の一人は、名前を出さない約束で筆者にこう打ち明けている。

「チェイニーの発言には腹が立った。中東の石油の代替策としてカスピ海油田を『作った』のは私たちだった。クリントンは当地の要人によく電話していたし、ホワイトハウスにも招待していた。彼は『わが国のエネルギー供給源の多様化は国力の増強につながる』と説いていた。あの地域はアメリカにとってきわどくもあり、同時に魅力的でもあった。欧米諸国はここの石油を必要としていたが、何としてもロシアを経由させたくなかった。しかもカスピ海沿岸の国、イランの問題があった。アメリカは貿易封鎖でイランを叩いていたから。結論は、アゼルバイジャンのバクーからグルジアを通ってトルコ沿岸に至るパイプラインを作ることだった。二〇〇〇年、クリントンは関連諸国協議会首席として、かの有名なBTC(バクー—ティビリシー—セイハン)大パイプラインの建設を承認する協定に調印するためトルコに行った。石油と戦略はこうして連結した」(原注2)

一年分だけの消費量

二〇〇〇年も終わろうとする頃、アメリカのエネルギー省長官がカスピ海油田の「確認」埋蔵量は百八十億バレルから三百三十億バレルある、と見積もった報告書を提出した。石油の年間消費はつねに増大してきており、現在では三百億バレルまでなっていることを思い出してほしい。カスピの埋蔵量の推定量はしたがって、せいぜい一年分の消費量でしかないということになる。

二〇〇一年の初め、欧米の石油企業各社は深い落胆を隠し切れなかった。二十五基の油井が採掘されたが、うち二十基が「空」だった。ここ十年以来、最大の鉱床と呼び声の高かったカシャガンだけが救いだった。だが転換点がやってきた。

二〇〇〇年以来、トップ石油企業十社が世界各地で発見した埋蔵量は低下の一途を辿っていた。

さらに奇妙なことに、BPとノルウェーのスタトイルが二〇〇二年に、カシャガン油田の利権の十四パーセントを八億ドルで売却したのだ。英国石油グループが新たに行なった調査で、ここはそれほど期待できないことが判明したからである。それでもかまわない。カスピ海のカザフ領土内にはテンギズ油田があり、不当にもカザフ大統領とその一族の私腹を肥やすのである。破廉恥主義と腐敗の典型的な例ではある。幾多の人々から得た断片的証言から全体が見えてくる。全員が石油部門に携わる人たちだが、決して名前は明かせない。

五十年前のペルシャ湾岸地域がそうであったように、すべての国際石油資本が同じ期待を抱いてカスピ海に集結し、同じように敵対し、分裂していった。

ソ連は、一九六八年に発見されたアラスカのプルードー油田以来最も有望であるとされたテンギズ油田の開発に、一九八〇年代半ばから取り組んできた。採掘の技術的ミスにより大爆発が起き、油田は大きな被害を受けた。テンギズ油田は、一年以上にわたり炎が上空一キロメートルにも立ち上る巨大な灼熱地獄と化した。

一九九五年にエクソンと合併し、世界一の石油企業グループになろうとしていたモービルは、テンギズ油田の相当部分を買収する動きに出た。一九九六年に行なわれたモービル幹部との会談で、カザフの大統領は驚くべき要求をする。モービルは大統領に新型ジェット機、ガルフストリームを提供し、自邸のテニスコートの改装費を負担し、娘のテレビ局で使用するパラボラアンテナを装備した中継車を四台購入する、というものであった。モービルはこの要求を拒否したかのようであったが、この後ナゼルブライエフは新しい飛行機に乗っている。

テンギズ油田の買収協定は一九九六年五月三日に調印された。協定には、モービルからの払い込み十億ドル以上、油田経営を担うテンギズ・シェブロイル合弁会社の株式二十五パーセントの買取りが盛り込まれていた。モービルとライバルのシェブロンが共同で採取した原油の商品化を行なう。この時期におけるカスピ海油田のシェブロン側交渉責任者が、当時、シェブロン幹部で後にアメリカの国務長官になるコンドリーザ・ライス[訳注3]だったことは興味深い。

カザフの首脳は、支払いをスイス銀行の無記名口座に振り込むよう要求した。国庫収入に回す前の単なる「スルー」という説明であった。シーモア・ハーシュは、後に国外亡命し反政府派になった元首相アケザン・カゼゲルディンから秘密情報を引き出している。一九九七年に彼が職務を辞した時点で、モービルからすでに六億ドルが支払われていたが、国庫に納められたのは三億五千万ドルだけである。「残りは決して入金されなかった」と彼は言う。[原注3]

一九九七年七月、『フィナンシャルタイムズ』紙に、テンギズ油田の売却代金五億ドルの行方を突き止めるのは不可能だ、とするカザフ高官からの秘密情報が掲載された。カザフの国内総生産の三パーセントに相当するこの金は「国家予算」に決して入ることはなかった。[原注4]

まだ儲けを増やす

まだ儲けを増やすため、ナゼルブライエフはイランと『スワップ』協定を結んだ。テンギズ油田で採取した原油を鉄道と船を使ってイランの港、アクタウに輸送し、そこで精製する。その替わりに、イランはペルシャ湾上にいるイランのタンカーが積載している石油の同量の権利をカザフスタンに渡す、というものだ。カスピ海という完全に閉ざされた海しか持たないカザフスタンの権力者は、この方法で外界との障壁を取り払ったのである。この協定にモービルの影は無い。当然のことだ。モービルは、アメリカ政府が一九七九年に発効し、ビル・クリントンがさらに強化した対イラン禁輸措置に違反したのである。一九九四年以来、アメリカの企業はイランとの貿易を禁止され、スワップ協定への関与も禁じられてきた。にもかかわらず、調査の結果、モービルがまさにそれをやっていたことが分かった。これは確かに旨い商売で、十年間の約束で、数十億ドルもの実入りがあった。

交渉の初っ端から、モービルの副会長、ブライアン・ウィリアムズは協議の補佐役を付けた。シーモア・ハーシュによれば、イラン大統領ハシェミ・ラフサンジャニまで協定に口を出し、使用する船舶会社としてAPIを指名した。これはイタリアの船会社で、モービルと密接な関係にあり、代表のビアッジョ・チネッリはヨーロッパやアフリカでアメリカの石油企業の仕事をしていた。この巧妙に仕組んだビジネスも、一九九七年の輸送事業までしかもたなかった。(原注5) テンギズ産原油が硫黄を含んでいるため、イランでの精製は難しかったのだ。

この時期誰もが、カスピ海が石油の宝庫エルドラドであってくれればと願っていた。一九九八年、BPはアメリカ・アモコと合併し、続いてアラスカのプルードー湾の開発をしているアルコ石油を買収して力をつける。このイギリス企業は古くから、カスピ海を自分の領分だと考えていた。

しかし、スイス法務当局との緊密な共同作業によるアメリカ法務省の調査で、一九九七年三月十九日に、カシャガン海底油田開発を行なっているBPアモコの系列会社アモコ・カザフスタン・ペトローリアムが六千百万ドルをニューヨークのバンカーズ・トラスト銀行からジュネーブにあるインドスエズ・クレディ・アグリコル銀行の無記名口座121532０に送金したことが分かった。送金は二度行なわれ、三日後にはその金がカザフ大統領と側近、特に石油大臣などが管理するいくつかの口座に分けて振り込まれていた。

二〇〇一年一月に権力の座に就いた「石油企業の番人」と目されるブッシュ政権は、この地域におけるアメリカの利益を高めようとする。チェイニーはカスピ海のためにかなりの時間を割いた。彼は政府代表機関にカザフスタンとの「経済的対話を強める」よう重ねて要請した。ナゼルブライエフはホワイトハウスから同盟国元首としてだけではなく、カリスマ的指導者のような扱いを受けた。

チェイニーと会う

二〇〇一年二月八日、就任一ヵ月後、エクソン・モービル最高責任者はチェイニー副大統領に呼ばれ、三十分以上一対一の対話を持った。その六日後、この世界一の石油企業グループの幹部が、チェイニーが組織したばかりのエネルギー委員会委員の招請を受けた。共和党支持企業としては二番目に大きいエクソン・モービルは、たとえ彼らがどんな激しい非難を浴びせられたとしても大切に扱うべき仲間であった。アメリカ司法当局の大陪審二名が、ナゼルブライエフに払われたコミッションと対イラン禁輸措置違反に関心を示した。追及を恐れたカザフ大統領は議会に命令し、大統領の生涯にわたる免責特権法を通過させた。(原注6)

極右宗教指導者で当時司法長官だったジョン・アシュクロフトは捜査を抑えるように働きかけた。アシュクロフトと石油業界とのつながりは、エクソン・モービルが彼の選挙活動に多額の資金を提供したことが判明した時にはっきりした。筆者は、ホワイトハウスの国家安全保障会議の元委員から、カスピ海油田をアメリカの重要なカードたらしめた二つ目の鍵になる情報を得た。

「世界の石油生産が急激に減少している中で、この地域だけ生産が増加している。たとえふたたび低下する見通しになったとしても、日産二百万バレルは無視できない量だ」

原注1：ブルース・ジャクソン、インタビュー、『ル・モンド』二〇〇五年十二月十三日。
原注2：筆者との対話、二〇〇五年、ロンドン。
原注3：シーモア・ハーシュ「石油の値段」『ニューヨーカー』誌二〇〇一年七月九日。
原注4：フィナンシャルタイムズ、一九九七年七月。
原注5：シーモア・ハーシュ、前掲書。
原注6：国際ユーラシア経済政治研究協会「カザフスタン」二十一世紀ファンデーション、ワシントン、二〇〇一年三月三日。

訳注1：ティムール（一三三六～一四〇五）中央アジアのモンゴル・テュルク系軍事指導者でティムール王朝の建設者。十四世紀半ば、イラン、アフガニスタン、アルメニア、グルジアを征服、十四世紀から十五世紀にかけてはインド、アゼルバイジャン、シリア、イラクまで支配下に治め大帝国を打ち立てた。一四〇五年、中国の明王朝を征服すべく遠征に出るが病に倒れ、一四〇五年二月オトラルで没した。墓はサマルカンドにある。
訳注2：アルマアタは、元はアルマトイと呼ばれ、一九二九年にカザフ・ソビエト社会主義共和国の首都になった。一九九一年から独立カザフスタン共和国の首都。一九九八年に首都はアスタナに移ったがアルマトイはカザフ最大の都市である。

訳注3：コンドリーザ・ライスは一九五四年アラバマ州バーミンガム生まれ。一九七四年、デンバー大学政治学部を優等で卒業、同年ノートルダム大学大学院で修士号を取得。一九八一年、デンバー大学国際研究大学院から博士号を取得。一九九九年六月まで、大学の年間十五億ドルの予算を管理し、千四百人の教職員と一万四千人の学生に関わる学事の責任者であった。その後、スタンフォード大学政治学教授。シェブロン、チャールズ・シュワブ・コーポレーション、ヒューレット財団、ノートルダム大学、J・P・モルガン国際諮問協議会等の理事を務めた。一九八六年には、外交問題評議会の国際問題研究員となり、同時に統合参謀本部部長の特別補佐官も務め、一九八九年から一九九一年三月まで、ブッシュ政権の国家安全保障担当大統領特別補佐官。二〇〇一年一月から国家安全保障問題担当大統領補佐官を務めた後、二〇〇五年一月、第六十六代国務長官に就任した。著書に、フィリップ・ゼリコウと共著の『Germany Unified and Europe Transformed』（一九九五年）、アレグザンダー・ダリンと共著の『The Gorbachev Era』（一九八六年）、および『Uncertain Allegiance：The Soviet Union and the Czechoslovak Army』（一九八四年）などがある。

第十四章　「この地域に起こることはすべて心配だ」

バクーはすごいところだ。人類が最初に石油がほとばしり出るのを見た場所である。『東方見聞録』に、マルコ・ポーロがこの地域を通った時、油が岩の間から滲み出て、周りの土は黒い液体が染み込んでおり、土着民はこの液体を燃料や潤滑剤として利用していた、と記されている。十八世紀の終わり、カスピ海の水面に燃えたロープが約十キロメートルにわたって浮かび、水面に上がってくるガスの気泡のせいで火が消えなかったという旅行者の目撃談もある。

バクーは、民族的にも地理的にも中東に属している。国民はアゼリー人で、一八一三年にロシアの属国になるまではペルシャに属していた。国境を越えたイランでもアゼリー人の人口は三千万人を数え、国民の半分を占める。一九四六年にスターリンの軍隊がイランのアゼルバイジャンを占領した。「この地域に起こることはすべて、誰かがマッチを擦っただけでも心配だ」とスターリンは言った。スターリンの誇大妄想は、この地域の古くからの風習に起因する。彼は隣国のグルジアに生まれた。

第二次世界大戦、ヒットラーはバクーとカスピ海――すでにこの地域は一九一四年にはドイツ軍の獲得目標になっていた――を抑えようと企てたが、連合軍に阻まれドイツは苦しくなった。彼は側近たちに「バクーの油田はわれわれにとって貴重な石油供給源だ」と話していた。

最初の東西危機、イラン北部の占領は東西冷戦の始まりと共産主義独裁者の執念を表わすものでもある。「バクーはイラン国境に近すぎる。危ないところだ」(原注1)

隣国の一部地域を占領したスターリンは、境界線に本物のソ連勢力圏を作ろうと考えた。イランにしっかりと根を下ろしていたBP、ガルフ、エクソンを抱えるイギリスとアメリカ両国は、ソ連に譲歩を余儀なくさせる威力行使に出た。スターリンの方針にはもう一つの理由があった。一九四六年時点でのバクー油田の生産は大戦勃発時に比べて三十パーセント減少しており、ソ連は壊滅状態にあった経済を再建するために最大限の石油を必要としていたのである。(原注2)

エルドラドと地獄

十九世紀の終わり、ツァー体制はより良い条件の相手に石油利権を与えていた。歴史学者レナード・モスレーはこう述べている。

「数ヵ月前まではその百分の一もしなかった土地が競売で百万ユーロまで吊り上っていた。契約が成立するや否や、利権所有者はやぐらを建設し待ちきれないように採掘を開始した。『何処を掘ればいい？』そんな質問は無用だった。競売に付された土地は太古の昔から土着民たちが手掘りの井戸を掘ってきたところだった」

バクーはエルドラドになり、地獄にもなった。得られた富は豪奢な宮殿のために使われた。ある宮殿の正面は金でできた木の葉の装飾に覆われ、内部は金で縁取りしたピンクのイタリア産大理石が使われていた。パリ一番の宝石店がバクーに店を出し、王朝御用達の評判をとると、社交界に暮らす素性不明の女たちまで出入りしていた。
石油の世界での最高の金持ちは、アレキサンドル・マンタチョフと名乗るアルメニア人で「弱者だけが善人だ。悪人でないと強くなれない」と豪語していたという。(原注3)
油田で働く労働者は、地獄に近い非人間的搾取の生活と労働条件を強いられていた。労働者たちは、バクーから二十キロ離れた「黒い町」と呼ばれる、油田の近くに建てられた小さな人工の町の木造のあばら家に住んでいた。狭い通りも家の中も石油が染み付いており、火事や爆発などの事故が頻発しては多数の犠牲者を出していた。このような劣悪な労働条件に対して賃金は信じられないほど安く、もし不平を言ったり抗議行動でも起こそうものなら酷い目に会わされるのであった。
ファー・ウェスト・オリエンタルというスウェーデン人一族の経営する石油開発会社があり、大いに稼いでいた。経営者はノーベル兄弟で、生産だけでなく鉄道でトン単位での輸送も引き受け急速に地域一番の会社に成長していった。その躍進は、ジョン・D・ロックフェラーの牙城を脅かすまでになった。

「石油で変わるのは指導者の生活だけだ」

そして百年、バクーはろくに変わっていない。利権屋やら何やら、忙しそうな連中がうようよいる下品な町だ。黒い黄金の一滴が人の命より貴重とされたあの時代のように、すべてが石油を中心に動いている。
夕方、散歩の市民で賑わう防波堤沿いの公園を歩くと、海からの風が原油の強烈な刺激臭を運んでくる。数百メートル沖合に立つ油井やぐら群から漏れ出る湿ったガス層が厚く海面に垂れ込めている。

バクーの石油は、時代がいつか、体制が何かを問わず、この土地の人たちに恩恵をもたらすことはない。ツァー時代も、共産主義時代も、資本主義時代も、何も変わらなかった。この国の人口は八百万人で、そのうち二百万人が首都に住み、失業率七十パーセント、平均賃金は百五十ドルを下回る。あるタクシー運転手に私が「新しい油田が見つかれば生活も良くなるのでは」と言うと、彼は迷いから覚めたように笑って答えた。「石油で変わるのは指導者の生活だけですよ」。

世界最大の湖、カスピ海の総面積は四十万平方キロメートル。しかし正式には湖なのか海なのか曖昧なままだ。バクーは今や、石油と戦略地政学における「大勝負」の修羅場となってきた。大統領就任後、ウラジミール・プーチンが最初に訪れたのがバクーであった。BPと石油産業にきわめて近いマーガレット・サッチャーが、一九九二年に首相を辞任し、ダウニング街十番地を去って最初に訪問したのもこのバクーだった。彼女は当てもなく二日間の滞在したのではなく、少し時代を遡ればその意味が分かる。

一九四五年のヤルタ会談で、スターリンはチャーチルと秘密に個別交渉した。BPはカスピ海の油田探査の鑑定報告書をしたためる権限を得る。この巧妙に仕組まれた協力関係は、ウィンストン・チャーチルが権力の座に返り咲いた一九五一年になってようやく機能し、見返りはロシアの石油の購入であった。スターリンの目論みは、国力は落ちてはいるが依然として石油部門の主役であるイギリスの援助を得ることと、もう一つは国境の向こう、イランにあった。

ソビエトの最高指導者は一人二役をこなした。一九四八年、スターリンの要請でソ連軍参謀本部は党中央政治局に対し、五十の戦車師団によるペルシャ湾への電撃戦を含む一大作戦案を提起した。二年後の一九五〇年十一月、モスクワでアラブ諸国代表の出席のもと、中東問題に関する会議が開かれ、「ソビエト連邦共和国の石油地帯を保護する手段と、同時に隣接諸国に存在する石油資源の併合」(原注4)が提起された。

スターリンが直面した問題はそのまま後継者にも受け継がれた。ソ連の石油開発技術の壊滅的な遅れである。欧米との差は広がるばかりであった。この時期、欧米の石油専門家は、探鉱と掘削の分野でのソ連の遅れは三十年以上と見ていた。一九八〇年、欧米の石油企業は地下二十キロメートルまで掘削できたが、ソ連では五キロメートル以上掘ったことは一度もなかった。欧米企業は五千メートル掘削するのに六ヵ月かかったが、ソ連の技術だと三年も必要であった。こんなにハンディがあっては地層深くの探鉱はまったく不可能である。カスピ海の油田は採取が容易だ。イランや湾岸諸国など隣国の石油も同じだ。ソ連がこれらの油田に対してあくまで物欲しげな目を向けている理由は戦略地政学的というよりも経済的サバイバルにある。

一九九一年、共産主義帝国の崩壊により、モスクワは主要な石油供給資源の一つを失った。僻地にあって中央権力から問題にもされていなかった一地方、アゼルバイジャンが独立したのである。そして、むさぼるような視線がここに集中する。

選挙で選ばれた大統領を倒す

バクーの町の中心にあるフォンテーヌ広場、十六時。二十世紀初頭に建てられたビルの三階、どの部屋も薄暗がりに沈んでいる。二〇〇五年のこの夏、猛暑が続き、そのせいかブラインドは閉められ、棕櫚の並木道を行き交う人影もまばらだった。私の前にいる小柄で小太り、四十がらみの笑顔の男は十五年間にわたってこの国の石油部門の要人の一人である。秘密を知り、人を知るこの男は、かなり長い間躊躇していたが、「写真は撮らない、身分など一切明らかにしない」という条件で取材を引き受けた。

　私たちは飾り天井のある大きな会議室に入った。秘書がコーヒーを持ってきて、ドアを閉めて出て行った。選挙で選ばれた大統領を倒した一九九三年のクーデターにBPが関与していた、と書いた『サンデータイムズ』の暴露記事を裏付ける、私がこの数ヵ月に集めた情報を彼に話した。

「それは確かな事実だ。BPは、金を払ってエルチベイ（訳注1）打倒に必要な人と武器を調達した。民主選挙で選出されたこの国で最初の大統領は独立主義者で、石油企業グループにとって決して安心できる、扱いやすい相手ではなかった」

『サンデータイムズ』は、クーデター準備と「軍部と石油」の協働を話し合うため、BP幹部と接触した経緯の詳細を知るトルコの諜報部員から得た情報を根拠にしていた。協議に参加したトルコの元軍事情報将校は、石油企業グループが武器調達の仲介人との接触を受け持ったと述べ、「自分の知る限り、BP、エクソン、アモコ、モービル、トルコ石油会社の重要幹部が石油利権の獲得を目的に集まった会合に参加した」とも述懐している。BPもイギリス政府も決してこれを認めなかったが、記事はさらにアゼルバイジャン国際石油会社（AIOC）を形成するBPとアモコが「エルチベイ大統領を倒し死者四十人を出したクーデターの背後（原注5）」にいた、と書いている。

　私の話を聞きながら、取材相手はテーブルの上に手を組んで軽く笑った。

「すべてその通りだ。BPはつねにイギリス諜報部と密接な関係を維持してきた。バクーにいるMI－

6の諜報部員は必要な人員をリクルートするために国内のマフィアのボスとつながっている。技術的な観点からすれば、この国家元首転覆は徹頭徹尾、巧妙に連携した非常にプロフェッショナルな作戦だった」

石油企業とKGB議長の結託

石油企業には奥の手があった。ソ連時代の国家元首、ヘイダル・アリエフである。彼は元KGB議長で、回教徒として初めてソビエト連邦共和国の最高権力機関、中央政治局員に出世した男だ。

アリエフとBPの結託は、この両者が揃って有益な成果を収めたことで、疑いの無いものになった。一九九四年に大統領となった直後、「資本主義の快楽派」に改宗した元共産主義者は、BPその他の欧米諸企業と総額五億ポンドに上るカスピ海開発計画協定に調印した。

アリエフは事業を機能させるに理想的な配役であった。彼は強欲かつ傲慢な人間である。バクーには彫像、絵画、大きな写真パネルなど至る所に彼の肖像がある。それはどれも同じもので、仕立ての良い明るいブルーのスーツ姿で、手を挙げて国民に笑いかけている、後頭部が縮れた白髪の男だ。スーツはイギリスで誂え、靴はイタリア一のメーカー製である。取材相手は言う。

「あの男は人一倍、格好とそれから……銀行口座を気にかけている」

「ボンゴ(訳注2)みたいなものですね」

「実にうまい表現だ。アリエフ一族とBPの関係はすべての点でガボンの大統領とエルフとの関係(訳注3)に似ている。彼の政治は父権主義的でポピュリスト的だ。反対政党を弾圧するかわりに、うまく分裂させる。結果、政党数は五十一、個人的対立を呼び、劇的なほどにてんでんばらばらになった。彼は毎月テレビ出演し、閣僚を後ろに座らせて時には四時間近く演説する。ある時など、後ろにいる大臣の方を芝居がかった仕草で振り返り『どこそこの地方でガスの供給に支障をきたしているということだ。お前はクビだ』と言った。そしてカメラの前で、解任命令にサインした。これが彼の支配の仕方だ。逆説的なことに、このKGBの元副議長でクレムリンの回し者だった男は、地域性という面ではロシアと一線を画している。しかし、彼の個人的蓄財の陰に、悲惨な経済状況が生まれている。アゼルバイジャン人二百万人が経済的な理由から国を離れロシア連邦内に住んでいる。この移民で生じた経済効果は事実上、年間国家予算に相当する額である」

私は、アリエフの元腹心と言われたマラート・マナフォフについて訊いた。彼は、一九九四年と一九九五年に親分のためにBPから三億六千万ドルの手数料をぶん取った男だ。

「彼は、いわゆる『アリエフ一族と石油企業との秘密協約』をばらすような不注意な発言をした。半年後、彼の姿は跡形もなく消えた」

アリエフは「何十億ドルも動かす」

いずれにしても、誰もアリエフとBPの友好関係をとやかく言う気はなかった。一九九八年、アゼルバイジャンの大統領がロンドンを正式訪問した。

首相のトニー・ブレアーが最大の敬意を持って迎えた。首相と共に、アリエフを大統領に押し上げた一九九三年のクーデターの準備と実行の時期にBPの最高責任者だった商務大臣のハイベリー卿サイモンがいた。

たっぷり時間をかけたシナリオだったが、二〇〇三年に躓きを見せる。アリエフが死んだのだ。だが、入院が長期にわたり後継者対策には支障をきたさなかった。彼の息子で国有石油会社ＳＯＣＡＲの会長をしていたイルハムが跡を継ぐ。たまりかねた父親がカジノを閉鎖し、ギャンブルでトルコ人マフィアに負けた巨額の借金を肩代わりしたほどのギャンブル狂である。

息子を枕元に、病に苦しむヘイダル・アリエフを訪れた数少ない見舞い客の一人がＢＰ会長のブラウン卿であった。これは「相互利益に動かされた親愛なる訪問だ」と言うのは、卑屈でだらしない感じの、ヨーロッパ側の「秘密連絡係」をしていた人物だ。まだ三十代の、シャツははだけてデイパックを肩に掛けた若い男で、学生旅行者にしか見えなかった。彼と、内務省の中にある魚料理の店で昼食を共にする。近くには旧市街の城壁があり、多くの石油企業の本社がこの辺りに集まっている。憲法裁判所の建物に隣接した新築ビルの近くにはピカピカの黒の四輪駆動(訳注4)が数台止まっている。

「ＢＰは安定の要因だ。権力が転覆すれば投資家は皆その国から手を引く」

符合する沢山の情報から、アメリカとイスラエルはそれぞれ大きな大使館を構えており、将来イランに侵攻するとの想定のもとに、軍事施設や核施設の位置を探る任務を帯びたＣＩＡとモサド(訳注5)の特殊部隊をイラン領内に潜入させるための基地として、アゼルバイジャンの領土を利用していることが分かった。

「その可能性はある。しかしアゼリー人権力の内幕としっかりつながってきた元ＫＧＢとロシア軍がいる限り、その証拠を握るのは不可能な話だ」

「ここでは何でも金次第」

「アリエフ大統領は何十億ドルも動かし、彼自身何百万ドルも持っている。欧米の石油企業や政府も同盟国のイスラエルも彼の寿命がいつまで持つか気がかりなのは当然だ」

皮肉な口調で話す、濃い口髭の男は石油省の高官である。彼はまた、地質学者や石油専門家を多数輩出したバクー大学で教鞭をとっている。

「アンゴラの現大統領ドス・サントスはバクーに留学していた。私の月給は二百ドル。国有石油会社に勤める技術者と同じだ。ＢＰに勤める技術者は七百ドルから千ドル貰っている。妻はバクーの天然ガス設備を供給する企業で働いている。月給は七十五ドルでいつも遅配だ。私たちは貧乏エリートだ」

このアゼリー人の口からしきりに出た言葉は「ここでは何でも金次第」だった。警官でも外交官でも医師でも、なりたければ地位や資格が金で買える。相場もみんな知っている。殺し屋の値段は、評判の高くない場合は百ドル、定評のあるプロなら三百ドル。それでも兵役免除四百ドルより安い。

バクーは昔から、過剰と窮乏の世界を生きてきた町だ。過剰とは、石油への投資とそこから生まれる巨額の金。そして絶えることのない国民の窮乏生活。そして一定の場所を除いては記憶に残るような歴史も無い。まずはこの、海の前のいかめしい建物だ。黒い石でできた凹凸のつけられた尖塔の建物はソビエト時代の政府庁舎だった。防波堤の反対側にはドゴール将軍が一九四三年にテヘラン会議に出席する途中、一泊した建物があり、その傍の「アゼルバイジャン石油広場」と改名された広場に臨む昔の石油成金の邸宅に、国有石油会社ＳＯＣＡＲの本社が陣取っている。このドル箱を監視するかのように、すぐ傍に大理石造りの共和国の大統領官邸の建物がある。そこから約百五十メートル離れて、時代遅れのあのレゴブロックの積木に似た醜悪で巨大な白色のパイプでできた建造物が視界を遮る。これは、アリエフが党第一書記時代の一九七〇年、アゼルバイジャンに二十四時間滞在したブレジネフのために、五百人の招待者を集めて催した歓迎祝典のためだけに作らせた代物だ。

二〇〇三年に死んだアリエフの墓を訪れた。奇妙なことに、彼の墓は元のKGB、国家保安省の正面にある。天窓のような小さな窓の灰色のコンクリートのビルだ。アリエフが愛してやまなかった所であるこの国のドラマチックな歴史はここに集約される。社会主義的功労の叙勲者、科学アカデミー会員、あるいはクレムリンの傀儡たちの姿を正確に復元した大理石の胸像や石像が並ぶ回廊。一九四五年、スターリンの命令でイラン領アゼルバイジャンとその石油の併合を「積極的に」主張したピクヴェリ大統領もその一人だ。

アリエフは例外的扱いを受けている。彼の墓を建てるために邪魔な墓が他所に移された。彼の石像も完璧な仕立ての服を着て、手を挙げて微笑んでいる。両足は芝生の上にあり、妻は傍らのベンチに本を開いて腰掛けている。こちらも完璧な彫刻が施されている。その姿は、元KGBのアパラチーク(訳注6)ではなく、チェーホフの世界に出てくる登場人物のようだ。

最大の石油設備投資

この清閑な場所から程遠くない数百メートル離れたところに、もう一つの墓地がある。それは……船の墓場だ。廃棄された巨大な格納庫の横に、錆びた胴体の半分が海に沈んだ船の残骸がある。近くには、油井やぐらが海というよりも、石油の混じった厚い水の層が溜まった水面に林立している。その数は五百から六百基もあるだろうか、もう六十年以上もここにある。生産は僅かだが、それでも中国が黒い黄金のしずくを少しでも求めて、カザフスタンと同じくバイヤーを送り込んでくる。

共産主義時代の名残のこの造船所は「パリコミューン」と呼ばれている。対照的で逆説的だ。一八七五年に最初の油田が開発された地帯、ビビ・エイバット湾(訳注7)を臨む。黒い黄金を搾り取られた黒い大地に、厖大に広がる澱んだ水溜り。一世紀以上にわたり、何の手当てもせずに掘りまくられ、カスピ海の生態系は壊滅状態になり、バクーの環境は破壊された。今も操業している二つの精油所団地を建設したソ連は、ここを町とはほとんどみなしていなかった。

首都バクーの出口では道路が四車線にまで整備拡張された。海水浴客は海岸から五百メートル先に立つ巨大なプラットフォームまで泳いで行く。二基のプラットフォームはソ連時代のものを二億ドルかけて修復したもので、残りの四基は近年の石油ブームの時に建設された。海底三千メートルまで掘削可能、井戸の長さは一万一千メートルもある。

ここ三十年以来最大の石油設備投資、ＢＴＣ（バクー—ティビリシー—セイハン）大パイプラインを数キロほど辿ってみる。バクーを出発し、サンガチャルからグルジアを通過してトルコのセイハンまで、カスピ海から地中海までの千七百五十キロメートルのパイプラインによって、プロジェクトの主体、ＢＰアモコと共同開発者はロシアを避けて通ることができる。工事期間二年余、総工費三十六億ドル、一万二千人が工事に携わった。コンソーシアムの資本割当は、ＢＰが株の三〇・一パーセント、ＳＯＣＡＲ

が二十五パーセント、ＵＮＯＣＡＬ八・九〇パーセント、スタトイル八・七一パーセント、トルコ企業ＴＰＡＯが六・五三パーセント、ＥＮＩ五パーセント、トータル五パーセント、伊藤忠三・四〇パーセント、インペックス二・五〇パーセント、コノコ・フィリップス二・五〇パーセント、アメラダ・ヘス二・三パーセントとなっている。コンソーシアムが十億ドルを拠出し、残額は民間銀行と世界銀行やＥＲＤＢ（欧州復興開発銀行）からの融資でまかなった。

この最後の二者が非常に驚くべき存在である。世界銀行は、第三世界諸国の開発計画に融資することは禁止されているはずだ。ＥＲＤＢもしかりで、東欧諸国には融資不可能、数十億ユーロもの公的資金を石油企業の救済に充ててはならない。アメリカでは海外民間投資公社（ＯＰＩＣ）[原注6]とアメリカ輸出入銀行（Ｅｘ－Ｉｍｍｂａｎｋ）[原注7]が輸出用信用貸し保証やプロジェクト保証を国税でまかなっている。損失が生じた場合は、アメリカの納税者負担となる。

このプロジェクトに関与する石油企業にとって投資のリスクはゼロ、利益率は一バレル二十五ドルの原油から計算できる。バレル単価は今ではさらに高くなっている。この「共同正犯」のもう一つの例は、ＥＲＤＢの在アゼルバイジャン代表、トーマス・モーザーがＡＺペトロールの取締役に就任したことだ。このアゼルバイジャン人の会社は石油のグルジアへの移送を専門にしていて、トップに立っているラフィク・アリエフは経済開発大臣の弟である。

つねに監視するスパイ衛星

編隊を組んで哨戒飛行するアメリカ製の戦闘用ヘリの様子から、どの地点がアメリカにとって重要かが分かる。最も強力な隣国のイランを孤立させ、ロシアを取り囲んでいる、政治的に不安定な地域にある石油資源がかかっているのだ。

乗っていた四輪駆動車が突然スピードを落とし路肩に停まる。左側の岸辺に、カスピ海の水中を百七十二キロメートル伸びてきたパイプラインの中継点が確認できる。カザフの原油の一部もこのようにつながるのだ。右を見ると、道路の向こう側の高い金網に隔てられて巨大な備蓄タンクが見える。そして禿山のふもとの残ガス排出塔から空に向かって炎が噴出している。BTCのパイプラインは、先史時代の岩窟壁画が残されたゴブスタン遺跡に近いこの地点で地中にもぐる。

パイプラインは、全行程千七百五十キロメートルにわたって、武装パトロール隊が四六時中警戒していて、NASAのスパイ衛星が監視の目を緩めない。ホワイトハウスにとってBTCの安全は最優先事項である。しかしながら、BPアモコとアゼルバイジャン政府の勝利宣言とは裏腹に、何一つ予定通りには進んでいない。油田の再評価の結果、原油の輸送量が期待した一日百万バレルを大きく下回る三十万バレルになる見通しである。それに、プロジェクトが全面的に完了したわけでもない。セイハンで初めてタンカーに積み込むのは二〇〇五年の終わりを予定している。


一番問題がある地域はグルジアだ。

「この国には石油が無い。それが悔しい。だから、領土内を通過するだけでも高い料金を吹っかけてくる。BPは最初、強引に通ろうとした。そうは行かなかった。そこで今度はお互いを尊重する形で、安全や環境に配慮した要求を取り入れた。組しやすしと踏んだグルジア側はこれにつけこんで、二〇〇四年に工事を妨害した」

こう話すのはBPの専門技術者として七ヵ月間工事に従事した人物である。

「名前が分かったら失業ですよ」

それでも彼は、グルジアで沢山の人を紹介してくれた。

バクー中央駅、十八時四十分発。バクーとティビリシを連絡する急行列車は週に三本しかない。十八両編成の列車がメインのホームに飛び込んできた。車掌が首を振る。

「急行は隣のホームです」

急行はオンボロ車両の三両編成だった。車掌は私を一等車の入り口まで丁重に案内してくれた。食堂車を挟んでエコノミークラスと分かれている。

「おお、ミスター・ローラン。待ちかねておりました」

「遅れてはいないと思うけど。もう他の客はいるのかね?」

「いいえ。乗客はあなた様だけでございます」

差し出した乗客名簿には私の名前だけが記入されていた。車掌は一息おいて、当たり前のように言った。

「BPの関係でいらっしゃいますね」

BPへの激しい糾弾

サンドロがティビリシの駅まで迎えに来てくれた。定評のある地質学者でシュワルナーゼ前大統領政権下の石油大臣を務めたが短期に終わる。情報は沢山持っている人物だ。寂しげで貧しくて陰気な町を行きながら、スターリンの故郷の悲劇的な運命をまた思う。

モスクワ地区全体の人口よりも少ないこの小さな共和国は、内戦を経験し、二〇〇三年の「バラ革命」(訳注8)で登場した新政権が、アメリカの後押しで若い大統領アレクサンドル・サーカシビリを戴いた。この民主主義的前進は奇妙にも、ジョージ・W・ブッシュ一派によるBTC建設の推進意欲に歩調をあわせている。BTCがグルジアを通過するのはアジアの石油をヨーロッパに運ぶための最も確実なルートとなる。しかしこの国の五分の一近くの地域が、ロシアが支援する分離主義運動の配下にあり、建国の時に苦しい思いを味わっている。「革命」の幻想は消滅し、「新資本主義者の億万長者が元共産主義者の億万長者を追い出した」というジョークが国民の心情を見事に表現している。

サンドロは、街の中心にある大きな時代遅れのアパートで本と絵画の山に囲まれて住んでいる。彼は、グルジアのリーダーになったゴルバチョフ時代の外務大臣アレクサンドル・シュワルナーゼの戦略について解説してくれた。

「彼は、政治的結果を考えながらBTCの建設協定に調印した。モスクワの締め付けを緩和するための補足的手段としてアメリカ側に身を寄せたのだ。この観点からみれば、彼は成功した。うまく行きすぎたくらいだ。これが彼の失敗をも引き寄せた。欧米諸国は、成功した元共産主義者よりも自分たち流に調教された人間をトップに置きたかった。逆に、経済的観点から見れば、シュワルナーゼはあのようなプロジェクトに何の価値も結果も見出していなかった」

翌日の十一時、グルジアの石油会社ＧＩＯＣ（グルジア国際石油コーポレーション）の会長に合う。石油を持たず、パイプラインの通行料交渉だけが仕事の会社としては大げさな名前だ。本社は、以前はロシアの領事館が入っていた正面が白い三階建てのビルにあった。大部分の部屋は空っぽだったが、床はぴかぴかに磨いてあった。古びた木製の内装だけがソビエト時代の遺産かもしれない。何の動きも無い会社だ。この巨額の資本が投じられる大事業の中で、強くもない立場で参加している文無しの国の空しさが見えるようだ。ガスも石油も無い。あるのはただ、パイプラインが通る三百四十キロメートルの国土だけだ。契約はすでに前政府が交わしている。現政府は虚しく交渉に力を注ぐだけだ。時に怒ったり、悪びれたり、それしか手は無い。

会長のニコロズ・ワシャキーゼは、グルジア大統領のように若くて、背が高く、がっちりした体格の男だ。大統領とはお互い友人らしい。私と会うのにジーンズとラフなシャツ姿だった。取材が始まるや否や、いきなり彼はＢＰを激しく攻撃した。

「われわれの仕事は、参加者全員に配慮した協定であるかどうかを検証することです。ＢＴＣの通過でグルジアにはバレル当たり十二セント入ってくる予定です。つまり、年に五千万ドルです。でも、これは控え目な額です。たとえこれが重要な意味を持った、何よりも政治的なプロジェクトだとしても、同時に大きな問題が生じていて、きわめて深刻に反対されている商業的プロジェクトでもあるのです。グルジアはある程度のリスクを冒しています。厄介な交渉事に精通した石油企業というパートナーが相手では、これまでのグルジアの責任者など準備も能力も無く、とても歯が立ちそうに思えません。石油はもう流され始めていますが、まだまだ解決すべき大きな問題が残っています」

彼は黒い皮のソファーにどっともたれこんで、肘掛に腕を置いた。

「まず、技術とエコロジーに類する問題です。パイプラインの安全基準は厳格になっています。特にボルジュミ(訳注9)地方では国立公園を横断します。ところが、BPはこれに関しては解決できていませんし、かなり緻密な議論をしたのにもかかわらず責任者は火急的な問題以外は扱おうとしません。もう一つはパイプの被覆の問題です。昨年、五万ヵ所の接合部に塗る塗料が腐蝕の危険性に耐えられないことが発覚しました。これは生態系に壊滅的な打撃を与える恐れがあります。このスキャンダルはイギリス議会でも審議の対象になりました。ところが未だに、BPからは正式回答が無いばかりか、必要な対策を講じようとはしていないのです……三つ目は社会的問題です。現在、建設作業に従事しているグルジア人労働者は嘆かわしい状態にあります（彼は嘆かわしいという言葉を三度繰り返した）。下請けの建設業者ペトロファックは建設経費の高騰から、追加融資一億八千万ドルと、グルジアの下請け会社の工事完了代金一億ドルをBPに請求しました。値上がり分を反映させられるよう要求したわけです。下請け会社のうち四十社が倒産寸前の状態にあり、作業員数千人の賃金が何ヵ月も未払いのままです」

下請け会社への未払いは合計いくらになるか尋ねた。

「一千二百万ドルは計上できますね。BPの代表者にこう言いましたよ。『そちらが得ている莫大な利益に比べたら何でもないような金額がなぜ払えないのですか?』とね。すると、分かりました、調査します、という返答でした。それから何の連絡もありません」

苦々しい口調になってくる。

「われわれは工事代金を再交渉できない。原油価格の値上げの恩恵にも与れない。ならば少なくとも、数々ある係争をまず片付けるのが先ではないのかとBPに要求してもいいでしょう。油断も隙もない相手です。連中は手を変え品を変え、交渉に臨んできます」

いかにも官僚的なだだっ広いオフィスを見渡す。この先生は自分の無能力のはけ口を私にぶつけている。彼の最後の言葉にすべての不満が凝縮していた。

「この巨大プロジェクトでは、アゼルバイジャンもトルコも、誰もが満足の行く収入を得ているのに、グルジアだけが例外だ。それを思い知らされるのは本当に情けない……」(原注8)

財政破綻の恐れ

BPの経営コンサルタントを三十年務め、世界的に評価されているデレク・モーティマーの報告の中身が思い出される。そこには、彼の発見したことがどれだけ衝撃的であったかが示されている。

「われわれはまさに綱渡りをしている。『パイプの接合部を保護するため』の、この塗料の使用は、ひび割れが発生した場合、深刻な問題になるだろう。修復にかかる費用は天文学的数字になるだろうし、BPのプラントに及ぶ危険は計り知れない。私は、設計上の問題点やミスを検証したが、このパイプラインで目にしたことは四十一年の経験でも前例がない。私だけでなく、他の誰が見ても、これが欠陥のある選択過程を経て採用された悪いシステムであることは疑いない」

報告文書の抜粋がスクープされ、二〇〇四年二月十五日付けの『サンデータイムズ』に掲載されるまで、BPはこの警告を巧妙に無視し、隠蔽していた。記事はまた、二〇〇三年十一月、パイプが地中に埋設される直前に接合部の亀裂が発見され、工事が中止されなければならなかった時点ですでに、六万ヵ所ある内の一万五千ヵ所の接合部が溶接され、アゼルバイジャンとグルジアの土中に埋められており、モーティマーがこれを最も危惧していたことを明らかにしていた。こういったことが露見してしまい、BPには財政破綻の恐れさえ出てきた。パイプラインを掘り起こして高品質の部品と交換すると五億ドル以上はかかる。

BPは専門家のデレク・モーティマーを更迭し、閑職にまわした。それが功を奏する。イギリス政府はだんまりを決め込んだが、トニー・ブレアー内閣の閣僚に元BP会長がいたことを考えればそれほど驚くには当たらない。それより問題なのは、プロジェクトに関わっている投資銀行の消極的姿勢であった。銀行は、BP主導の共同事業に対し、パイプラインに「物質的に不都合な影響」を及ぼし得るすべての事件等の報告義務を条件に、十億ドル余りを融資した。これに対する各界からの異論は無く、事の重大さとは裏腹に、プロジェクト融資は最終合意調印後二週間を待たずして承認された。(原注9)

エコロジーへの大きな脅威

バクーの大統領府グリスタン宮殿で、二〇〇四年二月三日ある式典が催された。アゼルバイジャン、グルジア、トルコの関連参加国とBTC代表が調印した合意には、共同事業主七十八者による一万七千種類の署名が入った融資関係書類二百八点が含まれていた。特に、商業的プロジェクトに限定して融資を行なう世界銀行やERBDなどの民間銀行や金融機関もエコロジーへの大きな脅威に加担していた。

工事の開始から、環境監視団体は相次ぐ不測の事態を激しく批判した。村落に通じる道が破壊され、収穫高が狂ったが、それらに対する補償は微々たるもので、トルコでは農民の抗議行動を警察が弾圧する事態が発生した。

全行程にわたる質の悪い塗料の採用で、腐蝕と漏洩の重大な危険性が拡大し、事は別の次元へと移っていく。この塗料が、地中や水中で連結されたパイプの接合部を癒着させる化学的能力が無いのはテストすれば分かるはずであった。起こりうる事態は、腐蝕の拡大による原油の漏れ、導管の破裂、そしてそれによって引き起こされる高温でのパイプラインの爆発である。

二〇〇四年十一月、イギリス側役員は議会の調査委員会で、数ヵ月前に元商務大臣のマイク・オブライエンが保証していた内容に反して、使用塗料を事前に一度もテストしなかったことを認めた。

BPは環境保護団体のことを、偏見的であるとか、頑迷すぎるとか、あるいはプロジェクトのライバル企業に操られ買収されているとまで、マスコミを使い、あるいはマスコミに裏から手を回して誹謗中傷し、その信用を失墜させることに執心した。非常に稀だが、圧力団体の売名行為のための尖兵として地方の団体が利用されるケースもあった。

しかし、こんな話は核心から外れたものだ。環境団体の大多数は、BTCの多くの違反事項と惹起され得る悲劇的結末を指摘していた。この巨大プロジェクトは、重大な生態系の危機を孕んでいるだけでなく、疑わしき共謀の事実を垣間見せていた。私の知る限り、すべての専門家がこのようなプロジェクトの安全性において、腐蝕予防として接合部に塗る塗料の選択は決定的な役割を持っていると言う。しかるにBPは、あらゆる予想に反して、これまで一度も使用歴のないSPCというカナダのメーカーの製品を選んだ。『サンデータイムズ』は、この業者指名を指揮監督したのがBPのコンサルタント、トレバー・オズボーンなる人物で、彼自身の会社はDCS（深海腐蝕サービス）といい、これが他ならぬカナダのメーカーSPCの英国代理店だったことをスクープした（原注10）。

二〇〇六年初頭の現在、事態は何も変わっていない。BPはすべての危険を否定し、環境保護運動家は完全に不毛化したマスコミに向かって危険性の大きさを訴え続けている。石油企業にとってラッキーなのは、世論がコーカサスなどに無関心なことである。何も知らない。ヨーロッパからは遠すぎ、石油にはあまりにも近すぎる、まさしく政治の死角であり、不幸な地域なのだ。

唯一の、しかも大型の反動はあった。CCICとイギリス大手ゼネコンのAMECの下請け二社がBPを訴えたのである。各社独自の専門家がパイプラインの急速な腐蝕の危険性を警告したにもかかわらず、BPは事前に製品テストをしていない塗料を使用するよう強制したというものである。BP会長ブラウン卿は、忌避された専門家デレク・モーティマーが、財政的リスクを背負うことになるだろうと警告したのは、まさにこの不測の事態のことだったことを認めざるを得なかった。モーティマーは言った。

「BPは数千もの環境破壊の時限爆弾を埋めたのだ（原注11）」

四十キロメートル行けば八十年前に戻る

バクーに戻り、過去の足跡は決してすべて消え去るものではないことを確信した。町を出て北に四十キロメートル行けば、八十年前に遡ることができるのだ。アルティオーム半島はロシア帝国時代からソ連時代にかけて、完璧に石油に捧げられた場所である。

バクーの町の出口に、ロシア資本ルコイの新設サービスエリアがあるが、その先は早くも細い道路になっていた。羊やヤギの群れが、放置された船の残骸の近くのはげた大地で枯草を食む。この無人の地の先に、ベッドタウンがある。老朽化し、年月と潮風の侵食で汚れた壁の公団住宅の建物。周りに広がる陰鬱な荒野には、錆びてばらばらになったトラックの残骸が転がり、油溜まりにごみが浮いている。

数キロほど先を行くと、数百もの油井やぐらが海面に突き出て、暗い石油地帯の姿を見せている。ここに、水上の村があった。板を何枚も打ちつけて作った掘っ立て小屋が黒い海面に浮かんでいる。水上スラムだ。浮橋を渡ると、突然数人の人影が現われる。

労働者が劣悪な環境で暮らす、二十世紀初頭の頃の物語に出てくるような「暗黒の町」の再来かと思われた。私の目の前にそれがある。小屋から、押し黙り、敵意に満ちた顔が続々と現われる。文字通り石油が染み着いた衣服や身体。

「出てけ。あんたに用はねえ」

そう脅かした男は私の二メートルほど前に立っている。汚れたアンダーシャツに青の作業服、手には鉄棒を握っている。

「ここには長いのですか?」

男は仲間とちらり視線を交わす。この質問はどうやら挑発と受け取られたようだ。

「とっとと失せな。さもなきゃ、真っ先に車をぶち壊してくれる。その次はお前さんと運ちゃんの番だ」

私は来た道を引き返す。運転手は待ち兼ねていたように脱兎のごとく車を出した。振り返ると、彼らはまだ浮橋の上に立っていた。ずっと打ち捨てられたままの悲惨な土地に置き去りにされた人々、私は過去の亡霊を見たのだ。

バクーに戻り、ある外交官と夕食に行く。

「アルティオームに行かれたのですか？　何でまた！　何も見るものはないでしょう」

私は言った。

「そういう見方もありますね」

原注1：FRUS一九四六、第六巻。
原注2：ブルース・R・クニロム著『近東地方における冷戦の原因、イラン、トルコ、ギリシャの権力、紛争、外交』プリンストン大学出版局、一九八〇年。同著『世界経済におけるソビエトの天然資源』シカゴ大学出版局、一九八三年。
原注3：レナード・モスレー、前掲書。
原注4：ジャック・ブノワメシャン著『イブン・サウド』アルビン・ミッシェル刊、一九六二年。
原注5：「BP：告発される石油クーデターの援護者」『サンデータイムズ』二〇〇〇年三月二十六日。
原注6：海外民間投資公社は一九七一年に設立された連邦金融機関で、世界各地千五百億ドル以上のアメリカ資本の投資を保証してきた。
原注7：アメリカ輸出入銀行刊「Ex-Immbankはバクー・ティビリシ・セイハン・パイプラインの支援に一億六千万ドルの保証を承認した」ワシントン、二〇〇三年十二月三十日。
原注8：筆者との対話、二〇〇五年八月。
原注9：「BP、パイプライン事業で訴えられる」『サンデータイムズ』二〇〇四年二月十五日。
原注10：『サンデータイムズ』前掲記事。
原注11：「BPはパイプラインの漏れを隠した」『サンデータイムズ』二〇〇五年四月十七日。

訳注1：アブルファズ・エルチベイ（Abülfaz Elçibay、一九三八～二〇〇〇）。アゼルバイジャンの指導的政治家で対ソ反体制主義者。アゼルバイジャン人民戦線指導者で、一九九二年に選出され最初の非共産主義者大統領となった。一九九三年、アルメニア軍の攻撃などの混乱の中、ロシアの援護を受けたフセイノフ大佐の反乱軍がバクーに迫りエルチベイは首都をのがれた。その間に権力を握ったヘイダル・アリエフが混乱を収拾し、最終的に国民投票で大統領になった。エルチベイは一九七七年にバクーに戻りアゼルバイジャン人民戦線党の議長としてアリエフに対抗したが二〇〇〇年に前立腺癌となりトルコのアンカラで亡くなった。

訳注2：ガボンのオマール・ボンゴ大統領（六十九歳）のこと。ボンゴ大統領は三十八年大統領職にあり、世界でもっとも長く職にある大統領。ボンゴ大統領は一九六七年、当時のレオン・ムバ大統領の死去に伴い、副大統領から昇格して就任した。翌一九六八年、一党独裁制を導入。産油国であることを強みに、旧宗主国であるフランスを中心に、西側諸国との経済関係を重視する政策を採り、政治と経済を安定させた。一九七三年、一九七九年、一九八六年、競争者なしで大統領に選出された。ほとんどの政党は与党ガボン民主党と協力関係にあり、圧倒的な優位は揺らいでいない。一九九三年と一九九八年にも大統領に選出された。

訳注3：一九五〇年にガボンのオグエ沿岸で石油が発見され、エルフとシェルが開発してきた。ガボンにおけるエルフの存在は国家の中の国家と言われるほどで、石油収益の七十パーセントが国庫収入となっており、またフランスにとってガボンは西アフリカにおける重要な軍事情報基地である。このガボン・エルフを中心に、一九八七年から一九九三年にかけてヨーロッパ前代未聞の大汚職事件があった。エルフがボンゴ大統領をはじめアンゴラ、コンゴ、カメルーンの政府高官に多額の賄賂を渡し、アフリカの石油利権がアメリカ資本に流れない様に工作し、またフランスの政党に多額の政治資金を提供し、様々な裏工作を行なっていたものである。エルフの幹部はそれぞれ数年の実刑判決を受け、数億円の罰金を払わされた。

訳注4：テロの危険性が常にある独裁体制や政治が不安定な国家では黒の四輪駆動車はシークレットサービスのシンボルのようになっている。窓は防弾ガラスで、首都の至るところで目を光らせている。

訳注5：イスラエル総理府諜報特務局（ＭＯＳＡＤ）。イスラエルの情報機関。セム系言語ヘブライ語で機関や組織、

施設という意味。情報機関員の推定要員数は二〇〇〇人位で、イギリス情報局秘密情報部推定要員数に匹敵。情報収集、秘密工作、対テロ活動、ナチス戦犯の捜索などを行ない、その焦点は主にアラブ国家などの敵対国に向けられている。モサドの実力はCIA以上と言われている。世界各国にユダヤ人ならではの豊富な人脈があり、諜報活動においては群を抜いている。

訳注6：〈アパラチーク〉共産党や政府機関に属し、責任ある任務についている高級官僚を意味するロシア語。

訳注7：一九二〇年〜一九二三年にビビ・エイバット湾で世界最初の海洋油田が掘削された。この地域には千以上の海上プラットフォームが建設され、全長三百五十キロメートルに及ぶ。

訳注8：二〇〇三年十一月、議会選挙で不正があったとしてデモが頻発し、現職大統領のシュワルナーゼが辞職した。翌二〇〇四年にシュワルナーゼの法務大臣も務めたことがあるサーカシビリが大統領に選出された。シュワルナーゼ政権は腐敗や汚職などとはあまり縁が無く、この裏にはアメリカの工作があったとする説が強い。ロシア寄りの路線がパイプライン問題と絡み合っていると言われている。ハンガリー系アメリカ人の富豪投機家ジョージ・ソロスの関与も云々されている。

訳注9：グルジアの代表的な自然環境の地。グルジアワインの生産地で、ミネラルウォーターも有名。

第十五章　ヨダとジェダイ

「異常気象は危機的状況にあり、真の地政学的脅威だ。その先を行かねばならない」

取材相手はこう言って微笑んだ。ヨダがジェダイに伝えた言葉だとか。私は〈スターウォーズ〉は一本も観ていないので、賢者であり至高の指導者であるヨダをめぐる神話について何一つ知らない、と告白した。すると彼はこう答えた。

「あのシリーズに登場する人物の中で、実在人物として想定できるのはただ一人、アンドリュー・マーシャルという名でまだしっかり生きている。この異常気象への警告を発したのは彼だ」

私の前に座っているのは二十年前から知っている人物だ。彼が、シリコンバレーのある企業で情報処理技術者として働いていた時に知り合った。その後、彼はペンタゴンとつながりのあるランド研究所の研究員になり、八年後にはそのペンタゴンに迎えられた。

アメリカ国防総省という巨大な官僚機構の中枢で、彼は「ネット・アセスメント室[原注1]」なる小さな謎めいたセクションで仕事をしている。ここが、そのサイズとは裏腹にとてつもない影響力を持っているのだ。室長は、ハリー・トルーマン時代から今に至るまで、すべての大統領の政権下を生き抜いてきた、現在八十三歳になる、かの有名なアンドリュー・マーシャルである。

彼の経歴は一九四九年、ランド研究所に始まる。同僚には、映画「博士の異常な愛情」のモデルになったハーマン・カーンや、戦争と核の駆け引きの最悪のシナリオまで想定し、「想像を絶する頭脳」と言われたジェームズ・シュレジンジャーがいた。一九六〇年代には、研究グループのリーダーとして、ソ連の軍備の総体を根底から無意味なものにしてしまい、それに対応するためクレムリンの軍事予算がいくらあっても足りないような新しい武装システムの開発を進めた。

ランド研究所時代の同僚、ジェームズ・シュレジンジャーはニクソン政権の国防長官を務め、彼がネット・アセスメント室を設置し、マーシャルを室長に据えた。このシンクタンク・グループは完全に極秘に活動し、主としてアメリカの安全に対する将来的脅威を特定するのが仕事である。(原注2)

彼はすべての時代を生きてきた

マーシャルは決してここを辞めるつもりはない。その例外的な職業的長命さで、冷戦からデタント、共産主義体制の崩壊からイラク占領まで、あらゆる時代を生き抜き、政治と戦略の現代史の重要な時期に、その裏舞台でしばしば鍵となる役割を演じてきた。メディアやマスコミには姿を現わさないこの黒幕は、長年にわたって賞賛され慕われ、自分たちをジェダイと呼び、彼をヨダと命名する信奉者グループまで生んでいる。(原注3)その中には、ドナルド・ラムズフェルドやポール・ウォルフォヴィッツのようなネオコン一派の指導者がおり、ブッシュ政権で最も力を持つ。

筆者は、六年前にワシントンで開催された「不均衡な戦争」に関するシンポジウムでマーシャルに会った、というよりもすれ違ったと言う方が正確だ。彼は私の二列前の席に座っていた。休憩時間に、私は友人に紹介されて大きな金縁眼鏡がやけに目立つ禿頭の小柄な人物と握手を交わした。五十年代に戻ったような仕立ての悪いスーツを着たマーシャルは、ほとんど聞きとれないしゃがれ声でぼそぼそと何か挨拶した。この何のカリスマ性も無い、一見風采の上がらないこの男が近寄る人をすべて魅了してしまうとは。

彼は、レーガン政権時代に宇宙開発戦争を演出した一人であり、大統領と彼の側近たちにアフガンゲリラにスティンガーミサイルを装備させるよう説得した人物でもある。彼の考えることは、この時期のアメリカの世界戦略の決定に大きな役割を担った。一九八一年、彼は簡潔な分析をしたため、レーガンと次官たちに見せた。それはソ連がはるか想像以上に弱い、ということを説得力十分に示すものであった。共産主義帝国の没落を誘発するための地下工作が画策された。

毎年夏に、ロードアイランド州ニューポートの海軍兵学校で専門家を招いて行なわれる、マーシャルの問題提起について考える、というセミナーが好評だ。彼自身は傍らに腰掛けて、議論に耳を傾け、滅多に口を挟まない。またほとんど文章も書かないので、彼の直筆を読んだと自慢できる人もあまりいない。メモ、リポート、研究ノートなどはペンタゴンの最高機密に指定されており、「あたかも聖書の一節のように情熱をこめて読まれる」という証言もある。

二〇〇一年一月、ドナルド・ラムズフェルドは就任早々、彼の助言者先生に「特別顧問」の役職を贈った。国務長官、軍の参謀、彼を取り巻く民間人集団をペンタゴンでは皮肉な綽名で呼んでいる。「聖アンドリュー教会」だ。全員が、アンドリュー・マーシャルの提起した、ある新しいコンセプトに賛同した。RMA〈軍事における情報革命〉がそれである。彼は、テクノロジーの進歩が伝統的な戦争の概念を全面的に変えた、とする。この新しい戦争は、軍隊を地上に配置する代わりに、情報が主要な役割を演じ、核戦争のように展開される。伝統的な戦場はもう存在しなくなり、両軍はスパイ衛星や遠隔ミサイルを使い、相互の攻撃や防御システムを攪乱するコンピューターウィルスを蔓延させて勝負する。(原注4)

彼がヨダと呼ばれていると最初に教えてくれた男もマーシャルの下で働いているが、彼はいつも好んでこう言うそうだ。

「未来について考える時は、想像力の世界を彷徨ってみると良い」

彼は、これからは中国がアメリカにとって大きな脅威となる、と見ている。

平凡でくたびれたような風采のこの人物は巧緻に未来を予知するのだが、穏やかではないものもある。二〇〇一年七月のケンタッキー大学パターソン外交官学院でのシンポジウムは、彼が公の場で話した珍しい機会であったが、ここで彼は俳優ジーン・ハックマンのような耳をそばだてないと聞こえない低い声で、軍人の行動を変えてしまう新薬の使用について述べている。

「この物質は特定の聴覚器官に作用し、脳の中で化学反応を起こす。これにより恐怖心の無い、長時間覚醒し、敏速に反応する兵士を作ることが可能だ。この新タイプの物質、いわゆる生化学因子によって新型の人間や兵士を作ることができる(原注5)」

この話は世間を騒然とさせたが、彼は短いコミュニケを発表し「かくなるプロジェクトがペンタゴンに提出されていた」ことは無いと否定すると、都合良く沈黙を守り、活動を控えて身を隠した。

異常気象の規模と地政学的結果、こうした人間には制御不能な現象にマーシャルは惹かれるようだ。

「気候の崩壊」

　彼はラムズフェルドとウォルフォヴィッツには親近感を覚えているが、環境の危機や気候の温暖化に無感覚なブッシュとチェイニーには全然そうではない。アメリカが温室効果ガスに関する京都議定書の批准を拒否したことは、彼に言わせれば「大問題の解決を拒む元凶」石油部門の傲慢さの表われである。

　そこで彼は二〇〇三年、十万ドルかけてピーター・シュウォーツとダグ・ランドールの専門家二人に気候変動の政治的影響についての研究を命じ、この問題に真剣な一石を投じた。この「ペンタゴン秘密リポート（訳注1）」は二〇〇四年二月に巧妙な手を使ってリークされた。最初にスクープしたイギリスの週刊誌『オブザーバー』の暴露記事の見出しは予想にたがわず「ペンタゴンがブッシュに警告、気候変動がアメリカを破壊する」で『フォーチュン』誌は「気候の崩壊」、『サンフランシスコクロニクル』は「ペンタゴンリポートでヨーロッパ大騒ぎ（原注6）」と見出しを付けた。

　黙示録の記述に二人の総合研究者を選んだ自由な電子ビーム、マーシャルは、偶像破壊者である。シュウォーツは五十七歳、元CIA顧問で、ランドールと「シンクタンク」グローバル・ビジネス・ネットワークを立ち上げた。二人は大気を専門とする科学的研究を検証した。

　リポート漏洩はブーメラン効果のように見事な効き目を見せた。「リーク」の源、イギリスでは『オブザーバー』誌が「秘密リポートは語る：暴動と核戦争の恐れあり」や「イギリスは二十年以内に〝シベリア〟になる」といった見出しを付けた。いち早く情報をつかんだグリーンピースのウエッブサイトは「地球温暖化に赤信号：気候が原因の大量破壊時代の脅威はテロリズムのそれより大きい」と書いた。ニュースはアメリカでも広がり、日刊紙は「ペンタゴンが新たな氷河期の到来を警告」と書いた。

火付け役の『オブザーバー』の記事はマーク・タウンゼントとポール・ハリスによるもので、「今から二十年以内に、気候の変動が大破局を引き起こし、自然災害と戦争で数百万の命が失われるかもしれない」という書き出しで始まる。

「アメリカの国防省の高官の黙認のもとに『オブザーバー』誌が入手に成功した秘密リポートは、ヨーロッパの大都市が海面上昇にのみこまれ、イギリスが二〇二〇年にシベリア並みの寒さに襲われるだろうと警告している。核戦争、大干ばつ、飢饉、広汎な暴動が世界各地で発生する」

「このリポートは、減少傾向にある食糧、水、エネルギーなどを保護し、獲得するために各国がその核武装兵力の展開を開始した途端、突然の気候変動が訪れ世界を全面的無政府状態にまで追いやるであろうと予言している。世界の安定を危機に陥れる行為はテロリズムをはるかに凌駕する、と専門家は秘密裏に述べている」

「ペンタゴンの分析は、われわれの生活が戦争と擾乱に間断なく覆われると結論し、人間世界は戦争の世の中になる、と繰り返し述べている」

「気候変動の存在まで否定したブッシュ政権にとって、この結論は明らかに屈辱的である。これは、国家の防衛をつねに最優先させてきた大統領に対する警告的教訓だとする専門家もいる」(原注7)

「石油ロビーとペンタゴン」

『オブザーバー』は、地球温暖化への懸念を表明するイギリスの著名知識人グループが、最近ホワイトハウスを訪問し、この問題に真剣に対応するようブッシュ政権に求めたことを取り上げて、さらに議論の輪を広げた。出席していた科学者の中には、元ドイツ政府環境問題主席顧問で、イギリスのティンドール研究所の最も優秀な気候問題専門家とされているジョン・シェーレンヒューターがいた。新聞に彼の発言が掲載された。

「ペンタゴン内部にも危惧する声があることで、事態は少し良くなるだろうし、ブッシュに気候変動を認めるよう説得できる」

週刊誌も元気象協会会長で、最初に気候変動とテロリズムを比較した最高責任者であるジョン・ヒユートン卿の弁を引用した。

「もし、ペンタゴンがこのようなメッセージを発したのなら、これは本当に重要な意味を持ちます」

三人目の証人は、世界銀行の科学部長で、元イギリスの気候変動に関する政府間パネル委員長のボブ・ワトソンである。彼はこう述べている。

「ブッシュはペンタゴンを無視できるか？　このような文書を黙殺することは非常に難しい。大変なことになる。とにかく、ブッシュの唯一、最大の優先事項は国家防衛だ。色々な顔ぶれのリベラル派グループとははるかに違い、ペンタゴンは一般的には保守派だ。もし、気候変動が国の安全と経済の脅威になるのなら、何とかせねばならないだろう。ブッシュ政権が耳を貸すグループは二つある。石油ロビーとペンタゴンだ(原注8)」

最後の指摘は的を射たものだが、グリーンピースの幹部ロブ・ギューターブロックは、その後のジョージ・W・ブッシュがとった度し難い矛盾した態度をこう要約している。

「大統領は、気候の温暖化はでたらめだと言い、ポトマック川の反対側ではペンタゴンが気候戦争の準備をしている。この問題で自国の国防長官が言っていることを無視しているブッシュの態度は見苦しい(原注9)」

報告書を修正したホワイトハウス

「ペンタゴンの生きている伝説」と言われる八十三歳のアンドリュー・マーシャルは、あらゆる制約に関係なく、ぶち壊しミサイルをぶっ放したわけである。このリポートのそもそもの発端を取材する中で、相当風変わりなストーリーの辻褄が、おおむね合ってきた。

第一の発見。ペンタゴンにおける軍階層の大部分が、彼らの慣習ややり方を脅かすアンドリュー・マーシャルとその考え方に強い反感を抱いていることだ。今回の警告的リポートはヨダ単独の発議であり、それははっきり見てとれる。シュウォーツとランドールの草稿は「想像できないことを想像する」と題するもので、アンドリュー・マーシャルとハーマン・カーンが一九六〇年代に、核戦争の様々なシナリオを排除するために書いた「考えられないことを考える」と事実上同様の表現である。

第二番目の発見。アメリカの国家的安全にかかわる大テーマである、と彼が言うところの気候問題のタイムリミットに関する大統領とホワイトハウスの優柔不断さに、この老人は次第に苛立ちを露わにしている。

マーシャルは、大統領の盲目性は何よりも石油ロビーへの依存に起因するとする。気候学者と環境問題専門家は気候の温暖化を災害ととらえ、石油企業の責任者は氷河の融解で海底油田の探鉱と開発がやり易くなると喜んでいる。

筆者の手元にある、反対意見も多いこのリポートが、石油の重要性や将来的な供給の危機についてあまり触れていないのも気になるところだ。気候変動を取り上げたすべての報告を、ホワイトハウスが修正してきたことをマーシャルは二〇〇一年から知っていた。

二〇〇五年の六月八日、『ニューヨークタイムズ』はホワイトハウスの環境の質に関する大統領諮問会議主任スタッフのフィリップ・クーニーが、政府が指名した科学者による調査報告書を微妙に修正していたことを明らかにした。クーニーはホワイトハウス入りする前、アメリカ石油協会に勤務していた。この組織は石油企業グループを代表し、温室効果ガスに関する京都議定書へと結実した交渉を失敗させようと激しく動いた。その目的は、CO_2排出ガスの九十パーセントは石油の消費から生じるもので、アメリカだけで温室効果ガスの全排出量の三十パーセント近くを排出しているのだが、このCO_2排出の影響と責任が化石燃料、特に石油に向けられるのを最小限に食い止めることである。また、この圧力団体は気候学が未熟すぎる、とした上でダイオキシンの排出規制政策の推進を肯定している。

クーニーは、科学的見識無くニュアンスを変え、すべての内容を微妙に修正した。「変わり行くわが地球」と題した政府報告のオリジナル版は二〇〇二年に出ている。そこには、「多くの科学的観測が、地球は急速な変化の時期にさしかかっていることを示している」と書かれている。クーニーが手を着けた後の文章は次のように変わっていた。「多くの科学的観測は、地球が相対的に急速な変化の時期に入り得るという結論を導く（原注10）」。

ホワイトハウスの盲目性

似たような例はたっぷりある。どれも、ニュアンスを変え、修正し、情報内容を変えるやり方だ。マーシャルの我慢も限界に来た。シリコンバレーの情報技術者で、その後彼と仕事をしたある人物は「彼はそれほど公明正大さが好きなわけではない。だが、気候の脅威に関するホワイトハウスの態度には深刻な盲目性が反映していると見ている。彼によると、エネルギー消費の抜本的な変化なくして気候の安定化は不可能なのだ。そこで彼は、この警告的研究を指示することで彼らの心に訴えようとしたのだ。彼は、三十年前にチームB（訳注2）を指揮した時とまさに同じように動いた」と言う。

十年以上も前になるが、ポール・ウォルフォヴィッツから聞いた忘れもしないエピソードがある。一九七六年、当時CIA長官だったジョージ・ブッシュは「チームB」と呼ぶグループを召集した。これは、ニクソンと共にデタント政策を主導したヘンリー・キッシンジャーが偽救世主呼ばわりしていたモスクワを標的にしたこわもて部隊である。目的は、ソ連の脅威の規模を把握することであった。二〇〇四年までジョージ・W・ブッシュ政権のキーパーソンであったポール・ウォルフォヴィッツもこのグループのメンバーで、チームBは実に終末論的な文書を出している。その分析は、実は全然余裕の無い軍備改良計画を進めていたソ連のことを、何よりも領土拡張主義とするものだった。難局にあったソ連経済がますます窮地に陥っているとは全く言っていない。チームBの結論は決定的に、クレムリンは核戦争を仕掛け、それに勝利する力を持っている、というものであった。この文書は、ワシントンの軍備抑制、軍事予算縮小派に対抗する政治的武器として書かれたものだった。

ポール・ウォルフォヴィッツは筆者に非常にはっきりとこう言った。

「この報告は、従来の考え方に対する『ゲリラ攻撃』と位置づけられていた。そしてまさにこの場合、諜報部には敵も自分たちと同じ様に推論するものと考える傾向が見てとれた（原注11）」。ここでもマーシャルが、チームBに共産主義者の脅威の大きさを誇張するような情報を持ち込んで、裏で糸を操っていたとは私も知らなかった。

彼と実際に関わりのあった数少ない人たちの話を聞いて、ある印象を持った。ヨダはつねに、目的は手段を正当化するものであり、現状維持がしばしば最悪の危険にもなりかねず、つまるところ注意を喚起するためには、不安な現実を必要に応じて誇張してもかまわない、と考えているのだ。不測の事態や偶然を自在に操る、彼はそこに執心する。マーシャルは、第二次世界大戦でイギリスが、対ヒットラーの戦列に加わるほどソ連が強力になると考えていなかったことや、フランス軍司令部が独仏ほぼ同等の兵力から見て、電撃作戦の徴候も航空機の決定的役割も看破できなかったことをよく例に出した。

ピーター・シュウォーツとダグ・ランドールが執筆を命じられたリポートの表題は、「急激な気候変動シナリオとその合衆国の国家安全保障への含意（原注12）」であるが、ここにマーシャルの懸念が完璧に要約されている。

この文は、筆者にとってまた別の発見とも言えるが、巷間に思われているような秘密のリポートなどでは決してない。おそらくそのように思わせようとしたマーシャル自身が振りまいた噂に違いない。これはショックを生み、議論を巻き起こす狙いで書かれたものだ。シュウォーツとランドールはこの内容をさらに拡大させる文を書いている。

「今から二〇二〇年にかけて、水とエネルギー資源の壊滅的な不足は次第に克服困難となり、地球を戦争へと引きずり込んでいくだろう」

ランドールは続ける。

「私たちはその過程のどの辺りにいるのかも正確には分かっていない。明日起きるかもしれないし、五年以上先のことは分からないのだ。気候変動がいくつかの国にもたらしている結果は信じ難いものである。化石燃料の使用を抑えることは明らかに大切なことである」

気候の異常と現在の過剰なエネルギー消費に関連する最後の一節が、リポートとマーシャルの考え方のキーポイントになっている。この文は、長すぎるかもしれないが、私たちの成長と発展の形がこんにち断罪されているという、真の警鐘そして証しとして一読に値する。以下はその抜粋である。

「想像できないことを想像する」（ペンタゴンリポート抜粋）

このリポートの目的は、想像できないことを想像することであり、気候変動が合衆国の国家安全保障に含み得る意味をよりよく理解するために、現在の気候変動に関する研究の領域を広げることにある。私たちは、気候変動の指導的科学者に質問し、補足的研究を進め、これらの専門家たちと共に、そのシナリオを何度も検証した。このプロジェクトを支えている科学者たちは、描かれたシナリオが二つの基本的な点において極端すぎると警告している。第一に、私たちが描く出来事は、地球的というよりもより地域的に起きるだろう、と言う。第二に、事象の規模ははるかに小さいものかもしれないとも言う。

私たちは、いかにもありそうなものではないが、最もあり得る、そして合衆国の安全を脅かし得る、今すぐに取り組むべきものとして、気候変動のシナリオを書いた。

二十一世紀には、深刻な地球温暖化が起きることを示す実質的な証拠がある。なぜならば、気候変動は現在まで漸進的であり、将来的にもそうであり、地球の温暖化の効果は大多数の国家にとって処理し得る可能性があるからだ。そうであるにもかかわらず、最近の研究は、この漸進的温暖化が海洋の熱塩循環の急激な緩慢化を引き起こし、これがより厳しい冬季の気象条件と、地上の湿度の急激な減少と、より激しい風を、世界の食糧生産を担っている主要な地域に引き起こす恐れがあると示唆している。これに対する準備が不適切であるならば、地球環境の人口維持能力の明瞭な低下という結果となるかもしれない。(中略)

このリポートは、漸進的な気候変動のいかにも通常的なものとは異なるシナリオを提起しており、八千二百年前に起こり百年間続いた事象をパターン化した急激な変動について述べる。この急激な変動のシナリオは以下の条件で特徴づけられる。

○アジアと北アメリカにおける年間平均気温の二・七五℃の低下とヨーロッパにおける三・三℃の低下。
○オーストラリア、南アメリカ、アフリカ南部における年間平均気温の二・二℃の上昇。
○ヨーロッパと北アメリカ東部の重要農業地域と生活用水貯水池の水源地域における十年間にわたる継続的な旱魃。
○気候変動のインパクトを強め、拡大するブリザードと暴風。西ヨーロッパ、北太平洋での風力の強まり。
（中略）

地域的かつ地球的レベルにおける許容量が減少するのに応じて、世界中で緊張が高まり、二つの基本的戦略へと導いて行く。防御と攻撃である。必要な手段を持つ国家はその周囲に仮想的防御壁を築き、自らの資源を保持する。恵まれない国家、特に近隣国家との紛争の歴史がある国家は食糧、飲料水、エネルギーを求めて紛争を仕掛けるかもしれない。防衛優先は転換し、ありえない同盟が結ばれ、戦争の目的は宗教、イデオロギー、国家の名誉よりも生存のための資源の確保に置かれる。

（中略）

気候に関わる出来事が社会的に大きなインパクトを持つ。なぜならそれが、食糧の供給、都市や町村の生活条件、また同様に浄水とエネルギーの確保に影響するからである。例えば、オーストラリア気候行動ネットワークによる最近の報告は、気候変動は牧草地帯の降水量を減少させる恐れがあり、それによって牧草生産量が十五パーセント低下すると予想している。これによって、家畜の平均体重が十二パーセント低下し、牛肉の供給量が確実に減少する。このような条件下において、乳牛による搾乳量は三十パーセント減少し、果物生産地域ではおそらく新型の害虫が蔓延すると予測される。それに加えて、このような条件下では、飲料水は十パーセント減少すると予測される。将来的な気候変動モデリングを前提にすれば、このようなことは今後十五年～三十年以内に世界中の数多くの食糧生産地域に同時的に発生する可能性があり、社会の適応能力が気候変動を克服するだろうという考えは疑わしくなってくる。

現在、四億人以上の人々が、多くの場合、人口過剰で経済的に貧困な乾燥地域、亜熱帯地域に居住しているが、これらの地域においては、進行する気候変動とその影響は政治的、経済的、社会的安定に深刻な危機をもたらしている。繁栄に恵まれていない地域の国々はより厳しい生活条件に即座に適応するのに必要な資源も能力も不足しており、問題は拡大する恐れが高い。いくつかの国では、絶望した人々がより良い生活を求めて、合衆国のような適応のための資源があるところに集団移住するくらいまで気候変動が私たちを追い込むことになるかもしれない。

二〇一〇年までの温暖化

現代文明が一世紀の間に経験した最速の温暖化現象に続いて、二十一世紀初頭の十年間に、大気の加速的温暖化が観測されている。地球の平均気温は十年で二・七五℃上昇し、より厳しい影響を受けている地域ではさらに高い。こうした気温の変化は地球上のすべての地域や季節により異なるが、こうした違いの範囲の最も小さいものでも地球的変化の平均値よりは多少大きい。非常にはっきりしていることは、地球は二十世紀の終わりに始まった温暖化傾向を継続していくということである。北アメリカとヨーロッパの大部分と南アメリカの一部では、最高気温が三十二・二℃に達する日が前世紀に比べて三十パーセント増え、同時に氷点下の日が減少することになるだろう。この温暖化に加えて、気象状態はさらに不安定になるだろう。特に山岳地帯では洪水が増え、穀倉地帯では旱魃が長期化し、沿岸地域、農業地域でも同様である。総体的に、気候変動は経済恐慌のように、気候条件に依存する農業その他の生産活動が営まれている地域を、暴風雨、旱魃、猛暑（例えば、八月も勤務するフランスの医師が増えている）などで襲う。しかしながら、こうした気象条件は地球社会とそのつながり、あるいは合衆国の国家安全を脅かすほど厳しいものでも広汎なものでもない。

温暖化のフィードバックの繰り返し

二十世紀から二千年代にかけて気温が上昇し、積極的フィードバックの繰り返し（ループ）現象が始まり、プラス〇・一二℃から〇・二二℃、ついには一定地域では〇・二七五℃まで温暖化を加速する。地表が温められると、水循環（蒸発、降水、流出）が加速し、さらに気温を上昇させる。最も強い自然の温室効果ガスである水蒸気は、余熱を蓄積し地表の平均気温を上昇させる。蒸発が増えると、地表の上昇した気温は、動物が草を食み、穀物を栽培している森林や草原を乾燥させる。樹木が枯れ、火事で焼けると森林の二酸化炭素の吸収が減り、ふたたび地表の気温が高くなり、手のつけられない恐ろしい森林火災が発生する。さらに、高い気温が高山、雪原、高緯度のツンドラ地帯、寒冷地帯の永久凍土を溶かす。地表は太陽光をより多く吸収し、反射が少なくなるので気温はさらに上昇する。

二〇〇五年前後、変動のインパクトは世界のいくつかの地域でより強く感じられた。厳しい嵐や台風が、タラワやツバル（ニュージーランド近海）といった海抜の低い島に大波や洪水をもたらした。二〇〇七年には特別強い嵐でオランダの堤防が決壊し、ハーグなど主要沿岸都市のいくつかの市民生活を不能にした。カリフォルニアのセントラル・バレー地域に流れるサクラメント川のデルタ砂州の堤防が倒壊して湖が生まれ、乾季の間は塩水を遮断できなくなったために、カリフォルニア北部から南部へ送水する水路システムが崩壊した。ヒマラヤ氷河の融解が進行し、チベットの住民が移動を余儀なくされた。北極海の浮氷は一九七〇年から二〇〇三年までにその全体量の四十パーセントを失っているが、二〇一〇年の夏季にはほとんど無くなってしまうだろう。氷河の融解で海面が上昇し、冬季海域が狭まり海洋の波が大量に増加すると、沿岸都市は被害を受ける。しかも、世界中で数百万人もの人々が洪水の危険にさらされ（二〇〇三年の約四倍）、水温の変化で魚類が別の海域や棲息圏に移動したため漁業権をめぐって緊張が生まれている。厳しい気象によって引き起こされたこれら各地の災害からの復興のために、周辺地域の自然的、人間的、経済的資源が動員されている。自然災害と悪天候が先進国にも低開発国にも発生し、積極的フィードバックの繰り返しと、温暖化パターンの加速化はこれまでに予想していなかった結果を見せ始めている。変化を吸収する社会的、経済的、農業的システムを確立する力の無い開発途上国においては受ける打撃は最も大きい。

グリーンランドの氷床の融解が年間降雪量を上回り、高地における降水による流水の増加によって、北大西洋とグリーンランドとヨーロッパの間の海の淡水の量が増えている。淡水化した塩分の少ない海水が熱塩循環システムの急激な緩慢化に寄与する。
（中略）
ヨーロッパ：気候変動の最も強い打撃を受けており、この十年以内に年間平均気温が三・三℃下がり、北西部沿岸ではさらに大きな温度差がある。ヨーロッパ北西部の気候はより寒く、乾燥し、風が強くなっており、シベリア化している。南ヨーロッパの変化は小さいが、急に寒くなったり気温が変わったりする。降水量の減少が土壌の喪失の原因となり、それが食糧供給の不足を引き起こし、ヨーロッパ全体の問題になっている。ヨーロッパは、暖かい場所を求めてやってくるスカンジナビアや北ヨーロッパからの移民やアフリカその他の強い打撃を受けた国々からの移民の流入を食い止めるのに難渋している。

合衆国：より寒く、風が強く、乾燥した天候により成育シーズンが短縮され、合衆国北部では生産性が落ち、南西部ではこの天候がより長く続き、乾燥はより激しい。砂漠地域では暴風が増加し、農業地帯はより強い風速と土壌の湿り気の低下に苦しめられている。特に合衆国南部で乾燥化への変化が指摘される。海面上昇は沿岸で継続しており、温暖化の時期に危機的状態にあった沿岸地域の状況は変わらない。合衆国は自国の状況に目を向け始めており、自国民に食糧資源を供給することに専念し、国境を固め、国際的緊張を生んでいる。

中国：大量の人口を抱え、食糧補給の需要が極めて高い中国は、雨期を当てにできなくなり、大きな打撃を受けている。夏のモンスーン期に降水が期待されるが、削剥地の降雨が壊滅的な洪水を起こしている。冬はより長く寒くなり、降水量の低下による気化熱冷却の減少で夏はより暑くなり、すでに厳しいエネルギーと水の供給が圧迫されている。広汎な飢饉が国内に混沌と衝突を引き起こし、寒さに凍え、飢えた中国はロシアや西部国境を越えたところのエネルギー資源を羨ましそうに見つめている。

バングラデッシュ：執拗な台風と海面上昇による沿岸地域の著しい壊滅状態でバングラデッシュの大部分が居住不可能と化している。さらに、上昇した海水が内陸の淡水補給を汚染し、飲料水と人命の危機を呼んでいる。大量の移民が生じ、国境問題を抱える中国とインドに緊張を呼んでいる。

東アフリカ：ケニア、タンザニア、モザンビークの天候は若干暑くなっているだけだが、執拗な旱魃に見舞われている。乾燥気候には慣れているこれらの国々は、天候の変化にはあまり影響を受けてはいないが、主要な穀物生産地域が困窮しており食糧供給が心配される。

オーストラリア：主要食糧輸出国であるオーストラリアは、気候変動の深刻な打撃は受けていないが、世界への食糧供給に問題を抱えている。しかし、南半球の気候変動は不確実な部分が多く、安易に結論を下すことには疑問がある。

天然資源へのインパクト

季節変動と海洋の温度変化のパターンが農業、漁業、野生の生態、水、エネルギーに影響する。気温と水に影響され、成育シーズンの長さが十～二十パーセント減少したことと、主要生産地域が温暖から寒冷化傾向にあることから、穀物収穫高の予測は難しい。農作物の害虫には気候の変動により死滅するものもあるが、乾燥や風により適応力のある種もあり、新たな殺虫剤や駆除方法が求められる。特定海域での操業権を持つ典型的な商業漁業者は魚類の大量移動に対処できなくなるであろう。

世界の穀物生産を主要に担っている地域は五、六ヵ所（合衆国、オーストラリア、アルゼンチン、ロシア、中国、インド）ほどで、これだけで厳しい気象条件に見舞われている五、六ヵ所の地域を同時に補うには世界の食糧供給は不十分である。世界経済の相互依存関係から、世界の農業地域と高密度人口地域での地域的気象変化によって生まれた経済破綻が、合衆国への負担を次第に増してきている。今世界中で叫ばれている水とエネルギーの壊滅的不足をただちに克服することはできない。

国家的安全へのインパクト

人類の文明は地球気候の安定化と温暖化とともに始まった。寒くて不安定な気候は、人類にとって農業の発展も、定住もできないことを意味した。新ドリヤス期（訳注3）の終わりと共に、暖かく安定した時期が続き、人類は農耕のリズムを会得し、生産的な気候の地域に定住した。現代文明は、このシナリオに描かれたような執拗に破壊的な天候を経験したことが無い。結果的には、このリポートが概説する国家的安全への含意は仮説にすぎない。実際のインパクトは、気象条件、人間の適応能力、政策決定者の決断の意味合いに大きく左右されるだろう。

急激な気候変動によって生まれた暴力と破壊は、国家的安全にとって、これまでになかった別の形の脅威となる。イデオロギー、宗教、国家の名誉などではなく、エネルギー、食糧、水などの自然資源への絶望的渇望が軍事的対立を引き起こすかもしれない。対立の動機は、どの国が最も弱いか、安全への脅威が如何に緊急であるかによって変わる。

（中略）

急激な気候変動によって飢饉、疫病、天変地異が発生し、多くの国は必要な物を手に入れることができなくなる。これが絶望感を生み、バランスを求めて攻撃的圧力へとつながっていく。食糧、水、エネルギーの供給が落ち、国民を養うのに難渋している東ヨーロッパの国々のことを考えてもらいたい。今これらの国々は、穀物、鉱物、エネルギーの供給源として、人口が減少しつつあるロシアを窺っている。あるいは、日本はどうか。沿岸地域の洪水と水の汚染に苦しめられ、海水淡水化プラントとエネルギー集約農業プロセスのためのエネルギー源として、ロシア・サハリン島の石油とガス資源に目をつけている。パキスタン、インド、中国のことを想像されたい。どの国も核兵器を保有しているが、難民、河川の共有、耕作地をめぐり国境で小競り合いを繰り返している。スペインとポルトガルの漁民が漁業権を争うことになり、海上紛争に発展するかもしれない。そして、合衆国を含む国々が国境警備を強化していくだろう。世界で二百の河川が複数の国に流域を持つ。飲料水、灌漑用水、河川輸送の権利をめぐる紛争が起きるだろう。ドナウ川は十二の国を通り、ナイル川は九つ、アマゾン川は七つの国を通る。

このシナリオでは、状況に応じた連合が期待できる。合衆国とカナダは、国境検問を簡素化して一つになり得る。あるいは、カナダはその水力発電による電力を自国のためだけに保持し、合衆国にエネルギー問題を起こさせるかもしれない。北朝鮮と韓国は技術的知識を共有し、核武装国となるべく連合するかもしれない。ヨーロッパは、国家間の移民問題を制御し、外敵への防衛策となる統一ブロックとして行動するだろう。豊富な鉱物、石油、天然ガスを持つロシアはヨーロッパに参入するかもしれない。

交戦状態にある国家が存在するこの世界において、核拡散は不可避である。気候の寒冷化で需要が急騰し、現在の石油供給量は底をつく。エネルギー供給の僅少さと、その需要の増大で、原子力エネルギーが重要なエネルギー源となり、各国が国家的安全のためにウラン濃縮や再処理技術を開発し、核拡散は加速する。中国、インド、日本、韓国、イギリス、フランス、ドイツは皆、核武装能力を持ち、それはイスラエル、イラン、エジプト、北朝鮮も同様である。

それほど非現実的ではないリポート

二〇〇三年、津波、カタリーナによる大災害、メキシコ湾に連続したサイクロン、核拡散の進行、裕福な国の国境突破を図る絶望的な移民の波といった出来事の前に編纂されたこのリポートはつまるところ、それほど非現実的ではない。

私はこの夏にネパールを取材して納得するものがあった。欧米諸国が目を見張るバイタリティを見せるインドと中国という強国に挟まれたヒマラヤの小王国は、資源も無く、民主主義の希望も無い。強力な君主制のこの国の領土の相当部分が、クメールルージュに近い路線の毛沢東主義ゲリラに支配されている。

着いたその当日、アンナプルナ・ホテルから数メートルのところで数百名の学生デモ隊が王宮の前で官憲と激しく衝突していた。彼らは石油の値上げと、それを原因とした公共交通機関と食料品の値上げに抗議していた。

翌日、私は大抗議行動が予定されていたパタンに向かった。王家の誕生の地であるこの古都はガンジスに注ぐガンダク川を隔てて首都カトマンズから七キロのところにある。川の流れは今や、乾いた川床の真ん中を走る一本の細い水路でしかなかった。大量の群衆が赤レンガに細かな彫刻を施した褐色の木製の窓枠をはめ込んだお寺を取り囲んでいた。立ったままの者、階段に座っている者、石像につかまる者、皆が演壇に立つ「平和と民主主義」運動活動家たちの演説に聴き入る。どれもが国王の退位を要求していた。ある青年が案内役だった。彼は学生で、水道も電気も無い村の出身だ。彼の母は毎日、へとへとになるような距離を歩いて薪を取りに行き、それを背負って帰ってくるのだった。彼は熱心に読んだ本の話をした。ディドロ、ルソー、モンテスキュー、彼はいくつもの文節をまるまる暗誦していた。彼の夢は、パリに行くことだ。私を取り囲む人たちの表情はどれも真剣で、そして同時に疲れていた。

壊滅的結果

翌朝、私は若い気象学者のナランと一緒にヒマラヤ山麓を目指した。細い口ひげを生やし、ネパールの民族衣装を着た運転手の名前はクリシュナといった。彼は、トラックやバスで混雑した狭い道を慎重に走る。ブルーと白の制服を着た登校途中の学童の集団とすれ違う。物価が高くなる一方で、貧しい生活はますますひどくなるばかりで、石油の値上がりが絶望と苦しみに追い討ちをかけている、と二人は言う。この前日、一バレルが七〇ドルまで上がっていた。

歴史ある町、サンクーを抜け、曲がりくねった樅の並木の山道をよじ登る。山の斜面に村落がへばりついている。一時間ほどでナガルコットに辿り着いた。

寒風が叩きつける山のてっぺんにクラブ・ヒマラヤン・ホテルが建っている。ナランに案内されて食堂に入ると、大きなガラス窓の彼方にヒマラヤ山脈の壮大な景観が広がっていた。ナランは、雪を被った頂上を指差して言った。

「この景色も長くないですよ。数年のうちに、積雪と氷河の七割は進行する気候の温暖化のせいで融けてしまうでしょう。結果はすでに感じ取ることができます。あと少しで、私たちの尺度の〝少し〟ですが、壊滅的な結果になります。つまり、ネパール人の飲料水が無くなるだけでなく、中国北部、インドの南部の人たちの飲む水まで、ということです。ヒマラヤを源流とする川は沢山あります。ガンジス川、メコン川、長江、インダス川、ブラマプトラ川、ジャムナ川。どれも水量が減っています。何億人もの人が飲み水だけでなく、灌漑用水の不足で収穫さえ奪われるでしょう」

彼は胸を詰らせ、黙り込んだ。ナランは三十四歳だ。小柄で痩せている。彼はインドに留学した。彼は眼前の強烈で荘厳な風景に催眠術にかけられたようだった。

「私たちはつねにヒマラヤを私たちの救いの神と思ってきました。（その声は悲しい響きだった）私は、人間の狂気とエゴイズムのために、ヒマラヤを呪い始めるのが怖い」


私はこの時、インディラ・ガンジー女史が指摘したことを思い出した。一九八〇年のことだった。ジャン・ジャック・セルヴァン・シュレベールと私は、首相に再選されたばかりの女史のニューデリーの閑静なウェリントン・クレセント地区にある私邸に夕食に招かれた。昼も夜も、鉄格子の門扉にひっきりなしに群衆が殺到していた。彼女は、五部屋しかない平屋建てのこの家に住み、仕事をし、そして四年後にシーク教徒の護衛に暗殺された。

門の前に群がる貧しい老若男女たちは、彼女の顔を一目でも拝み、体に触れ、自分たちの苦しみを伝えたいのである。ホメイニが権力の座に就き、イランが石油の供給をストップしたことで、世界は第二次石油ショックに突入しようとしていた。青と白のサリーに身を包んだこの女性権力者は優雅な仕草でフランス語を話した。

「国民と国家の間にも、個人同士の間にも、寛容な心の入る余地は無いようです。一九七三年の石油ショックの後、産油国は彼らの勝利はすべての開発途上国の勝利であり、最も不利な立場の国に特別安く石油を供給することを最優先の目的とする、と主張していました。この約束は一度も果たされませんでした。そして、貧しい国々は欧米諸国よりも苦しみました」

ドバイのネパール人出稼ぎ労働者

ネパールが今、この不平等の被害をまともに被っている。二日後の真夜中、私はネパールからドバイに飛んだ。カトマンズから首長国連邦への便が開通したばかりだった。週に二便、航空会社名はエアー・ネパール・インターナショナル。二人のインド系ビジネスマンが乗り込んできて設立した新会社だ。機種はボーイング七五七。満員になっているところを見ると採算は取れているようだ。

ところでどんな乗客なのか？　乗務員と私自身を除けば、すべてネパール人の出稼ぎ労働者である。数百人の男たちが黙って搭乗を待っている。この先、目一杯こき使われる三年の歳月が待ち受けているのだ。迷子のように怯え、もたついた様子で、足元には全財産が入ったみすぼらしいプラスチック袋。これから三年、ただの一度も家族の顔も見られぬまま、ドバイの町から一時間もかかる非衛生的な宿舎に放り込まれて暮らす。

この新しいマーケットでしこたま稼いでいる二人のインド人の話を聞いた。四十歳代のやり手風、皮製のアタッシェケースを持って、次の便も同様の乗客で満員だ、と言う。彼らが賃金をいくら貰っているか知っているかと訊ねると、満足そうだった顔色が変わった。そして、言い辛そうに「ああ、大変安いですよ。本当に安い。あの重労働で、月におよそ百五十ドルくらいですかね」。

ドバイでは、これらの出稼ぎ労働者がアブダビ、カタール、クウェートと同じように無尽蔵な労働予備軍を形成していて、まるで牛馬のごとく扱われている。石油マネーで首長国は豊かになった。ドバイは、豪華で魅惑的な場所になろうとしている。だが私には、ここは文無したちの行列の町に見える。外の気温は五〇℃を超えるだろうか。タクシーの窓から見える無数の建築現場で、沢山の男たちが昼夜兼行で働いているのが分かる。

この酷暑、おまけに風も無いのに、ホテルのビーチでは観光客がデッキチェアーにもたれていた。数メートル先で五十人ほどのネパール人労働者が、のこぎりを引いたり釘を打ったり溶接したりするのを、観光客は時折しかめ面で振り返る。この人たちには、労働者の汗も疲労困憊した表情も目に入らない。ただ、静かなひと時を邪魔する音がうるさいだけなのである。

原注1：スティーヴン・ピーター・ローゼン著『分析的概念としてのネット・アセスメント』、アンドリュー・W・マーシャル、J・J・マーティン、ヘンリー・S・ローウェン著『われわれ自身を混同しないことについて』ウェスト・ビュー・プレス、ボルダー、一九九一年。

原注2：デービッド・スティップ『フォーチュン』誌二〇〇四年一月二十六日。ニコラス・レーマン「戦争を夢見る」『ニューヨークタイムズ』二〇〇一年七月十六日。
原注3：マイケル・カンタザーロ著『軍事における情報革命の敵、政治』アメリカン・エンタープライズ研究所、ワシントン、二〇〇一年十月。
原注4：ブルース・バーコヴィッツ著『情報化時代の戦争』フーバー協会、二〇〇二年春。ビル・ケラー「新時代の戦闘」whywar.com.
原注5：軍事の未来シンポジウム、ケンタッキー大学外交官学院、二〇〇二年七月十一日。
原注6：ケイ・デービッドソン『サンフランシスコクロニクル』二〇〇四年二月二十五日。
原注7：マーク・タウンゼント、ポール・ハリス「ペンタゴン、ブッシュに物申す。気候変動がわれわれを滅ぼす」『オブザーバー』二〇〇四年二月二十二日。
原注8：マーク・タウンゼント、ポール・ハリス、前掲記事。
原注9：マーク・タウンゼント、ポール・ハリス、前掲記事。
原注10：アンドリュー・C・レヴキン「温室効果ガスと地球温暖化の関連性を和らげるブッシュの手助け」『ニューヨークタイムズ』二〇〇五年六月八日。
原注11：筆者との対話、一九九二年。
原注12：「急激な気候変動シナリオとその合衆国の国家安全保障への含意」ペンタゴンリポート、二〇〇三年十月。

訳注1：原題は〝An Abrupt Climate Change Scenario and Its Implication for United States National Security〟（急激な気候変動シナリオとその合衆国の国家安全保障への含意）
訳注2：チームBは一九七〇年代にアメリカ政府が作ったソ連に関する情勢分析を行なう諜報機関。CIAの正式諜報部チームAに対し、外部の専門家で構成された。その弱体化を指摘したチームAのソ連評価は誤りだとし、ソ連が密かに核武装潜水艦などの大量破壊兵器を開発しており、先制攻撃さえ必要であるとソ連の脅威を指摘した。

訳注3：〈新ドリヤス期〉約一万年前まで地球は温暖な時期が続き文明が発達した。しかし、この直前までの一千年間は温暖期と寒冷期が不規則に現われ、北ヨーロッパの冬の平均気温は十年程度の短い間に一〇℃も上下したことが分かった。最後の氷河期が新ドリヤス期と呼ばれ，一万一千年前頃まで続いた。北ヨーロッパ沿岸では北大西洋に大量の淡水が流入し、急速に寒冷化する。この原因は、カナダを起源とする膨大な氷山の融解で生じたものと説明されているが、おそらく海洋大循環と大気側からの気候変動が相互に関係し地球規模の環境変動を引き起こしたと考えられている。ドリヤスは高山に生える常緑のつる草、チョウノスケソウのこと。この時期に繁殖した寒さと乾燥に強く、小さな花を咲かせる。

第十六章　石油と投機家

二〇〇一年一月三日、夜の十二時少し前、八年の任期を終えてホワイトハウスを後にする前夜、ビル・クリントンはマーク・リッチ（訳注1）に大統領特赦を与えた。彼は大統領としての経歴を長く傷つけることになるような措置に署名するのを、残された最後の数時間まで引き伸ばしていた。これでまたリッチに一本とられたことになる。あの逃亡者は、自分は法を超越した存在で、しばしば政府よりも権力があるとずっと思っている。この決定を下すことで、ビル・クリントンはアメリカの正義と、証拠を集めるために捜査陣が成し遂げた忍耐強い仕事を公然と愚弄したのだ（原注1）。リッチに近い人物の一人が言う。「まさにこのケースで彼は、他のすべてのビジネスと同じように、どんな敏腕弁護士よりも優れていることをまた見せてくれた」

特別指名手配犯十人中の一人

特赦の日まで、リッチはビン・ラディンと並んでアメリカ司法省の「特別指名手配犯」十人の中に入っていた。彼は、四千八百万ドルの脱税、恐喝、テヘランのアメリカ大使館人質事件の期間に行なったイランとの不正取引など、五十以上の容疑をかけられて手配されていた。これらすべての容疑からすると、彼に懲役三百年が科せられることになる（原注2）。

法の手が次第に伸びてきた一九八三年夏、マーク・リッチは一千万ドルもするニューヨークのアパートを棄ててスイスに亡命した。彼はツーク郡にある美しい邸宅に住み、イスラエルとスペインのパスポートを入手するとアメリカの市民権を放棄した。法の網の目をくぐり抜けてきたばかりの男は、地球上の石油仕事師の中で最強かつ最高に破廉恥な存在ではある。彼は一九六九年に、文字通りスポット市場を作り、黒い黄金に群がる投機屋たちが貿易封鎖に違反し、最悪の政治体制の国家と取引し、原油価格の上げ下げを操作するのを許した。億万長者となったリッチは隠遁生活に入り、今や伝説の彼方にいるが、石油の世界では無視できない存在である。

彼と親交のあった一人に言わせると「彼は大統領特赦を他の契約をまとめるのと同じ位置づけ、同じ手法で組み立て、操作した（原注3）」。前妻のドニーズは、彼との関係を保ち、民主党に百万ドル以上献金し、大統領の故郷、アーカンソー州リトルロックのビル・クリントン記念図書館の建設に四十万ドルを寄付していた。ヒラリーはと言えば、ニューヨーク選出の上院議員選挙のキャンペーンでリッチの太っ腹に随分とお世話になっている。

この特赦をとりつけるために、多くの人間がホワイトハウス詣でをしたが、その中には、元イスラエル首相のエフド・バラク、スペイン国王フアン・カルロス、アリエル・シャロンの次のイスラエル首相エフド・オルメルト、元モサド長官シャブタイ・シャヴィット、そしてリッチの恩赦請願書に「もう十分に罰を受けた我が友」と書いたオペラ歌手のプラシド・ドミンゴがいた。結局、この人たちの行動はスイスの政治家たちのとった行動と基本的には変わらない。スイスの緑の党はマーク・リッチにゴマをする政治家たちを告発した。「彼らは金の出所は訊かずに、いくらあるかだけを知りたがった」と緑の党の幹部、ヨーゼフ・ラノスが証言する。(原注4)

「エル・マタドール」

一九三四年にベルギーの裕福な家庭に生まれ、その後一九四〇年にナチズムから逃れ、ニューヨークで育った彼は十九歳で貿易業界に入る。彼が入社したフィリップ・ブラザースは当時世界最大の第一次産品の商社だった。一九七三年、「辞める口実だった」との証言は数多くあるが、払われるべきボーナスの額をめぐってのトラブルの後、独立し、会社のトップ商社マン十二人を連れて、会社が大切に保管してきた全機密を手土産に新会社マーク・リッチ社を設立する。(原注5)

石油危機と禁輸措置が彼の行動と成功のてこであった。彼の仲間たちは、その殺し屋的本能に魅了され、「エル・マタドール（殺し屋）」と呼ぶようになる。

ある石油企業の幹部が言った。

「現在の石油取引の世界を見れば、それを『マーク・リッチ大学』と命名してもかまわない。みんな彼のスタイル、方法を真似し、大金をつぎ込んでも彼と同じ効果を上げようとする」

一九七三年の第一次石油ショックで、ＯＰＥＣ加盟のアラブ諸国が発した輸出禁止措置こそが、まさしく彼の最初のチャンスとなった。ロッテルダムのスポット市場では、買値と売値の差額を見て投機することができた。一九七〇年半ば、アメリカ政府がエネルギー価格の統制を拡大した時、彼はそれを上手にすり抜けた。

カーター政権は、一九七二年の生産協定調印以前に購入した原油を「オールドオイル」と規定し、バレル当たり六ドルに価格規制した。それ以降に採取された原油は「ニューオイル」とし、バレル当たり四十ドルに価格規制した。筆者の調べたところでは、リッチはパナマのトンネル会社を使って、六ドルの原油を「ニューオイル」に再評価させた。税金天国で設定した再評価で生じた利益は、一億ドルを超えたと推定される。アメリカ領土内をベースに活動したいリッチは渋々罰金二億ドルを納めた。彼のやること一つ一つが、世の中を順調に動かし、人々がより良い生活をするための不可欠な一次産品であるはずの石油が、投機のための最高の手段になることを示す。

スポット市場を作り発展させたマーク・リッチは、国家の規制を完全にくぐり抜けた巨大な金融ラリーをスタートさせた。一九六九年には埒外にあったこの市場は以後、石油業界の活動の中心になる。

投機一本槍

ロンドンに本拠地がある国際石油取引所（IPE）(原注6)傘下の市場、あるいはニューヨーク商業取引所（NYMEX）(原注7)内で取引される各契約は原油千バレルを単位とする。二〇〇三年、取引総額は一億バレルであった。実際の原油の年間生産高とは釣り合いのとれないこの数字は、唯一投機で説明がつく。毎年取引される「書類上」五百七十バレルの原油は、「事実上」は原油一バレルの動きにすぎない。

この操作には二重の目的だけしかない。価格の統制と操作である。公開される価格は投機価格で、長期的契約を通して日常的に売られている石油の価格とは異なる。

ロンドンのIPE市場では、投機家は購入価格の三・八パーセントに相当する資本だけで取引に参加できる。一バレル四十ドルの原油を千バレル買うとすれば四万ドル必要だが、実際はその三・八パーセントの千二百五十ドル必要なだけだ。この市場で取引きされる原油の量は、世界のあらゆる種類の石油総生産の五倍を超える。世界の原油価格をはした金でコントロールしているわけだ。

さらに信じられないのは、北海ブレント原油は世界の石油生産量の〇・四パーセントでしかないのに、そのスポット価格が世界の生産量の六十パーセントを左右するということである。(原注8)

IPEの現所長は元シェルの幹部、ロバート・リード卿で配下に世界有数の大銀行トップが控えている。

価格上昇を抑えるために、サウジが日産二億バレルの増産を決定した時、投機家はすぐさま、NYMEXで七万七千件の先物取引に出た。一件につき千バレル、合計七億七千万バレルが動いたことになり、これで価格が上がりサウジは主導権を失った。

このような投機的手段を利用するのは、往々にして石油企業自身である。利益を上げるために、企業は精製ペースを落とす。これがネックとなって価格の急騰を引き起こす。この二十年間にアメリカの精油所の数が減少したのは、環境保護主義者の圧力のせいだと言われている。だが、ほとんどウソだ。閉鎖を選択するのは経営者の判断なのだから。石油は日に日に希少になってくる。彼らは開発に投資するよりも、価格取引を選ぶ。彼らのもう一つの方向性に、高まる困難性が見える。一九九〇年代の終わりから始まった吸収合併がそれだ。

一九九八年十二月、BPとアムコが合併、一九九九年四月、BPアムコがアルコを買収、一九九九年十二月、エクソンとモービルが合併、二〇〇〇年十月、今度はシェブロンとテキサコ、二〇〇一年十一月、フィリップスとコノコ（訳注2）、二〇〇二年九月、シェルがペンゾイル・クウェーカー・ステート（訳注3）を吸収、二〇〇三年二月、フロンティア石油とホーリー（訳注4）が合併、二〇〇四年三月、マラトンがアッシュランド（訳注5）の株の四十パーセントを取得、二〇〇四年四月、ウェストポートがカーマック・ギー（訳注6）を買収、二〇〇四年七月、経済アナリストがシェルとBPの合併を示唆、二〇〇五年四月、シェブロン・テキサコがユノカルを買収、中国がカリフォルニアの石油会社に食指を伸ばす。

このような大規模操作は株式市場をドーピングするようなものだ。巨大化した新会社の保有量は増える。だがこれは、自動車業界や航空業界のように凋落しつつある企業の最後の手段でもある。

五十倍以上で転売した積荷

リッチは危機の度に少しずつ肥る。一九七九年十一月四日の未明、大統領ジミー・カーターは叩き起こされた。テヘランのアメリカ大使館を武装集団が襲撃し、大使館員六十三人を人質にして立てこもったのである。イランの回教徒政府が周到に選んだタイミングで、ロナルド・レーガンの勝利に終わる大統領選に向けて苦難の道にさしかかっていたカーターにとって、これ以上最悪な事はなかった。ニュースを聞いた大統領は、即刻イランの石油の輸入禁止令を発令し、米国内のイラン資産をすべて凍結した。イランはアメリカ企業に対し石油輸出の権利を剥奪する報復措置をとった。

この処置で石油市場の混乱が拡大した。石油産業の国有化と、産油国国有企業による天然資源の管理で、ゲームの親が変わった。産油国は主要大企業には石油を売らなくなり、多くの独立系企業、商社、精油業者にだけ売るようになる。これらの企業が石油業界を永遠の投機市場に変貌させたのである。ホルムズ海峡を渡り、九十日かけて目的港に着くタンカーが積んだ原油は、航海の間に五十倍の値段で売り買いされるようになった。こうして、リッチのような取引業者が短期間に莫大な利益を得る。

リッチは同時に、激怒した産油国に長年の間、法律に黙々と従ってきた中小石油企業を紹介しては、消費国政府や国民にすれば、うんざりするような嫌な話である。実に巧妙に利益をせしめた。

一九八〇年の七月から九月にかけて、「イスラム革命防衛隊」が大使館員を人質にして立てこもっている間も、リッチは一億八千六百万ドル以上と推定される五百万バレルのイランの原油を買っている。この取引はリッチが操作するスイスの会社が交わした五つの契約から成立していた。

彼はつねに正体不明の会社を使って取引きし、スイス逃亡後も、一九九七年に設立しニューヨーク州に登記されているノバルコのような会社を作り、融資している。

法の上を行く

リッチの活動は、世界でも最も卑しむべき政治体制の国に集中していることが多い。オランダの反アパルトヘイト組織で、アムステルダムに本部がある海運調査事務所の調査によると、一九七三年から一九九三年の間に南ア白人政府に一四九件の石油納入があった。この供給はアパルトヘイトの崩壊により中断したが、リッチが所有する会社が携わっていた。

リッチは時に、公式には反アパルトヘイト闘争の先頭にいるべきソ連の石油を南アに送っていた。チャーターしたタンカーの船長は虚偽の最終目的地を申告し、外海に出ると南アに航路をとった。十五年近くの間、南アの石油供給全体の十五パーセント以上をリッチが押さえていた。

ナイジェリア人ジャーナリストのヌワングウが、(原注9) ナイジェリアでのリッチの支配力を的確に伝えている。アフリカで最も多い一億三千万人近くの人口をかかえた国、ナイジェリアはアフリカ一、そして世界第六位の産油国である。しかしながら、食糧、学校、病院……そして石油など、すべての物が不足している世界で最も貧しい国の一つでもある。この国に行く度に私は、ガソリンや重油の慢性的欠乏とガソリンスタンドに長蛇の列をつくる車の光景に驚かされる。

ヌワングウは、一九九八年六月九日の『ワシントンポスト』に掲載された、謎の死を遂げた独裁者アバチャ時代に蔓延していた腐敗について書いたジェームズ・ルパートの記事を引用している。

「ナイジェリアで採取される原油の多くが油田開発者のシェブロン、モービル、シェルなどの会社のものになる。しかし、一番多く獲得するのはナイジェリア国営企業である。これがアバチャの支配下にあり、独立系の石油企業に原油を売っているのだ。(中略)ロンドンで出版されたエナジー・コンパスの記述によれば、アバチャ時代の主要な取引相手は、アルカディア、アダックス、マーク・リッチが経営するスイスの会社グレンコアーなどである」(原注10)

ヌワングウは、このアメリカ人記者の記事には肝心な話が欠けていると言う。クーデターで権力の座に就いた、この国始まって以来の最も残虐で腐敗した独裁者、暴君アバチャは、部下に命じて前任者の行状を調べさせた。調査の結果、一九九〇年から一九九四年の間に、百二十二億ドルもの石油収益がどこかに消えていることが明らかになった。いくつかのルートを辿ると、リッチに行き当たった。ナイジェリア人の仲間への手数料として、彼がスイス、シンガポール、バーミューダの銀行口座に振り込んでいたのだ。

「誰もが金を要求する」

ナイジェリア人ジャーナリストはリッチのことを「九度死ぬ猫」と言うが、この国の石油産業に二十五年間も幅をきかして来たこの男は、どうにか窮地を脱し前任者同様、アバチャと密接な仲間関係を結ぶ。彼は、昔から世話になってきた軍の要人たちを手厚く援助した。ナイジェリアの新聞、『サンデー・ナイジェリアン・トリビューン』は、この共謀関係とスイスの銀行口座の金のことに言及している。「腐敗集団による確信犯的外貨送金」によって、ナイジェリアとその他の国にリッチが置いた経済戦争装置の基地が成立している。この状態が今も定着している証は、元農民一揆主義者の民主主義者オバサンジョが、選挙で選ばれ一九九九年八月に大統領に就任した三ヵ月後、前任者大統領が交わした四十一の契約書に代わる十六の新たな契約書にサインしたと発表したことだ。独裁者アバチャから莫大な利益をせしめていたマーク・リッチは、新権力からも優遇措置を受けたのである。

リッチは恐れられていて、彼についての取材を受けてくれる関係者は稀で、しかも絶対に名前を明かしてくれるなと言う。その一人が言った。

「彼は法の上を行く男だと自認している。政府と言う存在は時代遅れだと考えている。彼は人間をビジネスと同じようにとらえている。何でも、誰でも金を要求し、金で動き……金のために自分を売ると」

ゴッホ、ルノワール、ピカソ、ミロの名作を所有し、自邸の部屋に飾っている美術愛好家のリッチは、チャンスを逃すのが大嫌いだ。(原注11)アメリカ下院国際関係委員会に匿名を条件に提出された、一九九二年六月付けの国連の内部機密資料で、リッチが「石油食糧交換」プログラムの提唱者の一人であったことが明らかになった。(訳注7)第一次湾岸戦争が終わるか終わらないかの頃、リッチは実際に「チリ、イラク、南アフリカを巻き込んだ武器対石油交換」三者協定を実現し、イラクの原油をシリア経由で不法に輸出できる回路を作った。

不正に手に入れた九十億ドル

十二年後、『ニューヨーク・ポスト』紙に載ったナイルズ・レイサムの記事がマーク・リッチを「石油食糧交換」プログラムのスキャンダルの「重要人物」であると指摘した。国連が設定したシステムはいくらでも悪用できるものであった。このプログラムでイラクは割当分の原油を売った代金を、食糧とその他の日用品を民生目的で購入する資金とすることができた。当然ながら、イラク国民はほとんどこの恩恵に与れず、独裁者とその家族だけがさらに私腹を肥やすだけであった。ＣＩＡは不正と原油の密輸で得た金は九十億ドルに上るものと見ている。

これも『ニューヨーク・ポスト』の記事だが、これは明らかに確かな筋からの情報を根拠に書かれている。

「億万長者マーク・リッチは国連の石油食糧交換プログラムのスキャンダルの中心人物として浮かんできており、サダム・フセインとの間で交わされた合意内容に関与する数人の政治家と外国人実業家が利益を得ていた諸契約に関する調査の対象になっている」

「スイスに本拠を置き、二〇〇一年にビル・クリントンに問題の恩赦を与えてもらった逃亡中の貿易商人リッチは、ニューヨーク検事局とマンハッタン地方検事のロバート・モーゲンソーによる合同犯罪捜査の第一の対象である」

「われわれはこの事件の中心人物は彼だと考えている。彼が主犯だ」と検察局の幹部は言う。

「リッチと、ニューヨークに本社があるトーラス石油社長のベン・ポルナーが、リヒテンシュタインなどいくつかの国に数社の会社を置き、それらの会社をアメリカと国連の制裁措置に対する国際支援を受けようと独裁者が考え、問題にされていたスキームの中にあった、サダムと支援国との合意を準備するのに利用した、と捜査陣は語っている」

「サダムが、汚職部下に託した原油の買い手探しをリッチとポルナーが引き受け、相当な数の合意をお膳立てした、と捜査陣は見ている。値下げして売られたイラクの原油は大石油企業に高値で転売され、リッチとポルナーはこうして得られた利益の分け前をたんまり懐に入れた。それは数億ドル単位に上る」(原注12)

サダムの恩恵に与った者たちは、原油を運ぶタンカーも、石油に変える精油所も所有していない。リッチと彼の仲間がすべてを処理した。捜査に協力した多くの証人によると、リッチはイラクの高官たちにヨルダンとレバノンの銀行を通じて四百万ドル以上渡している。二〇〇一年二月、リッチはアメリカ向けにイラクの原油を百万バレル買ったが、売り先をクロアチアに変えた。それに対して三百万ドルがスイスの無記名口座に振り込まれた。

輝ける未来

世界の石油生産が劇的なまでに低下し、バレル当たり価格が七〇ドルを超えようとしているこの時代、リッチやそのライバルたちには輝ける未来が待っている。供給をめぐる争いは、どうしようもなく国際社会からのけ者にされた国家に接近し、きわめて問題の多い地域へとなびいて行く。リッチはすでに北朝鮮の独裁者金正日と密接な関係を結んでいる。

国際石油資本は怖がって関係を持とうとしないが、極秘裏に汚れた仕事をやってくれる相手が現われるなら大歓迎だ。不正に売られたイラクの原油の大部分をメジャーが買っている。リッチの昔の仲間が皮肉たっぷりに告白した。

「石油大企業は石油に関わろうとしない。石油を買いたいだけだ」

シェブロンの貿易責任者だったリチャード・パーキンスはこれを「石油大企業はパン、リッチのような取引業者がバターだ」と言い換えた。

リッチは不可欠な関係の結びつけ方を知っている一匹狼だ。彼は、イラクでの活動で中継ポイントを二つ持っていたが、その一つはイランの有名部族に属するエスファンディアールとバーマン・バクティアール(訳注8)の兄弟である。クウェート政府の依頼で一九九一年からサダムの資金関係を調査した世界一の調査機関クロールの創立者ジュール・B・クロールの話によると、シャーが転落した後、この兄弟はイラクに逃げ、サダムに迎えられ「養子」のように可愛がられたという。

バクティアール兄弟はリッチにイラクの独裁者とつながることを承認し、特に、一九八一年からジュネーブにあり、アメリカ財務省の調査官が二〇〇四年に「サダムの数十億の財産のマネーロンダリングのための重要なトンネル会社」と位置づけたジャラコ社など、リッチがスイスに持っている二つの会社を原油の売却に使用した。リッチは、中国、北朝鮮とも取引する幸運に恵まれた。

彼は、スイス、ツーク郡の自宅近くにある主軸会社、グレンコアー・インターナショナルを一九九四年に売却した。(原注13) 世界の原材料市場の巨人、グレンコアーは年間売り上げ七百二十億ドル、世界有数の民間企業だ。

寡占資本家に好かれるリッチ

これを売っても、まだリッチには一連の会社がある。もちろんすべてタックスヘブンに登記してある。そのうちの一つ、ゼリック社は現在解体されたが、おそらく彼が最も根を下ろした国、ロシアでの幾多の事業を進めるのに役立った会社だ。「石油食糧交換」プログラムのイラク作戦の間、ウクライナとロシアの多くの過激派、反ユダヤ運動にサダムがカンパした原油を、リッチがゼリック社を通して買い取り、(訳注9) 転売して儲けた。イラクでの不正な動きを調査するために、国連事務総長が創設したヴォルカー委員会の調べでは、ゼリック社はイラクの原油を四億二千二百万ドルで買った。また、ウクライナ社会党と共産党のためにも動いた。

一九九一年に共産主義体制が崩壊して以来、リッチはモスクワにおける最強にして最も影響力を持ったトレーダーを自認するようになる。そしてまた、権力と富に群がる未来の寡占資本家たちの憧れの的になった。(原注14)億万長者をめざす者にとってリッチは、アメリカの大学院で商業学を教えるウラジミール・L・クヴィント教授の言い方を借りれば、「先生であると同時に父親代わりでもある」。

百五十億ドル

このエピソードはきわめて重要であり、その凄まじい台頭に世界中が呆気にとられたロシアの寡占資本家の行動、手法、現実的目標について新しい見方を与えるものだ。彼らは企業家でもなければ、建設者でもなく、たまたま運良く、いい時期にいい場所にいただけの投機家である。ミハイル・コドルコフスキーがその良い例だ。二〇〇三年にプーチンに逮捕されるまで、彼は四十億ドル近い資産を所有するロシア一の金持ちだった。

この元共産主義青年団幹部はどんな道を歩んだか。一九九五年、ボリス・エリツィン政府は国内の主要石油産業と鉄鋼業の多数派経営参加から身を引き、政権に近い金融資本グループに譲渡した。コドルコフスキーと彼のパートナーたちはロシア最大の石油会社ユーコスの株の七十八パーセントを三億五千万ドルで買収した。この買収により企業の価値は正式に四億五千万ドルとなった。この値段は叩き売りですらない安さで、この天からの贈り物が青年新興成金を生んだ。彼は言った。

「あの時期、ロシアでは誰もが資本の蓄積の初歩的段階にいた。法は確かに存在してはいたが、完璧に守られていたとは言えない」(原注15)

六年後、ユーコスはより現実に根ざした資本化を公示した。資本金百五十億ドルである。

枯渇寸前の埋蔵量

専門誌『オイル・アンド・ガス・ジャーナル』の推定によると、ロシアには六百億バレルと評価される「確認埋蔵量」がある。鉱床はウラル山脈と中央シベリア高地との間に位置する。

ソビエト連邦解体三年前の一九八八年、モスクワ政府が原油価格の低下を埋め合わせようと世界市場に石油をばらまいた時、この国の生産量は日産千二百五十万バレルにまで達していた。共産主義が崩壊し、アゼルバイジャンが独立したことで生産量は日産六百万バレル前後にまで落ちた。二〇〇〇年から二〇〇四年にかけて九百万バレルまで取り戻したが、うち七割は輸出に向けられ、残りの三割が国内用と地域での精製に向けられた。輸出される日産六百七十万バレルのうち三分の二がソ連時代と同じく、ベラルーシ、ウクライナ、そしてポーランド、スロバキア、ハンガリー、チェコ共和国に輸出されていた。

地質学者のキング・ハバートは一九五六年に、アメリカの石油ピークを一九七〇年と正しく予測していた。この時、ロシアについても同じ方法を適用したところ「ピーク」は一九八七年と診断された。当時の大方の予想は懐疑的で、これには嘲笑で応えた。現在、大多数の専門家はロシアの埋蔵量は大幅に誇張されているとの見方で一致している。ニコラ・サルキスは明言した。

「正式な評価方法と方法論を適用するなら、発表された数字を半分に訂正する必要があると多くの専門家は見ている(原注16)」

世界第二位の産油国の埋蔵量が(半分の)三百億バレルだとすれば、それは世界の消費量の一年分にすぎない。長く共産主義を信奉し、三百代言を続けてきたロシアの専門家が今になって警鐘を鳴らしても遅すぎる。ロシア科学アカデミーのシベリア支部が発表した報告書は、ウラジミール・プーチンがすぐに秘密にした。この報告書は、西シベリアの確認埋蔵量の六割が枯渇寸前であることを明らかにするものであった。ウラジミール・プーチンは政令を発布し、石油埋蔵量は国家機密に属することになった。

「今はロシアが一番居心地が良い」

石油の衰退が始まった時に、それを支配する新興成金のおとぎ話が登場してきた。ひどい掘削と時代遅れの掘削技術の十年で、いくつかの油井は大きく損傷し、採取を継続するためには生産活動の抑制と慎重な対処が求められるようになった。

コドルコフスキーは、他の寡占資本家と同様、問題の大きさがまったく分からず、生産レベルの拡大を選択する。彼は、二年未満で採取水準を三十五パーセント引き上げ、ユーコスの生産量を日産百二十万バレルにした。しかし二〇〇四年末以降、油田作業員から出される報告はことごとく生産水準の恒常的低下を伝えていた。

筆者は、二〇〇三年五月のロンドンに滞在していたコドルコフスキーに短時間だけ会った。ボディーガードに守られながら移動するコドルコフスキーは、かん高い変わった声の男で、引っ込み思案で内気に見えた。彼は、サッカークラブ、チェルシーのオーナーになった新興成金のロマン・アブラモヴィッチが押さえているロシアの石油企業シブネットとの合併を望んでいた。コドルコフスキーの狙いは、これで石油業界を支配下に治め、世界で四番目の石油企業グループのトップになることであった。彼は筆者にこう言った。

「ロシアが今、一番居心地が良い。本当にリラックスできる」

この五ヵ月後の十月、彼はウラジミール・プーチンに捕えられ投獄された。容疑は、ユーコスの埋蔵量を公表したことであった。

この処置は、寡占資本家の力を封じ込める一撃になり、クレムリンが国の歳入と外貨獲得の主要な源であるエネルギー資源への支配を奪還しようとする意志をはっきりと示すものであった。プーチンはまた、ロシアをアメリカのような石油の海外従属状態に導くおそれのある、急激な埋蔵量の低下という石油部門の不安状況を無視できなかった。このエネルギー部門の自主管理の喪失も、老朽化し嘆かわしいような維持管理下に置かれている原発施設の状況も、どちらも深刻な問題であることは彼には分かっていた。

モスクワに駐在するある銀行員の読みはこうだ。

「プーチンは寡占資本家に対して非常に利口に動いた。まず彼らに企業を再構築させ、欧米標準の低額な株価を設定させ、ロシア王朝から奪った宝石がふたたび輝きを取り戻すやいなや、それを連中から没収したのだ」

欧米の大会社がロシアに進出し、定着しようとすると大変な難しさに直面する。この難しい時期に何の問題もなく乗り切ったただ一人の男……それがマーク・リッチだ。石油企業グループ、アルファの支配者、寡占資本家ミハイル・フリードマン(訳注10)を友人に持つリッチは、アルファのスイス支社、ツーク郡のリッチの自邸近くにあるクラウンリソーシーズ・コーポレーション社(その後ERCトレーディングに社名変更)を通して、彼にゼリック社を売った。

原注1:ジェシカ・リーブス「マーク・リッチ事件:雷管」『タイム』二〇〇一年二月十三日。
原注2:ジョッシュ・ガーシュタイン「マーク・リッチとは誰か」『ビジネスウィーク』二〇〇五年七月十四日。
原注3:マイケル・ドッブス『ワシントンポスト』二〇〇一年三月十四日。
原注4:マイケル・ドッブス『ワシントンポスト』前掲記事。
原注5:『オイルグラム』誌七十九巻十二号、二〇〇一年一月二十三日。
原注6:国際石油取引所。ロンドンにあるエネルギー関連の先物取引に関する世界最大級の市場。ここの北海ブレント原油価格は世界の石油価格の指標になっている。原油価格の指標には他に、硫黄分が少なくガソリンを多く取り出せる西テキサス地方の原油を取引きするNYMEXとドバイがある。
原注7:ニューヨーク商業取引所:WTI(ウエスト・テキサス・インターミディエート)の原油先物を取引きする市場。原油価格の指標に留まらず、世界経済の指標にもなっている。
原注8:ジャン・ラエレール「フュチューリーブル」三一五号参照。
原注9:ヌワングウ、USAfricaonline.com
原注10:ジェームズ・ルパート「アバチャ体制の腐敗」『ワシントンポスト』一九九八年六月九日。
原注11:マイケル・ドッブス、前掲。
原注12:ナイルズ・レーザム「検事局、恩赦事件、億万長者をサダムスキャンダルの主役と睨む」『ニューヨーク・ポスト』二〇〇四年十二月十三日。

原注13：マーシャ・ヴィッカーズ「リッチボーイズ、独立系石油取引の超秘密ネットワークの掟、指導者マーク・リッチ」『ビジネスウィーク』二〇〇五年七月十八日。
原注14：マーシャ・ヴィッカーズ、前掲。
原注15：ポール・クレブニコフ「寒い国から来た寡占資本家」『フォーブス』二〇〇二年三月十八日号。
原注16：『オイル&ガス・ジャーナル』。

訳注1：マーク・リッチ（一九三四年〜）アメリカの投機家。ベルギー、アントワープ生まれのユダヤ人。一九四二年にナチから逃れて一家で渡米。ニューヨーク大学に学ぶ。商品取引で成功し巨万の富を築いたが、パートナーのピンカス・グリーンと違法行為（脱税、イランとの不正な石油取引）を検察から追及され、一九八三年にスイスに逃亡した。一九八四年に欠席裁判で有罪判決を受け、FBIに指名手配される。二〇〇一年、任期満了前夜のクリントン大統領から特赦を獲得。その前にリッチの元の妻が民主党に総額百万ドル以上献金していたことが問題になった。この裏には、イスラエル政府からの嘆願や、リッチが献金していた名誉毀損防止同盟の圧力もあったと言われる。赦免になったリッチは石油食糧交換プログラムのスキャンダルに絡む事業でサダム・フセインと協力を始めた。現在スイス在住。
訳注2：フィリップスは一九一七年にオクラホマ州タルサでフィリップス三兄弟が創業した。一九五四年にウイスコンシン州最高裁が天然ガス小売価格を公定とし、会社は打撃を受け、一九八四年にメサ・ペトローリアムが敵対的に買収の動きに出たがフィリップスは持ちこたえた。しかし負債を抱え遂に二〇〇二年、コノコに買収され、コノコ・フィリップスが誕生した。フィリップスの有名なブランド「フィリップス66」はルート66からとったもの。コノコは一八七五年ユタ州オグデンで創立、一八八五年にスタンダードオイルのトラスト傘下に入った。
訳注3：一九六三年、ペンシルバニア州オイルシティーでサウス・ペン・オイルがサパタ・ペトローリアムと合併して設立。一九七〇年代にテキサス州ヒューストンに移転。一九九八年にライバルのクエーカー・ステートと合併し、ペンゾイル・クエーカー・ステートとなる。二〇〇二年にロイヤルダッチシェルに買収され、SO

PUS（Shell Oil Products US）となる。クエーカー・ステートは世界トップの潤滑油メーカー。一八五九年創業の老舗。アメリカに機械化の波が押し寄せ、内燃機関用潤滑油の需要が急増し、さらに第二次世界大戦で大飛躍した。戦後、改良を重ね、パッケージをプラスティックに変え、さらにリサイクル可能にし、順調に成長した。九十年代に入ってからは環境志向のオイルメーカーとしてサービス部門を強化している。

訳注4：フロンティア石油は一九四九年にワイノコ・オイルとして出発。本社はテキサス州ヒューストン。子会社のフロンティア製油はコロラド州デンバー。主な品目はガソリン、軽油、アスファルトで中西部を主要なマーケットとする。ホーリーは一九四七年にテキサス州ダラスで創立、ここもガソリン、軽油、ジェット燃料などが主流。主要工場はニューメキシコ州とユタ州にある。

訳注5：マラトンは一八八七年にオハイオ・オイル・カンパニーとして創立したが、一八八九年にスタンダードオイルに買収されたが、独占禁止法以後はトランスコンティネンタル・オイルを買収し、一九六二年に社名をマラトンに改称した。モービルに買収される恐れもあったが一九八二年にUSスチールに買収された。二〇〇二年、社名が復活、二〇〇五年にアッシュランド株を買い取る。全米七ヵ所に製油所を持つ。アッシュランドは世界百ヵ国以上にシェアをもつ化学メーカー。一九二四年にケンタッキーのアッシュランドで創立。エンジン潤滑材〝バルボリン〟が有名。現在は石油部門を撤退し、二〇〇六年に舗装、建設部門をアイルランドのダブリンに移転した。

訳注6：石油貿易、混合、輸送を専門とする会社。創立一九八五年。三井の百パーセント子会社。石油備蓄施設を全米各地、シンガポール、バハマに持つ。

訳注7：食料、医薬品、その他の日用品の購入資金調達のために認められた、石油の限定的輸出許可プログラム。九五年以降、このプログラムを通じて二千七百万ドルが民生目的に使われている。専門家によれば、今回のイラク戦争前、イラク市民の六十パーセントがこの国連プログラムに生活を頼っていた。同プログラムは一九九六年からイラク戦争が始まった二〇〇三年まで行なわれた。しかし、この期間「石油と食糧交換プログラム」を利用して前サダム・フセイン大統領は賄賂などで約十八億ドルを獲得し、プログラム外の石油の密輸によりさらに百十億ドルを不正に得ていたと言われている。

訳注8：イランのシャーの秘密警察の長官を父に持ち、シャー追放後はイラクに逃げた。ジュネーブにある兄弟の会社ジャラコとダイナトレードを通して、リッチは二十年間にわたりイラクの原油を売っていた。国連食糧計画の期間、リッチはイラクの原油を横流ししていたが、そのマネーロンダリングをバクティアール兄弟が行なっていた。

訳注9：ヴォルカー委員会：「イラク石油食糧交換」プログラム不正疑惑に関する独立調査委員会（IIC：The Independent Inquiry Committee）。二〇〇四年四月二十一日、国連安保理決議一五三八によりアナン事務総長の下に創設。ポール・ヴォルカー元米連邦準備制度理事会（FRB）議長が委員長を、マーク・ピースOECDマネーロンダリング問題専門家（スイス）、リチャード・ゴールドストーン元旧ユーゴ・ルワンダ刑事裁判所検察官（南ア）の三名が委員を務め、二十二ヵ国出身の六十五名の調査員から構成される。

訳注10：一九三九年にポーランド分割でスターリンが占領したウクライナのルヴォフ生まれのユダヤ系ポーランド人。八十年代の共産主義体制崩壊の時期にブラックマーケットビジネスを学び、ゴルバチョフ時代に許されていた協同組合ビジネスをスタート、国有会社の窓拭き会社で成功する。その利益を元手に貿易会社を設立、当時ソ連国内の石油価格ははるかに国際価格より安く、その利益でコンピューターを輸入するとさらに利幅は大きくなった。フリードマンは関係方面の役人を買収してビジネスを展開、アルファ・グループを作り上げた。

第十七章　依存度に対応した盲目性

一九七九年、フランス石油研究協会の専門家、ジャン・クロード・バラセアヌは不安なリストを見せながら言った。

「石油が自由にならなくなったら、消費社会はどうなるか？　石油の無いフランスを想像してみよう。（中略）道路には何も走っていない。それ以前に、道路も無くなっている。タールもアスファルトも無いからだ。流通がストップする。街角の商店もスーパーの野菜売場も、中央市場も、屠殺場も閉鎖するしかない。農場にトラクターも無いし、飛行機も飛ばない。船は停泊するしかない。走っているのは石炭で動く旧式の沿岸航海船かレジャーのヨットくらいだ。（中略）石油暖房は消える。住宅、会社、学校、病院の半分以上が寒さに凍える、ということになる。工業は麻痺する。農業は百年後退する。（中略）ほとんどすべての原料、合成繊維は姿を消す。ナイロンもボールペンもシャツも防水衣料も防虫ウール製品もレコードも無くなる（中略）モダンなオフィスのカーペットの上の電話機も、メタリック仕上げの作り付け家具の壁も、エアコンのルーバーも全部石油製品だ」（原注1）

またジャン・ジャック・セルヴァン・シュレベールは、環境に関する専門家で、可燃石油を原料石油に変換する連関性を説明したバリー・コモナー教授の談話を引用している。

「石油化学企業で、エチレン製造装置プロジェクトの研究のために技術者委員会が組織された。エチレン製造の副産物の中にプロピレンがあることは分かっていた。これはもちろん可燃性で、天然ガスを節約できる。そこにアイデアと野心に溢れた若い技術者が現われた。彼は、プロピレンをアクリル繊維の原料になるアクロニトリルに変換させる新しい反応を紹介した。同僚たちは、コンピューターを駆使するまでもなく、その方がプロピレンを燃やすより会社がより多く儲かる事を理解した。そして会社はエチレン販売の利益を最大限にするために新市場を開拓した」

「このシステマチックな価値開発が四半世紀の間に分子化学、高分子化学製品の大量開発につながった。プラスチック、繊維、ゴム、合成繊維、殺虫剤、肥料、塗料、薬品、着色料、消毒剤、接着剤、インキなどである。石油化学から生まれた製品数は八万種類以上に上ると推定される（原注2）」

これは二十七年前に書かれたものだが、私たちの石油への大きな依存を早くも見抜いている。この時期に起きた二度の石油ショックは私たちに最悪の事態を垣間見させてくれた。それは束の間であった。私たちはそれも忘れてしまった。こんにち、私たちの盲目性は私たちの依存度に対応している。全面的にである。私は、石油が不可欠な役割を占めている産業部門、分野、製品について調査を進め、三十年近く前にジャン・クロード・バラセアヌが述べた悲観的な事柄がまだ、どのような点において現実から隔たっているかが分かった。

私たちの傲慢さが物事を忘れさせ、無意識にさせる。石油の鉱床ができるまでには五億年が必要であった。それがわずか一世紀足らずで枯渇しようとしている。八十年代の初めから、年間産油量は発見量の約二倍になった（原注3）。すべての原材料の中で、石油は最も短い期間しか存在しなかったものになろうとしているのに、私たちはまたとないこの繁栄が永遠に続くものと思っているのだ。石油と共に生まれたこの繁栄は、石油と共に消えてゆく。

「欧米の頸動脈」

私たちは、聞けば正気を失うような脆弱で、はかない世界に住んでいる。例を一つ挙げよう。世界の先進工業国が消費する石油の半分はホルムズ海峡を通過して運ばれている。この海峡は奇しくも「欧米の頸動脈」と異名をとっている。ここは一方がイラン沿岸、他方がオマーン沿岸に挟まれ、数キロメートルの幅しか無い。ここでタンカーが一隻、沈むか攻撃を受ければ海洋交通はストップし、石油の供給は撹乱し市場は狂乱するだろう。

これを確かめるにはドバイから三時間ドライブし、海上を二時間行かねばならない。アラブ首長国連邦の東、中で最も貧しい国ラス・アル・カイマ(訳注1)といった国を通過する。ドバイの贅沢な馬鹿騒ぎから数キロメートルのところで、この恵まれない、いつも停電ばかりしている、まるで大きな未開村のような隣国は、灼熱の太陽に干上がりそうだ。国境の位置も判然としない。税関官吏詰所のそばに建築中の二階建ての建物がある。工事現場で働くのはシーク教徒だ。近くのカフェテラスの温度計は四八℃を指している。コップの水に入れた氷が八秒で融けてしまう。テーブルの上のオマーンの英字新聞には、オマーンから強制送還されるパキスタン人不法移民の写真が掲載されている。この数年間に四万二千人のパキスタン人労働者がこうして送還されている。赤貧の人々は、この湾の数キロ向こうの対岸で、石油の富で潤う世界を、指をくわえて見ているのだ。

オマーンの贅沢騒ぎは長続きしなかった。このスルタン国で石油が湧き出たのは遅かったが、石油が発見されて二〇〇一年までは未来は希望に溢れていた。しかし現在、日産百万バレルあった産油量は突如七十万バレルまで落ちてしまった。最新の掘削法「垂直掘削」を駆使しても結果は期待はずれに終わっている。

二〇〇四年初頭、『ニューヨークタイムズ』が、オマーンの埋蔵量を四十パーセントも過剰に見積もっていたシェルの内部文書を暴露した。これは掘削後の予測と計算値だけを根拠にしたものであった。これが、「確認埋蔵量」の計算の厳密さ、正確さを盲目的にあるいは皮相に擁護してきた「専門家」への間接的な攻撃になった。シェルの探鉱開発責任者のフィリップ・ワッツは二〇〇〇年五月にオマーンの埋蔵状況をまとめた報告書を書いていた。二〇〇二年、彼はその評価が楽観的すぎると気づいたが、何ら手を加えなかった。（原注4）この、偽造、ミス、虚偽、欠落の長い連鎖が石油業界から発信されるすべての情報の信憑性を徐々に無くしていった。ある専門家が皮肉たっぷりに言った。

「石油の推定値はすべて投機的だ」

数百メートル隔てたエネルギー欠乏

オマーンでは、何処に行っても、誰と話しても、儲かることが無かった石油の話は一切聞こえて来ない。切り立った、乾いた褐色の断崖の下を、曲がりくねった道路が続く。カサブの港に向かう鉱山のような風景。帆船が数隻、桟橋、無人の税関事務所。この眠ったような一帯は、オマーンとイランの間の密輸の中心地域になっている。私が乗り込んだ、太い胴体をした乗組員六人の大型帆船もこうした密輸船に違いなかった。太った禿頭の船長の笑顔は私の投げかけた質問に凍りついた。

「イランにはよく行くのですか?」

操舵手を握り、船首の方を見つめていたが、

「いや、滅多に。どちらの国も当局がうるさくてね、許可がなかなか出ないのですよ」

そう言った船長はちらと私の顔色を窺った。オマーンとイランの密貿易は長く行なわれていて、当局は見て見ぬ振りをしている。

船は透き通った水を掻き分けて進む。右側には白い壮大な断崖が切り立っている。側面は侵食されて厳しい表情をした人面に見える。

帆船は滑るように前進し、イルカが二頭現われ、重なるように併走する。上甲板に立っていると船長が突然腕を伸ばして言った。

「ホルムズ」

彼は数回繰り返したが、エンジン音でかき消される。沿岸は入り組んだフィヨルドが続く。強烈な暑さで、遠くの海面に濃い靄が暈《かさ》のように垂れ込めている。突然目の前に、巨大なスーパータンカーのシルエットが現われた。ヨーロッパ、日本、アメリカへと石油を運ぶタンカーだ。霧の中から蜃気楼のように出現し、相互に数百メートルの間隔をあけながらゆっくりと進む。その巨大さに比べると帆船が小さなコルク栓に見える。数人の船員が甲板で作業している。私たちの経済に欠かすことのできない、あの船体内に満たされた石油という積荷は、最終目的港に着くまでの三ヵ月間に、世界各地で転売されるのであろう。

繁栄のシンボルが貧困の岸に沿って進んで行く。切り立った断崖の向こうには、水も電気も油も無い、白壁の小さな漁村がへばりついている。世界最大の石油の通り道から数百メートルのところに、エネルギーの欠乏がある。

まやかしの言説

一九六〇年代、世界の年間石油消費は約六十億バレル、当時は三百から六百億バレルが毎年発見されていた。それ以降、この割合が完全に逆転していく。現在では、毎年三百億バレル以上消費しているのに対し、十二ヵ月毎に発見される量は四十億バレルを超えることはない。

私たちは三十年近く、ある甘言にだまされて、石油を消費し生産してきた。

「一九七三年と一九七九年の二度の石油ショック以降とられてきた対策が功を奏し、われわれの石油依存とバレル価格上昇への脆弱性は軽減した」

この議論は、事実によって完全に覆された偽りである。世界の石油消費量は、一九七〇年代中盤以降、五十パーセント近く増加した。この時期に自動車の数は二倍になっている。乗用車、トラック、船舶、航空機を使う運輸部門が石油消費のトップを占める。世界の全消費の五十パーセントがこの分野の活動に充てられている。

第二次世界大戦前、地球の人口は二十三億人、自動車の数は四千七百万台であった。現在その数字は、人口が六十七億人、自動車が七億七千五百万台、うちトラックが二億九百万台に増えている。人口の増加率は年間一・三パーセントにすぎないが、自動車は六パーセントも増加している。アメリカの割合

は、人口千人当たり、自動車の数は七百七十五台で、日本あるいはEUの自動車数より二十五パーセントも多い。(原注5)

自家用車の数は三十年で三倍に達し、それからは自動車購買が活況を見せるのは先進工業国ではなくなってきた。中国の自家用車数は、二〇〇五年の千六百万台を突破し、二〇二〇年には一億七千六百万台になると言われ、世界中で走る車の数は十億を超えることになる。

これが毎年、十八億トンの二酸化炭素を大気に排出することになり、現在のすべての汚染源が排出する六十億トンの三分の一近い量になる。

現在、商業用に使われている一万六千機の航空機は温室効果ガスの主成分である二酸化炭素を六億トン排出している。この汚染の規模については別の言い方もできる。

航空活動は、アフリカ大陸の人間活動より多くの二酸化炭素を排出する。(原注6)

乗客数は今後十五年の間に倍増し、二〇〇〇年から二〇二〇年の間に一万六千台の購入が見込まれ、毎年七〇〇機が加わる。(原注7)

運輸と食品と汚染

運輸と食品と汚染は分かち難く連結している。CIAは、国内で消費される食料品は平均して千七百キロメートルの距離を運送されているということが検証されてから、アメリカ人の食生活は国家安全保障の問題でもあると考えるようになった。イギリスで興味深くて有益な研究が行なわれた。イギリスあるいはアメリカ産のレタスを一つ運ぶには、セロリー一カロリーにつき一二七カロリー(飛行機燃料)

の消費が発生する。チリ産のアスパラガスを飛行機で運ぶには九七カロリー（のエネルギー）を必要とし、南ア産の人参一カロリーにつき六六カロリーが消費される。

スウェーデンの食品・バイオテクノロジー研究所は、ケチャップがスウェーデンの店頭にやってくるまでの諸活動を数値化した。イタリアでの収穫から加工活動を経て、包装、梱包、最終貯蔵に至るまで五十二の運搬活動が必要であった。(原注8)

一九九六年に、S・カウエルとR・クリフトの指揮の下に進められ、英連邦王立農業協会に提出された研究は、毎年空路、海路、陸路を経てイギリスに輸入される食品全部の運搬に十六億リットルの石油が消費され、キロメートル当たり八百三十億トンの石油が必要である、としている。低く見積もって一トン毎に五十グラムの二酸化炭素が排出されると仮定すると、ここで使われる総エネルギーは二酸化炭素を四百十億トン排出することになる。(原注9)

この研究が行なわれた一九九六年以来、イギリスに輸入される食品の量は二十パーセント近く増加しているが、運搬距離は五十パーセント延びている。ヨーロッパの何処の国にも当てはまる数字でもあるが、イギリスの四人家族、一所帯当たりの年間食品消費で、生産、運搬、梱包、流通をすべて計算すると八トンの二酸化炭素が発生することになる。(原注10)

食料品年間千百三十四トン

これらの数字を全部つなぎ合わせると、おおまかにではあるが不安な現実が浮かび上がってくるが、これを気にかける者はいるのだろうか？

私たちの日々の消費生活を満足させるために費やされるエネルギーと環境への負担は増える一方である。シシリーのトマト五キロが、三千キロを旅するだけで七七一グラムの二酸化炭素が排出される、と言っても笑って片付けられるだろう。しかし、アメリカの食品システム連関の中では同じ量の食品が二十倍近いエネルギーを消費すると分かったら、それはもう馬鹿げていると言うか、けしからんと言うしかない。アメリカ人は一人当たり平均して、年間約千百三十四トンの食料品を消費し、世界平均二七〇〇カロリーに対し毎日三六〇〇カロリー以上摂取している。この数字もまた、からくりがある。地球の全人口六十三億人の半数近くは慢性的な栄養失調状態にあるからである。(原注11)

エコノミストのレスター・ブラウンによると、今や消費量二億七千八百万トンの中国が三億八千二百万トンのアメリカを追い越して初めて世界第一の小麦消費国になった。食肉についても状況は似ている。アメリカの三千七百万トンに対して、中国は六千三百万トンを消費している。アメリカの食肉は、牛肉、豚肉、鶏肉と多様だが、中国では豚肉が圧倒的主流である。(原注12)もちろんこの数字に騙されてはいけない。人口が違うのだ。中国は十三億人、アメリカは二億五千万人である。

穀物輸出は一握りの国に依存している。アメリカとカナダである。どちらの国も大農法だ。アメリカは世界最大の石油輸入国で、世界最大の穀物輸出国である。開発途上国の平均の三十倍の化石燃料を消費するこの国では、農業部門単独で使用可能エネルギーの十七パーセントを使っている。大農法が環境を損壊し、土壌の侵食を誘発し、灌漑システムを機能させるためにつねに石油が求められる。農場に撒布する除草剤や殺虫剤の製造機械にも石油が使われ、すべては石油がベースである。

大農法が土壌の侵食を誘発した。アメリカでは毎年、八百万九千ヘクタールの小麦用耕地が失われている。一部は石油を原料とした殺虫剤の使いすぎが原因で、現在は二十年前の三十倍の量を使っている。天然ガスを原料にしたアンモニアで製造する化学肥料についてもまったく同様である。この生産活動におけるエネルギー、特に石油の重要性を知るには、肥料に使う窒素一キロを製造するには、天然ガスの使用は考えないで、石油一・四から一・八リットルが要求される。(原注13)

国立肥料研究所によれば、アメリカでは二〇〇一年六月三十日から二〇〇二年六月三十日までの一年間に千二百三十万トンの窒素肥料が使われた。これは、窒素一キロに対し控え目に見て石油一・四リットル必要として、九千六百二十万バレルの石油が消費されたということである。世界の消費量の一日分以上である。

遍在する石油

石油は、基礎食品やビタミン、ミネラル、着色料などを保存する冷凍システムにも存在する。保護、梱包用の段ボール箱、紙、プラスチック、マイクロウェーブ用のセロファンなども石油が原料だ。食品は冷凍車で病院、学校などに配達され、消費者は週に数回は自動車を使って店やレストランに行く。化石燃料、肥料、農薬などの石油の使用のお蔭で農業は発展し、世界の人口は増加した。しかし、そこから一つの現実が突きつけられる。私たちは現在、こうした再生不可能な化石燃料を、それが生成された時間の百万倍の速さで消費しているのである。

石油使用の拡大が、この百五十年間に製薬、病院、救急、交通手段などの医療インフラの発達という医学を格段に進歩させて来た。

二〇〇三年に、ミシガン州、オハイオ州、ペンシルバニア州、バーモント州で起きた停電事故で五千万人が被害を受け、あらためて石油依存の現実が指摘された。病院では発電機が壊れ、移植用の臓器が使えなくなり、多くの手術が中止になったり、エアコンのない暗闇の中で行なわれたりした。

石油は、血液用の袋、人工心臓弁、注射器、注射針、チューブ、手袋、義肢、義眼、義肢、癌の化学療法、医療器具消毒用のオキシドール、麻酔薬、アスピリン、包帯、コーチゾン、抗ヒスタミン剤などなど医療設備機器や医薬用品の不可欠な構成要素なのだ。

高まる私たちの石油依存度を評して、保健資源を担当していた元アメリカ政府エネルギー政策局長のバート・クラインはすでに一九八一年にこう書いている。

「(医学界における)最新テクノロジーはエネルギーなくしては発展も機能も期待できない(原注14)」

石油あるいは天然ガスに含まれる潜在エネルギーの大きさは想像を超えるものだ。石油一バレル、つまり一五九リットルは人間の労働の二万五千時間に相当する。わずか一ガロンの軽油(英ガロンで四・五四六リットル、米ガロンで三・七八五リットル)は五百時間の労働に相当する。

筆者は単純に、情報革命は二十世紀の産業革命から引き継がれた現実を消し去ったと考えていた。二十年前にシリコンバレーを取材した時、混乱のさ中にあるヨーロッパから遠く一万二千キロメートル離れたここでは、大胆さと知性に賭けることで危機など関係なくなってしまう資本主義の最先端を目の当たりにし驚嘆した。その結果、数十億ドルの融資で毎週のように新しい会社が生まれ、五百人を超える億万長者が生まれた時期があった。しかも大多数が三十歳以下の人たちであった。

サンフランシスコから六十キロメートルのここで、従来の経済にとって代わろうとしていた「砂と頭脳」――砂はチップを作る原料のシリコンを意味し、頭脳は発想のことだ――の上に成り立つ経済に出会った。

一九八四年、私はスピードと縮小化に向かうこの動きを描いた『蚤と巨人』を上梓した。インテルでは、床板の隙間にでも入ってしまいそうな極小の基盤の上に四十五万個の集積回路を載せた。研究者は、チップに載せる構成部品の数は毎年倍々に増やしていけると言い、それと共に製造コストは三十パーセント以上も下がっていた。似たような現象は自動車部門でも起きていた。二十万キロをガソリン二リットルで走るロールスロイスが二・八五ドルで買えるようになる、と聞かされたこともあった。

私たちは二度の石油ショックから脱出していたが、私は突如、石油に束縛されたこれまでの依存を取り去ってくれる、新しい経済が到来する兆しを認識した。つまるところ、共産主義のごとく、黒い黄金は二十世紀を通して活躍を見せたが、どちらも共に死滅して行くのだ。

私は、インテルの創立者でマイクロプロセッサーを世界で初めて製造したロバート・ノイスの話に感動させられた。

「社会的観点から見れば、変化に逆らう人はつねに存在します。しかし、彼らは次第に自分を正当化できなくなるでしょう。すでに、製造業の就業人口は全体の四十パーセント以下になっています」

彼は、机の上のたった一枚のメモを丁寧に折りたたんでいる。

「純粋エネルギーの観点で言えば、この紙切れは馬鹿げています。単純な信号を使えば、もっと簡単に、はるかに安く情報を伝達することができます」

窓の外には、サンフランシスコとロサンゼルスを結ぶフリーウェイ〝エル・カミーノ〟がシリコンバレーの中心を横切っている。ノイスが言った。

「走っている車の大部分は、ドライバーと乗っている人の頭脳という形の情報以外には何も運んでいません。ならばなぜ、こうして走り、エネルギーを使う必要があるのですか？　もうすぐすべての交通が成り立たなくなる日が来るでしょう（原注15）」

コンピューターのための石油

シリコンバレーに行くたびにノイスのことを思い出す。彼は十五年前に亡くなったが、この並外れた人物はしかし、業界の巨人となり、世界でもつねに先端を走る企業の一つになったインテルの大飛躍を味わう事はできなかった。彼は、五十か六十キロ離れたシリコンバレーに行くのにサンフランシスコの出口から始まる毎日の渋滞が何とも我慢ならなかった。彼の予言は当たらなかった。二十年前に比べると圧倒的に増えた孤独な人間が、バンパーを寄せ合いながら「情報を運ぶ」。シリコンバレーの夢見る役者たちは、まごうことなく太古の感性を内に秘めている。一歩ずつ歩くように、太った伝統的エネルギーの消費者たちをかき分けて現われる。

このように見ると、いくつかの情報に行き当たった。普通のモデルの自動車を一台組み立てるには石油二十七バレル分を消費し、この製造に使われる化石燃料は自動車の最終的重量の二倍に相当する。

これは多すぎるが、結局は理屈に合う。逆に、アメリカの化学企業は、電子チップ一グラムの製造に化石燃料六百三十グラムが必要だとしている。三十二メガバイトのチップ、DRAMを一つ作るのに化石燃料一・五キロと三十一キロの水が必要だ。普通のオフィスコンピューターの製造にはその重量の二倍の化石燃料だが、コンピューター九台か十台の製造に使われるエネルギーは自動車一台を製造するエネルギーで足りる。(原注16)

この新しい経済は、古いエネルギー秩序に密接に準ずるものだ。これが、私たちがどのあたりまで幻想を引きずり、盲目性を先送りにしてしまうのかを示してくれる。

欺瞞と情報の歪曲

石油の支配は世界史の中の短い期間の話でしかなく、この代替となり、現在の生産と発展のシステムを機能させるようなエネルギーは無いということを認めねばならない。ソーラーパネル、ナノテク、風力発電、水素燃料エンジン、原発といった「代替」システムはすべて情報科学を基礎にした最新技術によるものだが、依然として石油が不可欠なわけで、そこに欺瞞と情報の歪曲の極致がある。

すべての「代替エネルギー」を見直してみると、それは、ありとあらゆる手を試した果てに、まだ負けを認めようとしない将棋指しのようなものだ。第一の指摘。石油の欠乏を前に、確実で効果的なエネルギー資源を開発できたとして、このような変化が巨大な投資を呼び込むだろうか。しかるに、石油の崩壊による一番の被害者が銀行と金融経済システムであるというのは困ったことではないか。コリン・キャンベルに言わせれば、

「銀行は、安い石油で儲かって大きくなれば、今の借金を間違いなく返します、と説得されて自己資金より多くの金を貸し付けて資本を作った」

「成長の原動力である石油の衰退がこの相互性の効力を崩壊させ、ひるがえって株式市場で高く評価された多くの銘柄の価値も徐々につぶしていく」(原注17)

キャンベルの主旨は現在十人ほどの専門家が支持している。石油は、将来大丈夫だというので保証した不動産のようなものだ。数十年間は儲かったが、その後は先が見えなくなってしまった。

自称代替資源をめぐる幻想を打ち壊すには若干の例を挙げれば足りる。

水素燃料は魅惑的な発想だ。それは唯一の燃料が水蒸気で、地球の温暖化と大気汚染の心配も無くしてくれる。その適用方法は燃料電池の技術に関係している。一つだけ問題がある。水素は本当の燃料と言うよりも「エネルギー誘導体」なのだ。そして、水素を製造するには、引き出すエネルギーよりも多くのエネルギーが必要になる。水素製造は従って石油の消費を要求する。これは一に危険な開発であり、水素燃料エンジンの車が何百台も世界を駆け巡るなどということは決してないだろう。

カリフォルニア州で行なわれた研究は、同州内に設置した一万三千基の風力タービンで出力五百五十五メガワットの天然ガス発電所と同じ電力を生み出せることを示した。ポール・ロバーツはその著書『石油の終焉』で書いている。

「太陽光電池を世界中に設置できれば、二千メガワットの電力が得られ、石炭火力発電所二個分にようやく匹敵する」

ごく普通のガソリンスタンドで販売しているガソリン一日分のエネルギーを作るには、マンハッタンの四地区の広さに相当する大きさの、つまり千六百平方メートルの広さの太陽電池パネルを設置しなければならない。世界経済を太陽エネルギーで賄おうとしたら、二十二万平方キロメートルのパネルを持ってこなくてはならない。今のところ、世界中に設置されている太陽光パネルを全部集めても十七平方キロメートルしかない。(原注18)

一日に一万二千バレル採取する海底油田の油井一基分のエネルギーを代替するには、風力タービンなら一万基、太陽電池パネルなら九千三百二十四ヘクタールが必要である。

こうしたすべての代替案は、エネルギー資源と供給の急速な減少に答える仮説になりえない。筆者は偶像破壊主義者とは思われたくはないが、多くの人の心の奥に、無尽蔵のエネルギー源が永遠に存在するだろうという確信が、神への信仰と同じように宿り続けている。それは酷い賭けだ。(原注19) 神がいないとするのも酷すぎる。私はこう考えることにしている。酷い。だが、石油は無くなる。

これを受け入れるという事は、とりもなおさず、マイケル・クレアが書いているように、イデオロギーではなく、貴重な第一次産品の枯渇に起因する緊張と戦争に沈む世界を直視することを意味する。(原注20)

元CIA長官でアメリカのネオコンの重鎮でもあるジェームズ・ウォルシーが最近、再生可能エネルギーに関する後援会でこんな発言をした。

「私は、ここ何年もいや、何十年もわが国が戦争状態になるのが心配だ。戦争には勝つだろうが、この戦争の鍵は石油になるだろう」

二〇〇五年六月、『フィナンシャルタイムズ』にヘンリー・キッシンジャー元国務長官の談話が載った。

彼は石油業界と密接な関係がある。

「エネルギーを求める需要と競争が、多くの国々にとって生死を賭ける事柄になっていくだろう。核兵器が三十ヵ国にも四十ヵ国にも拡散し、あまり経験のない国や、異なる体制や価値観の国が自分の都合だけで動くなら、この世界はいつ破滅するか分からない恐ろしい場所になるだろう（原注21）」

原注1：ジャン・ジャック・セルヴァン・シュレベール、前掲書。
原注2：バリー・コモナー著『エネルギーの政治』ランダムハウス、ニューヨーク、一九七九年。
原注3：ジャン・ラアレール、前掲書。
原注4：ピーター・マース、前掲書。
原注5：フランス石油研究協会「運輸部門におけるエネルギー消費」パノラマ、二〇〇五年。
原注6：アントニー・バーネット「世界は激しく動き続ける」『ザ・ガーディアン』二〇〇五年六月二十七日。
原注7：国際運輸航空機貿易協会二〇〇五年度会員名簿。
原注8：K・アンダーソン、P・オールソン共著『トマトケチャップのライフサイクル査定』スウェーデン食品・バイオテクノロジー研究所、エテボリ、一九九六年。
原注9：S・カウエル、R・クリフト共著『未来のための農業』英連邦王立農業協会提出、サレー大学、一九九六年七月。
原注10：ビルディング・リサーチ・エスタブリッシュメント「持続可能な未来を作る」ガーストン、イギリス、一九九八年。
原注11：デール・アレン・ファイファー「化石燃料を食う」〈ウイルダネス〉二〇〇三年十月三日号より。
原注12：レスター・ブラウン「アメリカに代わる世界一の消費大国中国」アース・ポリシー研究所、二〇〇五年二月十六日。

原注13：デール・アレン・ファイファー、前掲書。
原注14：カリル・ジョンストン『現代医学と化石燃料資源』医学教育厚生研究センター、ジェファーソン医科大学、フィラデルフィア。
原注15：筆者との対話、一九八四年。
原注16：「石油崩壊後の生活」ASPO、二〇〇五年。www.lifeaftertheoilcrash.net
原注17：コリン・キャンベル「第二次世界恐慌、原因と答え」エナジー・ブレチン、ASPO、二〇〇五年五月三日。
原注18：ポール・ロバーツ『石油の終焉』ブルームズベリー出版、ロンドン、二〇〇四年。
原注19：ジョセフ・アウアー「石油時代後のエネルギー展望」ドイツ銀行研究所、フランクフルト、二〇〇四年十二月二日。
原注20：マイケル・クレア『資源戦争、来るべき世界戦争の風景』ヘンリー・ホルト、ニューヨーク、二〇〇一年。
原注21：キャロライン・ダニエル「キッシンジャーが警告するエネルギー戦争」フィナンシャルタイムズ、二〇〇五年六月一日。

訳注1：アラブ首長国連邦（United Arab Emirates）は、アブ・ダビ（Abu Dabi）、ドバイ（Dubai）、シャージャ（Sharjah）、アジュマン（Ajman）、フジャイラ（Fujairah）、ラス・アル・カイマ（Ras Al khaimah）、ウム・アル・カイワン（Um Al Qaiwain）の七つの首長国（エミレーツ）で構成される「連邦国家」。十九世紀初頭からイギリスの保護領にあり、一九七一年に独立した。日本にとって最大の石油供給国で、日本の原油総輸入量の二十パーセントを依存している。

sity of Kentucky, 11 juillet 2002.
« The Real Problem with Oil : It's Going to Run out », David Fleming, *Prospect*, novembre 2000.
International Society of Transport Aircraft Trading, *2005 Membership Directory*, Gainsville, Floride.
« The End of Cheap Oil », C. J. Campbell et Jean Laherrère, *Scientific American*, mars 1998.
Colin Campbell, « The Second Great Depression : Causes and Responses », Energy Bulletin, ASPO, 3 mai 2006.
Oilgram, volume 79, n° 15, 23 janvier 2001.
Nwangwu, USA fricaonline.com
« Kissinger Warns of Energy Conflict », Caroline Daniel, *Financial Times*, 2 juin 2005.
« An Abrupt Climate Change Scenario and Its Implications for United States National Security », Peter Schwartz et Doug Randall, Rapport du Pentagon, octobre 2003.
« The Marc Rich Case : a Primer », Jessica Reaves, *Time*, 13 février 2001.

Michael Dobbs, *Washington Post*, 14 Mars 2001.
« The Spot Oil Market : Genesis, Qualitative Configuration and Perspective », *OPEC Review*, vol. 3, 1979.
« Corruption Flourished in Abacha's Regime », James Rupert, *Washington Post*, 9 juin 1998.
« Pace Hots in a World Forever on the Move », Antony Barnett, *The Guardian*, 22 juin 2005.
« City Fed Probes Eyes Pardongate Billionaire as a "Major Player" in Saddam, Scan », Niles Lathem, *New York Post*, 13 décembre 2004.
Life After the Oil Crash, ASPO, 2005.
«The Rich Boys. An Ultra-secretive Network Rules Independent Oil Trading. Its Mentor : Marc Rich », Marcia Vickers, *Business Week*, 18 juillet 2005.
« The Oligarch Who Came in from the Cold », Paul Klebnikov, *Forbes*, 18 mars 2002.
Institut français du pétrole, *Energy Consumption in the Transport Sector, Panorama 2005.*
K. Andersson, P. Ohlsson, *Life Cycle Assessment of Tomato Ketchup*, Rueil-Malmaison, The Swedish Institute for Food and Biotechnology, Göteborg, 1996.
S. Cowell, R. Clift, *Farming for the Future*, Royal Agricultural Society of the Commonwealth, Université du Surrey, juillet 1996.
Lester Brown, *China Replacing the United States as World's Leading Consumer*, Earth Policy Institute, Washington, 16 février 2005.
Mark Townsend et Paul Harris, «Now the Pentagon Tells Bush : Climate Change Will Destroy Us», *The Observer,* 22 février 2004.
Dale Allen Pfeiffer, « Eating Fossil Fuels », *From the Willderness*, 3 octobre 2003.
Daniel Yergin, *Politique Internationale*, n°. 98, hiver 2002-2003.
Building Research Establishment, *Building a Sustainable Future*, Garston, Grande- Bretagne, 1998.
Department of the Environment Transport on the Regions, *Data for Shipping an Airfreight from Guidelines for Company Reporting an Greehouse Gas Emission*, Londres, mars 2001.
Caryl Johnston, *Modern Medecine and Fossil Fuel Resources*, Center for Research in Medical Education and Health Care, Jefferson Medical College, Philadelphie, État-Unis.
Colin Campbell, « The Second Great Depression : Causes and Responses », *Energy Bulletin*, ASPO, 3 mai 2005.
The Fighting Next Time, why war.com/news/2002/0
Symposium on the Future of Military, Petterson School of Diplomacy, Univer-

L'impasse énergétique, 28 novembre 2003 ; www.transfert.net/d51
Conférence internationale de l'ASPO, Institut français du pétrole, 27 mai 2003.
« The End of Oil is Closer than You Think », John Vidal, *The Guardian*, 21 avril 2005.
ASPO, *T Boone Pickens*, www.peakoil.net
« Top Oil Group Fail to Recoup Exploration », James Boxell, *New York Times*, 10 octobre 2004.
Department of Energy, *Report of National Energy Technology Laboratory*, Washington, février 2005.
« Shell Forced to Make Fourth Downgrade », *The Guardian*, 25 mai 2004.
« Now Shell Blew a Hole in a 100 years Reputation », Carl Mortished, *The Times*, 10 janvier 2004.
« The Breaking Point », Peter Maass, *New York Times*, 21 août 2005.
« World Oil Production Capacity Model Suggest Output Peak by 2006-2007 », A. M. Samsam Bakhtiani, études *Oil and Gas Journal*, 26 avril 2004 ; Wocap Model.
Institute for the Analysis of Global Security, *Energy Security*, Washington, 31 mars 2004.
World Energy Outlook 2005, Agence internationale de l'énergie.
Le Monde, 20 septembre 2005.
« Beijing Joins the Club », *Asian Wall Street Journal*, 29-31 juillet 2005.
« The Price of Oil », Seymour Hersh, *The New Yorker*, 9 juillet 2001.
Washington Times, 20 juillet 2001.
International Eurasian Institute for Economic and Political Research, The Kazakhstan 21st Century Foundation, 5 juillet 2001.
FRUS, 1946, volume 6.
« BP Accused of Backing Arms for Oil Coup », *Sunday Times*, 26 mars 2000.
Export-Import Bank of United States, *Ex-Imp Bank Approves 160 Millions Guarantee to Support Baku-Tbilissi-Ceyhan Pipeline*, Washington, 30 décembre 2002.
« BP Accused of Cover-up in Pipeline Deal », *The Sunday Times*, 15 février 2004.
Fortune Magazine, 26 janvier 2004.
Michael Cantazaro, *The Revolution in Military Affairs Has an Enemy : Politics*, American Enterprise Institute, Washington, octobre 2001.
Bruce Berkowitz, *War in Information Age*, Hoover Institute, printemps 2002.
Kay Davidson, *San Francisco Chronicle*, 25 février 2004.
« Now the Pentagon Tells Bush : Climate Change Will Destroy Us », Mark Townsend et Paul Harris, *The Observer*, 22 février 2004.
« Who's Marc Rich? », Josh Gerstein, *Business Week*, 18 juillet 2005.

1945.
« Saudi Oil Capacity Questioned », Seymour Hersh, *New York Times*, 4 mars 1979.
Seymour Hersh, *The New Yorker*, 22 octobre 2001.
PBS, « *Frontline* », 9 octobre 2001, entretien avec Bandar Bin Sultan.
State Department Memo, janvier 1986.
New York Times, 2 avril 1986. et *New York Times*, 3 avril 1986, p. A1, D5 et D6.
Washington Post, 8 avril 1986.
CIA, Directorat of Intelligence, *USSR : Facing the Dilemma of Hard Currency Shortages*, Washington, mai 1986.
London Institute of Petroleum, Autumn Lunch, 1999, discours de Dick Cheney.
Kyell Aleklett, *Peak Oil and the Final Count Down*, Université d'Uppsala, Suède.
Is the World's Running out Fast ?, BBC On Line, 7 juin 2004.
« The Future of the Oil and Gas Industry : Past Approaches, New Challenges », *World Energy* ; vol. 5, n°. 3, 2002.
Petroleum Finance Week, avril 1996.
« Cheney and Halliburton : Go Where the Oil Is », Kenny Bruno, Jim Valette, *Multinational Monitor Magazine*, mai 2001.
« Cheney's Lies about Halliburton and Iraq », Jason Leopold, *Counter Punch*, 19 mars 2003.
« So You Want to Trade with a Dictator », Ken Silverstein, *Mother Jones*, 28 avril 1998.
« Energy Task Force Works in Secret », Dana Milbank, *Washington Post*, 16 avril 2001.
« Dick Cheney Has Long Planned to Loot Iraqi Oil », Scott Thompson, *Executive Intelligence Review*, 1er août 2003.
« Cheney Emergency Task Force Documents Feature of Iraqi Oilfields », *Judicial Watch*, 17 juillet 2003.
« Map of Iraqi Oifield», *Judicial Watch*, 17 juillet 2003.
Department of Defense, *Briefing Pentagone*, 24 janvier 2003.
« Report Offered Bleak Outlook about Iraq Oil », Jeff Gerth, *New York Times*, 5 octobre 2003.
National Energy Policy Development Group, *National Energy Policy*, Maison-Blanche, Washington, mai 2001.
CBS, « *Sixty Minutes* », 18 avril 2004.
« Enormous Wealth Spilled into American Coffers », *Wasghington Post*, 11 février 2002.
« Forecast of Rising Oil Demand Challenges Tired Saudi Fields », *New York Times*, 24 février 2004.

Soviet Natual Ressources in the World Economy, University of Chicago Press, 1983.

Sutton Antony C., *Wall Street and the Rise of Hitler*, Hoover Institue, California Press, Seal Beach, 1976.

Tarbell Ida M., *The History of Standard Oil Company*, volume 2, New York, 1904.

Unger Craig, *House of Bush, House of Saud,* Scribner, New York, 2004.

Wall Bennett H. et Gibb George S., *Teagle of Jersey Standard*, Tulane University, 1974.

White Theodore, *Forfaiture à la Maison-Blanche*, Fayard, Paris, 1976.

Winterbothom F. W., *The Ultra Secret*, Harper and Row, New York, 1974.

Yergin Daniel, *The Epic Quest for Oil, Money and Power*, Simon and Schuster, New York, 1991.

研究、報告、新聞雑誌記事

Alhajji A. F., *The Failure of the Oil Weapon : Consumer Nationalism vs Producer Symbolism*, College of Business Administration, Ohio Northern University.

House of Representatives, Permanent Select Committee on Intelligence, Subcommittee on Evaluation, *Iran : Evaluation of US Intelligence Performance Prior to November 1978, Staff Report*, Washington, 1979.

Federal Trade Commission, *The International Petroleum Cartel*, Washington, 1952.

Oil and Gas Journal, 20 septembre 1928.

US Congress, Senate Committee on Armed Services, *Crisis in the Persian Gulf Hearings*, Washington, 11 septembre 1990.

Fortune, janvier 1946.

Archives du Sénat, Bibliotèque du Congrès, Washington, 1960.

Milton Friedman, *Newsweek*, 26 juin 1967.

Archives du Centre d'études et de recherches sur le Moyen Orient contemporain, Beyrouth, 1960.

Ian Seymour, *Middle East Economic Survey*, 28 octobre 1960.

Wall Street Journal, 8 février 1972.

New York Times, 7 octobre 1973.

« Details of Aramco Papers Disclosed », Jack Anderson, *Washington Post*, 28 janvier 1974.

Committee of Foreign Relations, *Multinational Corporation Hearings*, Sénat des État-Unis, Washington, 1974.

Commission d'enquête du Sénat des État-Unis, 1948.

Commission d'enquête du Sénat des État-Unis sur les ressources pétrolières,

Holt, New York, 2001.
Kunilhom Bruce R., *The Origins of the Cold War in the Near East*, Princeton University Press, 1980.
Kunstler James, *The Long Emergency*, Atlantic Monthly Press, New York, 2005 ; édition française *La Fin du pétrole*, Plon, Paris, 2005.
Laharrère Jean, « La fin du pétrole bon marché », *Futuribles*, n°.315, Janvier 2006.
Laurent Éric, *La Corde pour les pendre. Relations entre milieux d'affaires occidentaux et régimes communistes, de 1917 à nos jours*, Fayard, Paris, 1985.
Laurent Éric, *La Puce et les Géants*, préface de Fernand Braudel, Edition Poche, Complexe, Bruxelles, 1985.
Lestrange Cédric de, Paillard Christophe-Alexandre, Zelenko Pierre, *Géopolitique du pétrole*, Éditions Technip, Paris, 2005.
Lundberg Ferdinand, *The Rich and The Super Rich*, Lyle Stuart, New York, 1988.
Nevins Allan, *Ford, the Times, the Man, the Company*, Scribners, New York, 1954.
Mosley Leonard, *Power Play*, Weidenfield and Nicholson, Londres, 1973 ; édition française *La Guerre du pétrole*, Presses de la Cité, Paris, 1974.
Myer Kutz, *Rockfeller Power*, Simon and Schuster, New York, 1974.
O'Connor Harvey, *The Empire of Oil*, Monthly Review Press, New York, 1956.
Odell Peter, *Le Pétrole et le pouvoir mondial*, Alain Moreau, Paris, 1970.
Philby Harry Saint-John, *Arabian Jubilee*, Hale, Londres, 1952, et *Arabian Days*, Hale, Londres, 1948.
Prothro Warren James, *The Dollar Decade*, Baton Rouge, Louisiana State; 1954.
Robert Paul, *The End of Oil*, Bloomsbury Publishing, University Press, Londres, 2004.
Rovere Richard, *The American Establishment*, Harcourt, Brace & World, New York, 1962.
Salinger Pierre, Laurent Éric, *Guerre du Golfe, le dossier secret*, Orban, Paris, 1991.
Sampson Antony, *The Seven Sisters*, Hodder and Staughton, Londres, 1975.（アントニー・サンプソン著『セブンシスターズ不死身の国際石油資本』）
Sarkis Nicolas, *Le Pétrole à l'heure arabe, entretiens avec Éric Laurent*, Stock, Paris, 1975.
Schweizer Peter, *Victory* , Atlantic Monthly Press, New York, 1994.
Servan-Schreiber Jean-Jacques, *Le Défi mondial*, Fayard, Paris, 1980.
Simmons Matthew R., *Twilight in the Desert*, Wiley, New York, 2005.
Solberg Carl, *Oil Power,* New American Library, New York, 1976.

参考文献

Aburish Saïd, *The House of Saud*, Bloomsbury, Londres, 1994.

Benoist-Méchin Jacques, *Ibn Séoud*, Albin Michel, Paris, 1962.

Brown Cave Antony et Mac Donald Charles, *On a Field of Red*, Putnam, New York, 1981.

Brown Cave Antony, *Bodyguard of Lies*, Harper & Row, New York, 1975.

Cabestan Jean-Pierre, Vermander Benoît, *La Chine en quête de ses frontières*, Presses de Sciences-Po, Paris, 2005.

Carré Henri, *La Véritable Histoire des Taxis de la Marne*, Librairie Chapelot, Paris, 1921.

Chevalier Jean-Marie, *Les Grandes Batailles de l'énergie*, Gallimard, Paris, 2004.

Churchill Winston, *Mémoires*, Plon, Paris.（『回想録』ウィンストン・チャーチル著）

Commoner Barry, *The Politics of Energy*, Random House, New York, 1979.

Davenport E. H. et Cooke S. R., *The Oil Trusts and Anglo-American Relations*, MacMillan, New York, 1923.

Defay Alexandre, *La Géopolitique*, Paris, PUF, 2005.

Fisher Louis, *Oil Imperialism : the International Struggle for Russian Petroleum*, 1926.

Ford Henry, *My Life and Work*, Garden City, New York, 1922.

Gibb G. S. et Knowlton E. H., *History of the Standard Oil Company*, Harper and Bros., New York, 1956.

Gulbenkian Nubar, *Pantaraxia*, Hutchinson, Londres, 1956.

Halberstam David, *Le pouvoir est là*, Fayard, Paris, 1980.

Hayes Denis, *Days of Hope*, Norton, New York, 1977.

Hepburn James, *The Plot*, Frontiers Publishing Company, Vaduz, 1968.

Hewins Ralph, *Mr. Five Percent : the Story of Calouste Gulbenkian*, Rinehart and Company, New York, 1958.

Kahn David, *The Codebreakers*, Mac Millan, New York, 1967.

Kapuściński Ryszard, *Le Shah*, 10-18; Paris, 1994.

Kissinger Henry, *Years of Upheaval*, Little Brown, Boston, 1982.（ヘンリー・キッシンジャー著『激動の時代』）

Klare Michael T., *Resource Wars, The New Landscape of Global Conflict*, Henry

訳者あとがき

本書は「La face cachée du pétrole」(Éric Laurent, Plon 2006)の全訳である。

原題は「石油の隠された貌」で、ペンシルバニア州での発見から、石炭に変わるエネルギー源として世界の工業発展の主役となり、また同時に二つの世界大戦、戦後の冷戦体制、スエズ動乱、相次ぐ中東戦争、アフガン侵攻、そして二つの湾岸戦争に至るまでのあらゆる戦争、紛争において主要な戦略的役割を果たしてきた石油の裏に潜む真の姿を詳述している。二〇〇六年にフランスで出版され、すでに販売数十万部を突破した。著者のエリック・ローランは、国際的な行動力を武器に豊富な人脈と質の高い情報量を持つ、知性豊かなフランス人ジャーナリストである。

驚くべきは、その広い行動範囲と人脈である。ナチの戦犯アルベルト・シュペアーから、元イギリス首相アントニー・イーデン、イラン国王時代のパーレビ、デービッド・ロックフェラー、ディック・チェイニー、トゥルキ・アル・ファイサル、アンドリュー・マーシャル、そして私たちがその存在さえ知らなかった国際石油資本の黒幕や仕掛け人たち。著者はすでに二十代の前半からこれらの人たちにターゲットを絞り、その歴史的証言を聞き出してきた。その確かな目と、「知る」ために世界のどこまでも追いかける気概とエネルギーが何よりも素晴らしい。

また、本書でその証言や意見が多く引用されているニコラ・サルキスに関心を持たれた読者も少なくないと思う。サルキスは一九三五年十二月にレバノンに近いシリアの小さな村の貧しい家に生まれた。幼い頃から優秀で奨学金で高校、大学へと進んだ。一九五六年、ベイルート大学法学部を卒業、一九六一年にパリ大学で経済学博士号を取得した。一九六五年、三十歳で請われてＯＰＥＣ顧問に就任、翌一九六六年にはアラブ石油研究センターを設立し、一九六九年には専門誌『アラブの石油とガス』(仏語、英語、アラブ語）を創刊した。以来三十有余年、同誌の主幹としてアラブの立場からの石油ジャーナリズムを追究してきた。著書に『石油、アラブ諸国における統合と発展の要因』(一九六三年パリ)、『石油と中東経済への影響』(一九六五年ベイルート)、『アラブの時代の石油』(一九七五年パリ）など多数あり、世界各国の新聞雑誌等に精力的に執筆している。著者エリック・ローランとニコラ・サルキスの信頼関係から得られた情報の真正さが、本書の生命力の源になっているのは疑いない。

私たちは石油について一体どれだけのことを知らされているだろう。石油は最も大切なエネルギー資源であり続けてきたにもかかわらず、著者自身も言うようにその真の姿は多くの謎に包まれており、一般人には分からない事が多い。問題なのはそのことを私たち自身がそれほど不都合に感じていないことである。石油の産油量と価格が一握りの国際石油資本とＯＰＥＣの都合でコントロールされ、そのやり方が必ずしもフェアーでない、あるいは特定の利益に偏ったものであるとすれば、人類共通の財産である主要エネルギー源の分配の仕方に、私たちはもっと神経質になるべきだ。

本書は石油の裏に潜む驚くべき事実を教えてくれるが、とりわけ現在、私たちが持つべき関心はイラク戦争と石油との関係ではないだろうか。自爆テロが激化し、泥沼状態が続くイラクへの厭戦気分が全米的に強まっているにもかかわらず、なぜブッシュ政権は兵力増強をゴリ押しするのか。ラムズフェルドとウォルフォヴィッツのペンタゴンのナンバーワンとナンバーツーが表舞台から消え、ブッシュ政権内では何かが微妙に動き出した。

著者は言う。ブッシュの戦争の目的は、多くが糾弾するような単なる「石油の奪取」ではなかった。その真の目的は、埋蔵量世界一位と二位のサウジとイラクを抑え、石油メジャーの利益を確保しつつ、中東地域での支配力を強化することであり、中東の石油に依存したヨーロッパや日本の西側先進国に対する優位性を確かなものにすることであった。台頭する中国や不気味な動きのプーチン・ロシアへの怠りなき準備も念頭にあるだろう（ロシアは最近、ミャンマー軍事政権に対し原子炉建設のための全面的協力を発表した）。

「石油は枯渇する。このことから目をそらすな」。これが、著者が最終的に言おうとしていることである。石油不足でまず影響を受けるのは軍事力である。アメリカだけでなく中国、ロシアにとって航空機燃料の確保は第二次世界大戦のナチス・ドイツ並みに死活問題になる。人類が石油に代わるエネルギー源に出会っていない以上、エネルギーと戦争とのダイレクトな関係は、戦後六十年を経ても全く変わっていない。

本書の最終章の最後に、ヘンリー・キッシンジャー元米国務長官の談話が引用されている。この『フィナンシャル・タイムズ』との談話で彼はこうも言っている。それは、イランからインドへのパイプラインに関わる話である。

「パイプラインの方向や位置をめぐって十九世紀の植民地争奪戦のような対立が生じるなら、皮肉な話だ」

長く続いているインドとパキスタンとの和平交渉の鍵がこのパイプライン建設にある。二〇〇五年三月、コンドリーザ・ライスはイランの核開発を理由に、このパイプライン建設に反対を表明した。ここで、インドとアメリカは、少なくともエネルギーに関して互いに相容れない関係になったわけである。これに類似した駆け引きは今後、アメリカ、ロシア、中国との間でも行なわれることは想像に難くない。ロシアによるミャンマーの原子炉建設も、戦略的に意味を持ち始める時期がいずれは来るであろう。新たな核保有国が生まれる可能性はここにもある。東シナ海の海底油田をめぐる日中間の緊張関係もどのような状況に発展するか、予断は許されない。石油エネルギーの分配をめぐり、これからも新たな緊張関係が生まれていくだろう。こうしたことは「想像できる」。

著者がアンドリュー・マーシャルのペンタゴン報告に一章を割いているのは、深い洞察から生まれた構成と言わねばならない。「ヨダ」ことアンドリュー・マーシャルが意図的にリークさせた「ペンタゴン〝秘密〟リポート」はエネルギー危機を主軸にした、根拠とリアリティーを持った問題提起であり、イラク以後、ポスト・ブッシュの時代に期待されるアメリカの指導性への問いかけが、ペンタゴンの奥の院から聞こえてきたのだ。

私たちは複雑怪奇な石油資源のやり取りを看破できる、科学的で冷静で正確な視点を身につける必要がある。本書は石油ゲームのルールを教えてくれている。ルールを知っていると展開ははるかに興味深い。そうすれば石油は遠い話ではなくなり、「想像できない事を想像する」ことも、先を読むことも可能になり、視野が開けてくるはずだ。本書を通して石油問題への認識を少しでも深めてもらいたい。

著者のエリック・ローラン氏には日本語版のための前書きを寄せていただき、ニコラ・サルキス氏本人からも参考資料を提供していただいた。両氏のご厚意に深く感謝したい。また、緑風出版の高須次郎氏には拙訳への緻密かつ的確この上ない指摘と助言をいただいた。何とか上梓に耐える翻訳にこぎつけることができたのも、そのお蔭であり、心から有難く思う次第である。最後に、高須ますみ氏、斉藤あかね氏による編集・制作の労に心から感謝の意を表したい。

神尾賢二

二〇〇七年五月

[著者紹介]

エリック・ローラン（Éric Laurent）

フランスの国際政治ジャーナリスト、作家。法学士、カリフォルニア大学バークレー校で情報科学を学ぶ。ラジオフランスで国際政治を担当、1973年の第四次中東戦争、1979年ソ連のアフガン侵攻、1982年のイスラエルによるレバノン侵攻などを取材。

1979年〜1980年、『レクスプレス』誌主幹ジャン・ジャック・セルヴァン・シュレベールと『世界の挑戦』を共著。1985年から雑誌『フィガロ』の国際政治欄に執筆、世界各国要人を精力的に取材する。60歳。

著書に『蚤と巨人』（1984年）、『縛り首の綱』（1985年）、『湾岸戦争』『砂漠の嵐』（1986年）、『ある王の思い出』『平和の狂人』（1993年）、『終わりなき狂牛病』（2001年、緑風出版）、『ブッシュの戦争』『ブッシュ・秘密の世界』（2003年）、『9・11の隠された顔』（2004年）などがある。

[訳者紹介]

神尾賢二（かみお　けんじ）

1946年大阪生まれ。早稲田大学政経学部中退。ジャーナリスト、翻訳家、映像作家。翻訳書に『ウォーター・ウォーズ』（ヴァンダナ・シヴァ著、緑風出版）、『気候パニック』（イヴ・ルノワール著、緑風出版）がある。

石油《せきゆ》の隠《かく》された貌《かお》

2007年6月30日　初版第1刷発行　　定価3000円＋税

著　者　エリック・ローラン
訳　者　神尾賢二
発行者　高須次郎
発行所　緑風出版 ©
〒113-0033　東京都文京区本郷2-17-5　ツイン壱岐坂
［電話］03-3812-9420　［FAX］03-3812-7262
［E-mail］info@ryokufu.com
［郵便振替］00100-9-30776
［URL］http://www.ryokufu.com/

装　幀　堀内朝彦
制　作　R 企 画　　印　刷　シナノ・巣鴨美術印刷
製　本　トキワ製本所　　用　紙　大宝紙業　　E2000

Printed in Japan　　ISBN978-4-8461-0708-6　C0031